油气储运工程师技术岗位资质认证丛书

设备（机械）工程师

中国石油天然气股份有限公司管道分公司　编

石油工业出版社

内 容 提 要

本书系统介绍了油气储运设备(机械)工程师所应掌握的专业基础知识、管理内容及相关知识，并分三个层级给出相应的测试试题。主要介绍了设备管理基础知识和站场设备完整性管理；设备通用技术管理、输油气设备技术管理、特种设备技术管理、辅助系统设备技术管理和ERP系统管理；以及设备(机械)工程师资质认证试题集。

本书运用于油气储运设备(机械)工程师技术岗位和相关管理岗位人员阅读，可作为业务指导及资质认证培训、考核用书。

图书在版编目(CIP)数据

设备(机械)工程师/中国石油天然气股份有限公司管道分公司编.
—北京：石油工业出版社，2018.1
(油气储运工程师技术岗位资质认证丛书)
ISBN 978-7-5183-2304-3

Ⅰ.①设… Ⅱ.①中… Ⅲ.①石油与天然气储运-机械设备-资格考试-自学参考资料Ⅳ.①TE978

中国版本图书馆CIP数据核字(2017)第287260号

出版发行：石油工业出版社
(北京安定门外安华里2区1号 100011)
网 址：www.petropub.com
编辑部：(010)64523583 图书营销中心：(010)64523633
经 销：全国新华书店
印 刷：北京中石油彩色印刷有限责任公司

2018年1月第1版 2018年1月第1次印刷
787×1092毫米 开本：1/16 印张：16.75
字数：420千字

定价：75.00元
(如出现印装质量问题，我社图书营销中心负责调换)

《油气储运工程师技术岗位资质认证丛书》

《设备(机械)工程师》编写组

主　编：林明春

副主编：彭　鹏　王　祥　石　斌

成　员：高晞光　周加增　韩治广　刘　波　戴　磊　张伟广

《设备(机械)工程师》审核组

大纲审核

主　审：南立团　王大勇　董红军　刘志刚

副主审：苏建峰　吴志宏

成　员：张新昌　杨晓峥　李兆鹏　王国儒　尤庆宇　孟令新

内容审核

主　审：苏建峰

成　员：杨晓峥　刘泽年　刘志海　尤庆宇　吴凯旋

体例审核

孙　鸿　吴志宏　杨雪梅　朱成林　张宏涛　吴凯旋

前言

《油气储运工程师技术岗位资质认证丛书》是针对油气储运工程师技术岗位资质培训的系列丛书。本丛书按照专业领域及岗位设置划分编写了《工艺工程师》《设备(机械)工程师》《电气工程师》《管道工程师》《维抢修工程师》《能源工程师》《仪表自动化工程师》《计量工程师》《通信工程师》和《安全工程师》10个分册。对各岗位工作任务进行梳理，以此为依据，本着“干什么、学什么，缺什么、补什么”的原则，按照统一、科学、规范、适用、可操作的要求进行编写。作者均为生产管理、专业技术等方面的骨干力量。

每分册内容分为三部分，第一部分为专业基础知识，第二部分为管理内容，第三部分为试题集。其中专业基础知识、管理内容不分层级，试题集按照难易度和复杂程度分初、中、高三个资质层级，基本涵盖了现有工程师岗位人员所必须的知识点和技能点，内容上力求做到理论和实际有机结合。

《设备(机械)工程师》分册由中国石油管道分公司生产处牵头，大庆输油气分公司、沈阳输油气分公司、济南输油气分公司、中原输油气分公司、长庆输油气分公司、北京输油气分公司、西安输油气分公司、郑州输油气分公司等单位参与编写。其中，林明春编写站场设备完整性管理、设备通用技术管理及相关试题；彭鹏编写设备管理基础知识、特种设备技术管理、ERP系统管理及相关试题；王祥、张伟广编写输油泵技术管理及相关试题、机械工程师工作任务认证相关试题；石斌编写储油罐技术管理及相关试题、炉类设备技术管理及相关试题；周加增编写辅助系统设备技术管理及相关试题；高晞光、韩治广编写压缩机技术管理及相关试题；高晞光、刘波编写阀门技术管理及相关试题；戴磊编写储油罐技术管理及相关试题。林明春、王祥和彭鹏统稿，最后由审核组审定。

在编写过程中，编写人员克服了时间紧、任务重等困难，占用大量业余时间，编者所在的单位和部门给予了大力的支持，在此一并表示感谢。因作者水平有限，内容难免存在不足之处，恳请广大读者批评指正，以便修订完善。

编者

目　录

第三部分　设备工程师资质认证试题集

设备(机械)工程师工作任务和工作标准清单

序号	工作任务	工作步骤、目标结果、行为标准					
		输油、气站			维抢修单位		
		初级	中级	高级	初级	中级	高级
业务模块一：设备通用技术管理							
1	设备巡检及定人定机管理	(1)编制定人定机管理人员设备台账； (2)管理人员发生变动时能够及时更新设备台账			(1)编制定人定机管理人员设备台账； (2)管理人员发生变动时能够及时更新设备台账		
2	设备缺陷和故障处理、跟踪及验收		(1)组织并配合设备维修过程； (2)在ERP工单中详细填写检修工序； (3)参与检修结果验收，且能组织对检修结果进行验收			(1)查看EPR工单； (2)打印ERP工单，组织维修； (3)参与检修结果验收，且能组织对检修结果进行验收	
3	设备油水管理	能够对软化水化验指标进行分析、指导设备维护管理					
业务模块二：输油气设备技术管理							
1	输油泵技术管理	(1)按巡检内容和标准进行巡检； (2)巡检过程中，对设备运行状态进行检测； (3)对比分析，若发现参数异常，及时处理和上报； (4)检查、处理记录	(1)依据规程、技术手册，结合现场实际技术情况编制设备维护保养计划； (2)实施并做好日常保养、2000h和8000h泵机组维护保养的技术指导和现场管理	(1)维护保养计划，编制实施方案； (2)对泵机组发生的故障进行分析判断	(1)按巡检内容和标准进行巡检； (2)在巡检过程中，对设备运行状态进行检测； (3)通过对比分析，若发现参数异常，及时处理和上报； (4)做好检查、处理记录	(1)依据规程、技术手册，结合现场实际技术情况编制设备维护保养计划； (2)组织实施2000h维护保养并做好技术指导和现场管理	(1)依据8000h保养计划，编制实施方案； (2)能够对输油泵机组故障进行分析处理

续表

序号	工作任务	工作步骤、目标结果、行为标准					
		输油、气站			维抢修单位		
		初级	中级	高级	初级	中级	高级
2	压缩机技术管理	(1)按巡检路线和内容进行巡检; (2)在巡检过程中，能对压缩机运行状态进行检测; (3)通过对比分析，若发现参数异常，及时处理和上报，并做好检查、处理记录	(1)做好压缩机设备润滑管理; (2)依据规程、技术手册，结合现场实际技术情况编制设备维护保养计划; (3)组织实施并作好技术指导和现场管理	(1)依据维护保养计划，编制实施方案; (2)能够对设备缺陷和故障进行排除、分析	(1)按巡检路线和内容进行巡检; (2)在巡检过程中，能对压缩机运行状态进行检测; (3)通过对比分析，若发现参数异常，及时处理和上报，并做好检查、处理记录	(1)做好压缩机设备润滑管理; (2)依据规程、技术手册，结合现场实际技术情况编制设备维护保养计划; (3)组织实施并作好技术指导和现场管理	(1)依据维护保养计划，编制实施方案; (2)能够对设备缺陷和故障进行排除、分析
3	储油罐技术管理	(1)熟知储油罐完好标准及检查要求; (2)熟知储油罐维护保养相关要求，能够按时、按标准完成储油罐日常、季度、年度维护保养内容	(1)了解储油罐状态检测及评价方法，并配合专业单位完成相关检测及分析评价; (2)掌握储油罐一般故障处理方法，并能够根据现场情况制订切实有效的处理方案排除故障	熟知油罐大修现场技术管理要求，负责现场质量监督检查	(1)熟知储油罐完好标准及检查要求; (2)熟知储油罐维护保养相关要求，能够按时、按标准完成储油罐日常、季度、年度维护保养内容	(1)了解储油罐状态检测及评价方法，并配合专业单位完成相关检测及分析评价; (2)掌握储油罐一般故障处理方法，并能够根据现场情况制订切实有效的处理方案排除故障; (3)维修队人员应掌握修理油罐相关修理知识	
4	阀门技术管理	(1)按巡检内容及标准进行巡检; (2)发现隐患，及时上报，并做好记录	(1)依据规程、技术手册，结合现场实际技术情况编制设备维护保养计划; (2)组织实施并作好技术指导和现场管理	(1)依据维护保养计划，编制实施方案; (2)组织实施并作好技术指导和现场管理; (3)能够解决工作中发现的疑难问题	(1)按巡检内容及标准进行巡检; (2)发现隐患，及时上报，并做好记录	(1)依据规程、技术手册，结合现场实际技术情况编制设备维护保养计划; (2)组织实施并做好技术指导和现场管理	(1)依据维护保养计划，编制实施方案; (2)组织实施并做好技术指导和现场管理; (3)能够解决工作中发现的疑难问题
业务模块三：特种设备技术管理							
1	特种设备管理	按照《特种设备安全法》完成特种设备定期校验		完成特种设备资产管理中设备清查、封存、报废、调拨等方案(申请)的编制上报工作	按照《特种设备安全法》完成特种设备定期校验		完成特种设备资产管理中设备清查、封存、报废、调拨等方案(申请)的编制上报工作

续表

序号	工作任务	工作步骤、目标结果、行为标准					
		输油、气站			维抢修单位		
		初级	中级	高级	初级	中级	高级
2	直接炉技术管理	(1)熟知直接炉完好标准及检查要求； (2)熟知直接炉维护保养相关要求，按时、按标准完成直接式加热炉日常、季、年维护保养内容	(1)熟知直接炉状态检测及评价方法，并能够完成相关检测及评价工作； (2)掌握直接炉一般故障处理方法，并能够根据现场情况制订切实有效的处理方案消减故障隐患	熟知直接炉大修现场技术管理要求，能够负责现场质量监督检查	(1)熟知直接炉完好标准及检查要求； (2)熟知直接炉维护保养相关要求，按时、按标准完成直接式加热炉日常、季度、年度维护保养内容	(1)编制季度保养方案； (2)组织完成季度维护保养	掌握直接炉一般故障处理方法，并能够根据现场情况制订切实有效的处理方案消减故障隐患
3	热媒炉技术管理	(1)熟知热媒炉完好标准及检查要求； (2)熟知热媒炉维护保养相关要求，按时、按标准完成热媒炉日常、季、年维护保养内容	(1)掌握热媒炉状态检测及评价方法，并能够完成相关检测及评价工作； (2)掌握热媒炉一般故障处理方法，并能够根据现场情况制订切实有效的处理方案消减故障隐患	熟知热媒炉大修现场技术管理要求，能够负责现场质量监督检查	(1)熟知热媒炉完好标准及检查要求； (2)熟知热媒炉维护保养相关要求，按时、按标准完成热媒炉日常、季度、年度维护保养内容	(1)编制季度保养方案； (2)组织完成季度维护保养	掌握热媒炉一般故障处理方法，并能够根据现场情况制订切实有效的处理方案消减故障隐患
4	锅炉技术管理	(1)熟知锅炉完好标准及检查要求； (2)熟知锅炉维护保养相关要求，按时、按标准完成锅炉日常、年度维护保养内容	(1)掌握锅炉状态检测及评价方法，并能够完成相关检测及评价工作； (2)掌握锅炉一般故障处理方法，并能够根据现场情况制订切实有效的处理方案消减故障隐患	熟知锅炉大修现场技术管理要求，能够负责现场质量监督检查	(1)熟知锅炉完好标准及检查要求； (2)熟知锅炉维护保养相关要求，按时、按标准完成锅炉日常、年度维护保养内容	(1)编制年度保养方案； (2)组织完成年度维护保养	掌握锅炉一般故障处理方法，并能够根据现场情况制订切实有效的处理方案消减故障隐患
业务模块四：辅助系统设备技术管理							
1	含油污水处理装置技术管理	能够按流程进行污水处理	能够对污水处理系统的正确使用进行监督		能够进行含油污水处理装置巡检		
2	除尘装置技术管理		能够对除尘装置的正确使用进行监督		能够进行除尘装置巡检		

续表

序号	工作任务	工作步骤、目标结果、行为标准					
		输油、气站			维抢修单位		
		初级	中级	高级	初级	中级	高级
3	清管器接收(发送)筒技术管理		能够对清管器接收(发送)筒正确使用进行监督		能够进行清管器接收(发送)筒巡检		
4	混油处理装置技术管理		能够对混油处理装置的正确使用进行监督				
业务模块五：ERP 系统管理							
1	站内自行维修	能够填报、审核、关闭站内自行维修作业单			能够填报、审核、关闭站内自行维修作业单		
2	一般故障维修流程报修	能够填报、审核、关闭站内一般故障维修作业单			能够打印一般故障维修作业单，并且按照工单要求组织领料、维修		
3	预防性维护计划操作		能够及时填报、审核、关闭站内预防性维护计划作业单			能够打印预防性维护维作业单，并且按照工单要求组织领料、维护保养设备	
4	报表查看及填报操作			能够填报、审核各类设备报表			
5	特种作业安全许可操作			能够填报、审核特种作业许可单			能够填报、审核特种作业许可单

第一部分　设备专业基础知识

第一章　设备管理基础知识

第一节　设备管理基本概念

设备指企业在生产中所需的机械、装置和设施等物资资料的通称，它可供长期使用并能在使用中基本保持原有的实物形态。本书中所指设备主要包括输油泵机组、压缩机组、储油罐、炉类设备、阀门及部分辅助设备。

设备管理是以设备为研究对象，追求设备综合效率，应用一系列理论、方法，通过一系列技术、经济、组织措施，对设备的物质运动和价值运动进行全过程(从规划、设计、选型、购置、安装、验收、使用、保养、维修、改造、更新直至报废)的科学型管理。

站队设备(机械)工程师的主要工作就是设备的现场管理，因此掌握设备管理相关的基本概念是胜任设备工程师的基本要求。

一、设备分类

根据设备管理维修部门积累的日常运行维修经验，从输油气生产中的重要性，发生故障后对输油气生产的影响程度，对安全环保的影响，维修的难易程度，维修成本将设备划分为三类：A 类——关键设备；B 类——主要设备；C 类——一般设备。

1. 关键设备(key equipment)

在生产中起关键作用的设备或单台原值高，维修费用大，以及在生产、安全环保及维修影响大，不能离线的设备。

2. 主要设备(main equipment)

在生产中起主要作用，单台原值较高，维修费用较大，故障损失较大但有备用机组不影响总体生产的设备。

3. 一般设备(ordinary equipment)

在生产中起到一般作用，单台原值较低，维修费用较少，故障损失较小的设备。

二、设备技术状况

设备技术状况分为完好设备、带病运转设备、在修待修设备、待报废设备四个子项。

三、关键设备经济技术指标

1. 设备综合完好率 *WHL*

$$WHL = \sum 设备完好台日/(设备在册台数 \times 年日历天数) \times 100\%$$

设备正常保养算完好，超过正常保养期不算完好。设备大修不算完好。

2. 设备利用率 *LYL*

$$LYL = \sum 设备实际开动或使用时间/(设备在册台数 \times 日历时间) \times 100\%$$

3. 设备故障停机率

$$GZL=[设备故障停机时间(小时)/(设备实际开动时间+设备故障停机时间)]\times 100\%$$

4. 设备综合故障停机率 *GZL*

$$GZL = \sum (设备故障停机时间)/(\sum 设备实际开动时间 + \sum 设备故障停机时间) \times 100\%$$

要求：综合故障停机率 $GZL\leqslant 3\%$。

5. 设备责任事故发生率 *SGL*

$$SGL=设备责任事故台次/在册设备台数\times 100\%$$

要求：设备责任事故发生率小于等于0.05%。

四、设备缺陷

运行设备由于老化、失修或设计、制造质量等各种原因，造成其零部件损伤或超过质量指标范围，引起设备性能下降的，称为设备缺陷。设备缺陷分为一般设备缺陷和重大设备缺陷。

1. 一般设备缺陷

一般设备缺陷是指不影响正常输油气生产、不危及生产安全，能及时消除或设备仍可正常运行而不需采取特殊监护措施的设备缺陷。

2. 重大设备缺陷

重大设备缺陷是指影响正常输油气生产、危及生产安全，但因生产需要而必须带病运行，有可能引发设备事故，必须采取特殊监护措施的设备缺陷。

五、设备故障

设备故障是指因各种原因造成设备、零部件丧失规定性能或为消除设备缺陷而造成的停机(或停止其生产功能)。设备故障分为一般设备故障和重大设备故障。

1. 一般设备故障

一般设备故障是指不影响正常输油气生产的B类及以下设备的故障。

2. 重大设备故障

重大设备故障是指：

(1) 造成管线停输或输量降低等影响正常输油气生产的设备故障；

(2) A类设备的故障。

六、设备事故

凡因设计、制造、安装、施工、使用或修理等原因造成的设备非正常损坏或性能降低而影响生产，直接经济损失达到或超过规定限额的，均称设备事故。

七、设备备品备件

设备的备品备件分为储备类备品备件和易耗类备品备件。根据生产运行中消耗情况和设备厂家提供的建议提出备件清单。

八、特种设备

特种设备是指涉及生命安全、危险性较大的锅炉、压力容器(含气瓶)、压力管道、电梯、起重机械、客运索道、大型游乐设施和场(厂)内专用机动车辆。

第二节　设备管理一般知识

设备管理一般指设备的全寿命周期管理，包括：设备前期管理，如设备的采购、安装、调试、验收；设备使用管理，如设备操作、维护与维修，设备备品备件管理，设备安全、环保与节能管理，设备事故管理，设备档案资料与报表管理，以及检查与考核；设备的后期管理，如设备闲置封存、调剂与调拨及报废管理。

站队设备工程师主要负责设备的现场和使用管理。针对设备管理不同的管理阶段，站队设备工程师要掌握不同理论知识和管理方法。包括设备巡检管理、设备使用管理和设备润滑管理等。

一、设备巡检管理

设备巡检管理是设备现场管理的基础，在巡检中，要按照“看、摸、听、闻、查、记”的“设备巡检六字法”进行检查。发现生产、设备有异常现象，要立刻组织站内相关专业技术人员对异常进行分析、查找原因，并及时上报相关部门，采取有效措施排除。

二、设备使用管理

设备维护保养是设备使用管理的重点，可归纳为“清洁、润滑、调整、紧固、防腐、密封”12 个字，即通常所说的“设备维护保养十二字作业”法。

1. 清洁

设备的内外要清洁，各润滑面等处无油污，无碰伤，各部位不漏油，不漏水，不漏汽(气)，切屑、灰尘等应打扫干净。

2. 润滑

设备的润滑面和润滑点应按时加油、换油，油质符合要求，油壶、油杯、油枪齐全，油窗、油标醒目，油路畅通。

3. 调整

设备各运动部位和配合部位应经常调整，使设备各零件、部位之间配合合理，不松不旷，符合设备原来规定的配合精度和安装标准。

4. 紧固

设备中需要紧固连接的部位，应经常进行检查，若发现松动情况，要及时拧紧，确保设备安全运行。

5. 防腐

设备外部及内部与各种化学介质接触的部位，应经常进行防腐处理，如除锈、喷漆等，以提高设备的抗腐蚀能力，提高设备的使用寿命。

6. 密封

加强设备密封管理和维护，及时处理和减少设备的“跑、冒、滴、漏”，降低消耗，减少污染，实现文明生产。

三、设备润滑管理

润滑管理对动设备的运行至关重要，可归纳为“定点、定质、定量、定期、定人”，即“五定”管理。

1. 定点

根据润滑图表上指定的部位、润滑点、检查点(油标窥视孔)，进行加油、添油、换油，检查液面高度及供油情况。

2. 定质

确定润滑部位所需油料的品种、牌号及质量要求，所加油质必须经化验合格。若采用代用材料或掺配代用，要有科学根据。润滑装置、器具应完整清洁，防止污染油料。

3. 定量

按规定的数量对润滑部位进行日常润滑，实行耗油定额管理，要搞好添油、加油和油箱的清洗换油。

4. 定期

按润滑卡片上规定的间隔时间进行加油，并按规定的间隔时间进行抽样化验，视其结果确定清洗换油或循环过滤，确定下次抽样化验时间，这是搞好润滑工作的重要环节。

5. 定人

按图表上的规定分工，分别由操作工、维修工和润滑工负责加油、添油、清洗换油，并规定负责抽样送检的人员。

第三节　油气储运主要设备的技术性能

一、泵的技术性能

1. 流量

泵的流量也称排量，是泵在单位时间内排出液体的数量，可用体积流量和质量流量两种单位表示。

体积流量用 Q 表示，单位是：m^3/h，m^3/s，L/s 等。

质量流量用 Q_m 表示，单位是：kg/h，kg/s 等。

质量流量与体积流量的关系为

$$Q_m = \rho Q$$

式中　ρ——液体的密度，kg/m^3。

2. 扬程

泵的扬程又称压头，是液体通过泵获得能量的大小，单位是 m。

根据定义，泵的扬程可写为：

$$H=E_d-E_s$$

式中　E_d——在泵出口处单位重量液体的能量，m；

E_s——在泵进口处单位重量液体的能量，m。

离心泵的总扬程包括吸入扬程、出水扬程和泵进出口液体流速速度头之差，即：

总扬程=吸入扬程+出水扬程+速度头之差

3. 转速

转速是泵轴或叶轮每分钟的转速，用符号 n 表示，单位是 r/min。为使离心泵工作平稳，要求转速不变。一般泵产品样本上提供的转速是指泵的最高转速许可值，在实际工作中最高转速不超过许可值的 4%，转速的变化将影响泵其他一系列的参数变化。

泵与电动机直接传动时，泵转速等于电动机转速。

电源频率为 50Hz 时，电动机的同步转速=6000/电动机极数，电动机常用极数分为：2，4，6，8，10，12，16，20，24 等。

泵一般采用异步电动机驱动，异步电动机实际转速略低于其同步转速，与上述极数对应的电动机转速分别为：2950r/min，1450r/min，980r/min，730r/min，590r/min，490r/min，370r/min，295r/min，245r/min。

4. 功率

泵的功率是单位时间内泵对液体所做的功，用 P 表示，单位是 W 或 kW。泵的功率有：轴功率、有效功率和原动机功率三种。

轴功率是泵需要的功率；有效功率是泵单位时间内对液体所做的功，用 P 有效表示；原动机功率是原动机输出的功率。

通常泵铭牌上标明的功率是指泵配合的原动机的功率。

5. 效率

泵的功率大部分用于输送液体，使一定量的液体增加了压能，即所谓的有效功率，一小部分功率用于消耗在泵轴与轴承及填料和叶轮与液体的摩擦上，以及液流阻力损失、漏失等方面，该部分功率称损失功率。效率是衡量功率中有效程度的一个参数。用 η 表示，单位为%。

$$\eta=9.8\gamma QH/P$$

式中　γ——液体的相对密度；

Q——流量，m^3/s；

H——扬程，m；

P——轴功率，kW。

泵的效率也等于泵的容积效率、机械效率、水力效率的乘积。

1）容积损失

由于泵的泄漏，泵的实际排出量总是小于吸入量，这种损失称为容积损失。容积损失主要包括密封环泄漏损失、平衡机构的泄漏损失和级间泄漏损失。

2）水力损失

叶轮传给液体的能量，其中有一部分没有变成液体的压能，这部分能量损失称为水力损失。水力损失包括液体的冲击损失、旋涡损失和沿程摩阻损失。

3）机械损失

机械损失是叶轮旋转时，液体与叶轮表面、泵的零件之间所产生的摩擦损失。

6. 汽蚀余量

泵在工作时，液体在叶轮的进口处因一定真空压力下会产生汽体，汽化的气泡在液体质点的撞击运动下，对叶轮等金属表面产生剥蚀，从而破坏叶轮等金属。此时真空压力叫汽化压力，汽蚀余量是指在泵吸入口处单位重量液体所具有的超过汽化压力的富余能量，单位为m，用 $NPSH_r$ 表示。吸程即为必须汽蚀余量 Δh，即泵允许吸液体的真空度，亦即泵允许的安装高度，单位为m。

液体在一定温度下降低压力至该温度下的汽化压力时，液体便产生气泡。把这种产生气泡的现象称为汽蚀。汽蚀时产生的气泡，流到高压处时，其体积减少以致破灭。这种现象称为汽蚀的溃灭。

泵在运转中，若其过流部分的局部区域因为某种原因，抽送的液体绝对压力降低到当时温度下的液体汽化压力时，液体在该处开始汽化，产生大量蒸汽，形成气泡。当含有大量气泡的液体向前经叶轮内的高压区时，气泡周围的高压液体致使气泡急剧地缩小以致破裂。在气泡凝结破裂的同时，液体质点以很高的速度填充空穴，产生很大的水击作用，并以很高的冲击频率打击金属表面，严重时会将壁厚击穿。在泵中产生气泡和气泡破裂使过流部件遭受破坏的过程就是泵的汽蚀过程。泵产生汽蚀后除对过流部件产生破坏作用外，还会产生噪声和振动，导致性能下降，严重时会使泵中液体中断，不能正常工作。

泵发生汽蚀的条件是由泵本身和吸入装置所决定的。因此，研究汽蚀发生的条件，应从泵本身和吸入装置双方来考虑。

泵汽蚀的基本关系式为：

$$NPSH_c \leqslant NPSH_r \leqslant [NPSH] \leqslant NPSH_a$$

$$NPSH_a = NPSH_r(NPSH_c)\text{——泵开始汽蚀}$$

$$NPSH_a < NPSH_r(NPSH_c)\text{——泵严重汽蚀}$$

$$NPSH_a > NPSH_r(NPSH_c)\text{——泵无汽蚀}$$

式中 $NPSH_a$——装置汽蚀余量又叫有效汽蚀余量，越大越不易汽蚀；

$NPSH_r$——泵汽蚀余量，又叫必需的汽蚀余量或泵进口动压降，该值越小抗汽蚀性能越好；

$NPSH_c$——临界汽蚀余量，是指对应泵性能下降一定值的汽蚀余量；

$[NPSH]$——许用汽蚀余量，是确定泵使用条件用的汽蚀余量，通常 $[NPSH] = (1.1 \sim 1.5) NPSH_c$。

（1）提高离心泵本身抗气蚀性能的措施。

① 改进泵的吸入口至叶轮附近的结构设计。增大过流面积；增大叶轮盖板进口段的曲率半径，减小液流急剧加速与降压；适当减少叶片进口的厚度，并将叶片进口修圆，使其接近流线形，也可以减少绕流叶片头部的加速与降压；提高叶轮和叶片进口部分表面光洁度以减小阻力损失；将叶片进口边向叶轮进口延伸，使液流提前接受做功，提高压力。

② 采用前置诱导轮，使液流在前置诱导轮中提前做功，以提高液流压力。

③ 采用双吸叶轮，让液流从叶轮两侧同时进入叶轮，则进口截面增加一倍，进口流速可减少一倍。

④ 设计工况采用稍大的正冲角，以增大叶片进口角，减小叶片进口处的弯曲，减小叶片阻塞，以增大进口面积；改善大流量下的工作条件，以减少流动损失。但正冲角不宜过大，否则影响效率。

⑤ 采用抗气蚀的材料。实践表明，材料的强度、硬度、韧性越高，化学稳定性越好，抗气蚀的性能越强。

(2) 提高进液装置有效气蚀余量的措施。

① 增加泵前贮液罐中液面的压力，以提高有效气蚀余量。

② 减小吸上装置泵的安装高度。

③ 将上吸装置改为倒灌装置。

④ 减小泵前管路上的流动损失。如在要求范围尽量缩短管路，减小管路中的流速，减少弯管和阀门，尽量加大阀门开度等。

⑤ 降低泵入口工质介质温度(当输送工质接近饱和温度时)。

以上措施可根据泵的选型、选材和泵的使用现场等条件，进行综合分析，适当加以应用。

7. 比转数

任何一台泵，根据相似原理，可以利用比转数按叶轮的几何相似与动力相似原理对叶轮进行分类。比转数相同即表示几何形状相似，液体在泵内运动的动力相似。表达式为：

$$n_s=\frac{3.65n\sqrt{Q}}{H^{3/4}}$$

式中　Q——流量(双吸泵取 $Q/2$)，m^3/s；

H——扬程(多级泵取单级扬程)，m；

n——转速，r/min。

8. 泵的特性曲线

泵内运动参数之间存在一定的联系。由叶轮内液体的速度三角形可知，对既定的泵在一定的转速下，扬程随着流量增加而减小。因此，运动参数的外部表示形式——性能参数，其间也必然存在着相应的联系。如果用曲线的形式表示泵性能参数之间的关系，称为泵的性能曲线(也叫特性曲线)。通常用横坐标表示流量 Q，纵坐标表示扬程 H、效率 η、轴功率 P、汽蚀余量 $NPSH$(净正吸头)等(图 1-3-1)。

9. 泵的装置特性曲线与泵的运行工作点

1) 额定的运行工作点

泵的装置特性曲线：

$$h=h_0+kQ^2$$

式中　h——装置阻力；

h_0——泵装置系统的静扬程；

k——装置阻力系数。

泵扬程曲线与泵装置特性曲线的交点就是泵的运行工作点，如图 1-3-2 所示。

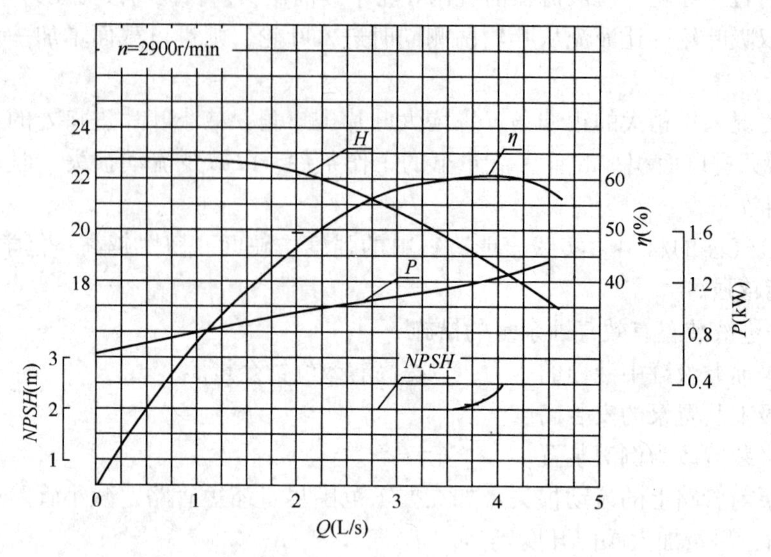

图 1-3-1　泵的特性曲线

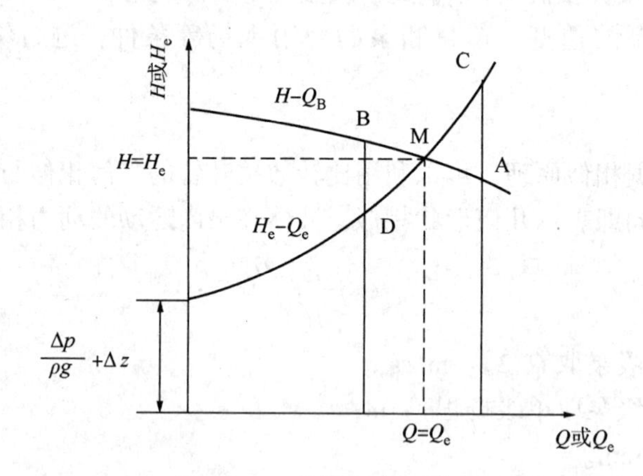

图 1-3-2　泵的运行工作点

2）泵运行工作点的改变

调节出口阀门开度，如图 1-3-3 所示。

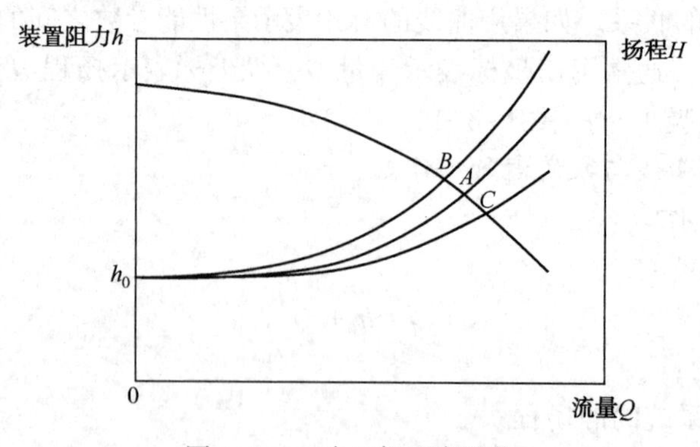

图 1-3-3　出口阀开度调节

关小阀门，装置特性曲线变陡，泵工作点由 A 点变为 B 点。

开大阀门，装置特性曲线变平，泵工作点由 A 点变为 C 点。

调节进水水位或进水压力，如图 1-3-4 所示。

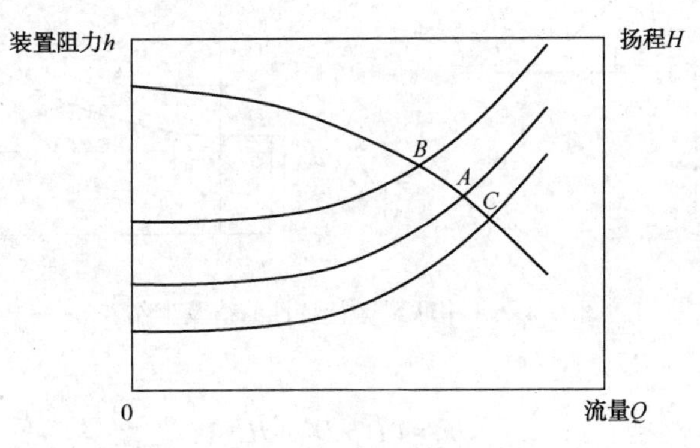

图 1-3-4　进水水位和压力调节

降低进水水位或压力，装置特性曲线将向上平移，泵工作点由 A 点变为 B 点。

提高进水水位或压力，装置特性曲线将向下平移，泵工作点由 A 点变为 C 点。

3）泵的并联运行

（1）并联运行是泵最普遍的运行方式。

（2）只有扬程接近的两台泵才适合并联运行。

（3）泵的并联运行特性曲及并联运行工作点的确定如图 1-3-5 所示。

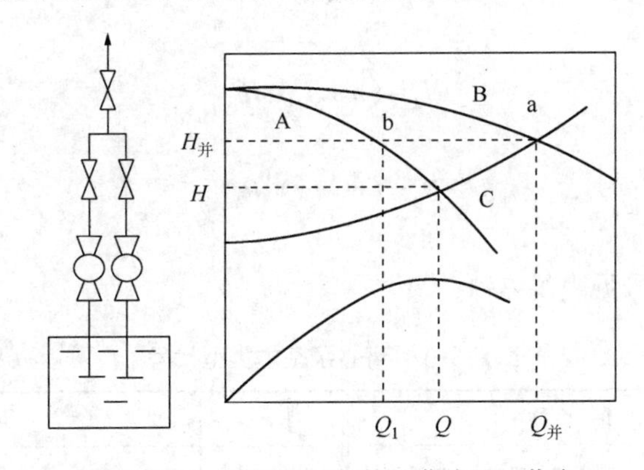

图 1-3-5　并联泵运行特性曲线及工作点

4）泵的串联运行

（1）当单台泵的扬程达不到使用要求时，可采用将两台或两台以上的泵串联起来运行的方式。

（2）只有流量接近的两台泵才适合串联运行。

（3）泵的串联运行特性曲线及串联运行工作点的确定如图 1-3-6 所示。

10. 泵性能的改变

1）切割叶轮（切割公式）

流量：

$$Q_2 = (D_2/D_1)Q_1$$

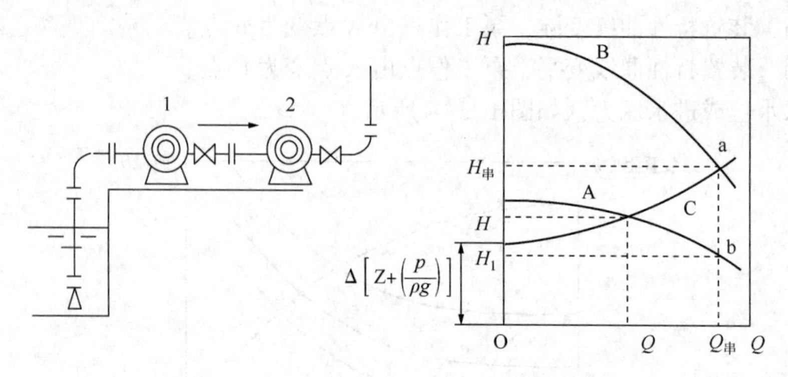

图 1-3-6　串联泵运行特性曲线及工作点

扬程：

$$H_2=(D_2/D_1)^2H_1$$

轴功率：

$$P_2=(D_2/D_1)^3P_1$$

注：上述切割公式主要适用于离心泵，泵的比转数越小，结果越准确；切割量越小，结果越准确。

2) 改变转速(变速公式)

流量：

$$Q_2=(n_2/n_1)Q_1$$

扬程：

$$H_2=(n_2/n_1)^2H_1$$

轴功率：

$$P_2=(n_2/n_1)^3P_1$$

11. 离心泵的型号

离心泵基本类型代号见表 1-3-1。

表 1-3-1　离心泵基本类型代号

型　号	泵的名称	型　号	泵的名称
IS	ISO3 国际标准型单级单吸离心水泵	S 或 sh	单级双吸式离心水泵
B 或 BA	单级单吸悬臂式离心清水泵	DS	多级分段式首级为双吸叶轮
D 或 DA	多级分段式离心泵	KD	多级中开式离心泵
DL	多级立式管形离心泵	KDS	多级中开式首级为双吸叶轮
Y	离心式油泵	Z	自吸式离心泵
YG	离心式管道油泵	FY	耐腐蚀液下式离心泵
F	耐腐蚀泵	W	一般旋涡泵
P	屏蔽式离心泵	WX	旋涡离心泵

以湖南天一泵业产离心泵型号为例，如图 1-3-7 所示。

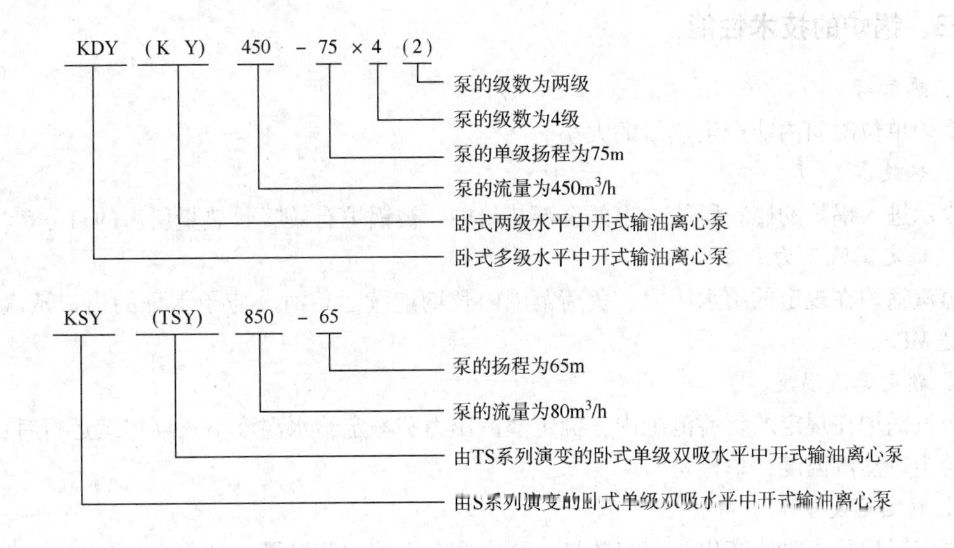

图 1-3-7　泵的型号说明

二、加热炉(直接炉、热媒炉)的技术性能

1. 热负荷

热负荷为单位时间内传给加热炉炉管内介质的有效热量，单位一般是千瓦(kW)或兆瓦(MW)。

2. 热效率

热效率为表示向炉子提供的能量被有效利用的程度，即被加热介质吸收的有效热量与燃料燃烧放出的总热量之比。

3. 空气过剩系数

一般把超过理论空气量多供给的空气量称为过剩空气量，并把实际空气量与理论空气量之比定义为空气过剩系数。该系数越低，加热炉热效率越高。

4. 排烟温度

排烟温度为烟气出炉膛后，经热媒炉热媒预热器、空气预热器或直接炉对流室后的温度(℃)。排烟温度越高，烟气利用率越低，热量损失越严重。

5. 表面平均温度

表面平均温度为炉体前、后墙及侧面外表面多点测试平均温度(℃)。若温度过高，炉体前、后墙及内侧保温层可能破损。

6. 不完全燃烧热损失

不完全燃烧热损失为指由于部分燃烧介质没有完全燃烧而被烟气带走的损失。

7. 排烟热损失

排烟热损失为指经烟囱排出的烟气带走的热量。

8. 散热损失

经炉体、预热器等加热炉附件外表面散失到大气中去造成的热量损失称为散热损失。

三、锅炉的技术性能

1. 热负荷

锅炉单位时间内能产生热量的大小。

2. 热效率

表示进入锅炉的燃料所能放出的全部热量中，被锅炉有效吸收热量所占的百分率。

3. 额定蒸汽压力

蒸汽锅炉在规定的给水压力和负荷范围内长期连续运行时，应予保证的出口蒸汽压力，单位是 MPa。

4. 额定蒸汽温度

蒸汽锅炉在规定的负荷范围内，额定蒸汽压力和额定给水温度下长期连续运行时，应予保证的出口蒸汽温度，单位是℃。

5. 额定蒸发量

蒸汽锅炉每小时所产生的蒸汽数量，称为这台锅炉的蒸发量，又称为“出力”或“容量”。蒸汽锅炉在额定蒸汽压力、额定蒸汽温度、额定给水温度下，使用设计规定的燃料并保证效率时所规定的每小时的蒸发量称为额定蒸发量，单位是 t/h。

四、储罐的技术性能

1. 安全液位

安全液位指油罐在保证利用率、合理使用前提下所允许的最高、最低液位。

2. 极限液位

极限液位指油罐在保证安全前提下，非正常使用时所允许的最高、最低液位。

3. 基础沉降

基础沉降指基础在罐体附加力的作用下，其表面所产生的竖向变形。不均匀基础沉降超过了一定限度，将导致罐体的开裂、歪斜甚至破坏。

4. 垂直度

垂直度为理论正确角度相对于基准面 90°产生的公差百分比。垂直度是位置公差，用符号⊥表示。

5. 椭圆度

罐体横截面上存在着外径不等的现象，其最大外径与最小外径之差即为椭圆度。

6. 大呼吸损耗

大呼吸损耗是油罐进行收发油作业所造成。当油罐进油时，由于罐内液体体积增加，罐内气体压力增加，当压力增至机械呼吸阀压力极限时，呼吸阀自动开启排气。当从油罐输出油料时，罐内液体体积减少，罐内气体压力降低，当压力降至呼吸阀负压极限时，吸进空气。这种由于输转油料致使油罐排除油蒸气和吸入空气所导致的损失叫大呼吸损耗。

7. 小呼吸损耗

小呼吸损耗是指因储罐温差变化而使油品蒸发的损耗。储油罐中静止储存的油品，白天受太阳热辐射使油温升高，引起上部空间气体膨胀和油面蒸发加剧，罐内压力随之升高，当压力达到呼吸阀允许值时，油蒸气就逸出罐外造成损耗。夜晚或暴雨天气等使储罐温度下降，罐内气体收缩，油气凝结，罐内压力随之下降，当压力降到呼吸阀允许真空值时，空气进入罐内，使气体空间的油气浓度降低，又为温度升高后油气蒸发创造条件。这样反复循环，就形成了油罐的小呼吸损失。

五、压缩机的技术性能

1. 排量

排量指单位时间内通过压缩机的以标准条件体积流量单位表示的气体流量，单位 m^3/h。

2. 压比

压缩机出口气体绝对压力与进口气体绝对压力的比值称为压比。

3. 特性曲线

在一定的转速和进口条件下的压力比与流量，效率与流量的关系曲线称压缩机的特性曲线(或性能曲线)。

4. 转速

压缩机组每分钟的转数，单位 r/min。

5. 压缩机轴功率

驱动机传递给压缩机轴端的功率，单位 kW。

6. 压缩机组效率

燃气驱动或电驱动压缩机有效输出能量与驱动压缩机消耗能量的比值，以百分数表示。

六、阀门的技术性能

1. 扭矩

使球阀、旋塞阀、蝶阀等旋转类阀门转动的力矩，单位为 N · m。选择阀门执行机构时要求执行机构能提供阀门最大扭矩的 1.5 倍。

2. 推力

使闸阀、截止阀等上下运动阀门开关所需的力，单位为 N。选择阀门执行机构时，要求执行机构能提供阀门最大推力的 1.5 倍。

3. Cv 值

用英制单位表示的阀的流通能力。定义为：阀门全开状态下，阀全开后压差保持 1psi ($1lbf/in^2$)时，每分钟流过温度为 60°F(15.6℃)的水的数量(单位：gal)。

4. 安全类阀门的设定开启压力

安全阀阀瓣在运行条件下开始升起时的进口压力。安全类阀门的设定开启压力通常为工作压力的 1.1 倍，也可根据管线运行工况做相应调整。

第二章　站场设备完整性管理

站场设备完整性是指站场的各类设备在结构和功能上是完整的，始终处于安全、可靠、受控的工作状态。站场设备完整性管理是一种改进站场安全性的方法，其核心是持续识别和评估站场设备面临的各种影响其完整性的风险因素，不断采取行动将其控制在可接受的范围之内。其目的是针对不断变化的场站设备设施及运营中面临的风险因素进行识别和技术评价，制定相应的风险控制对策，不断改善识别到的不利影响因素，从而将站场运营的风险水平控制在合理的、可接受的范围内。

站场设备完整性管理内容主要包括以下四部分：一是设备的数据管理、二是设备的风险评价、三是设备的检测评价、四是设备的维护与维修。

作为站场设备工程师或者维修队机械工程师，应了解站场设备完整性管理理念，熟悉设备风险评价、检测评价方法，掌握站场设备数据的收集和维护要求、设备的维护与维修内容，能够配合专业人员开展站场设备完整性管理工作。

第一节　设备数据管理

一、设备数据收集内容及分类

设备数据应至少包括如下内容：

(1) 基本数据：设备位置、设备类别、设备管理级别、设备编码、资产编码、制造商、规格型号等。

(2) 设计、安装数据：高度、容量、功率、转速、扬程、流量、压比、量程、压力等级、尺寸、连接形式、投产日期、工作条件、工作参数、设定值等。

(3) 日常维护保养数据：维护时间、维护方案、维护记录、大修时间、大修方案、大修验收报告等。

(4) 监测、检测、检定和评价数据：巡检记录、检定时间、检定报告、壁厚检测数据、泄漏量检测数据、监测数据、运行效率、评价报告等。

(5) 失效数据：失效日期、失效模式、失效原因、停机时间、故障代码、维修记录等。

(6) 备品备件数据：备件类型、编号、规格型号、数量、存放地点等。

(7) 经济数据：采购费用、维护费用、故障修理费用、大修理费用、备品备件采购费用等。

(8) 其他数据。

二、设备数据的收集和维护

(1) 应参照设备设施数据收集内容及分类的要求进行站场设备数据的收集整理，并上报分公司生产科进行审批和确认。

(2) 站场更新改造及大修理项目新安装的设备，设备工程师应按照要求的内容和格式，在设备投入运行后 2 天内更新设备管理系统中的设备基础数据。

(3) 设备投入运行之后，设备工程师应按照数据模板制订所辖设备的预防性维护计划，并录入到设备管理系统中，经地区公司主管部门审批后，各分公司的预防性维护工作应按照设备管理系统自动生成的预防性维护工单实施预防性维护作业。

(4) 在设备巡检、维护保养、测试、校验过程中，如发现设备存在故障，应由设备工程师立即将设备故障录入到 ERP 系统中。

(5) 设备发生维修项目时，应立即将设备维修数据录入到 ERP 系统中。

(6) 当设备运行参数、设定值发生变化时，应立即对 ERP 系统中的相关数据进行更新。

(7) 应定期对设备基础数据、预防性维护数据等进行检查和更新。

(8) 应按照公司信息系统的相关管理规定，严格执行信息系统用户权限管理，保证数据信息安全。

第二节　设备的风险评价

管道公司站场关键设备的风险评价方法主要包括以下几种：安全检查表法(SCL)、基于风险的检验(RBI)和以可靠性为中心的维修(RCM)。

一、安全检查表法(SCL)

安全检查表法是依据相关的标准、规范，对站场设备中已知的危险类别、设计缺陷以及与一般工艺设备、操作、管理有关的潜在危险性和有害性进行判别，列出检查表进行分析，以确定系统、场所的状态是否符合安全要求，通过检查发现系统中存在的安全隐患，提出改进措施的一种方法。是系统安全工程的一种最基础、最简便、广泛应用的风险评价方法。

安全检查表的编制主要是依据以下四个方面的内容：

(1) 国家、地方的相关安全法规、规定、规程、规范和标准，行业、企业的规章制度、标准及公司的技术手册、体系文件。

(2) 国内外行业、企业事故统计案例，经验教训。

(3) 行业及企业安全生产的经验，特别是管道公司安全生产的实践经验，引发事故的各种潜在不安全因素及成功杜绝或减少事故发生的成功经验。

(4) 系统安全分析的结果，如采用事故树分析方法找出的不安全因素，或作为防止事故控制点源列入检查表。

针对管道公司站场主要设备，安全检查表法在储罐和阀门的安全评价中应用比较广泛。

二、基于风险的检验(RBI)

基于风险的检验(Risk Based Inspection，RBI)技术是以追求站场设备系统安全性与经济性统一为理念，在对设备系统中固有的或潜在的危险进行科学分析的基础上，给出风险排序，找出薄弱环节，以确保特种设备本质安全和减少运行费用为目标，建立的一种优化检验方案的方法。

基于风险的检验主要应用于静设备及管线的风险评价。这些静设备的完整性由于受到部分已有损伤机理的影响而逐渐恶化，RBI 主要评估三个参数：失效可能性、失效后果以及失效可能性和后果组合的风险，失效风险的计算来自于两个因素——失效可能性和后果：

$$风险(R)=失效可能性(P_{oF})\times失效后果(C_{oF})$$

RBI 方法根据设备及管道的材料及其工艺条件识别出所有可能的失效机理，对不同失效机理分别计算其失效可能性大小。该失效可能性大小是选定分析系统的具体设备和管线的失效可能性，是考虑了管理系数和设备损伤因子，对世界通用失效频率的修正。RBI 定量分析所有可能导致静设备及管线无法承压承质的损伤机理。通过对失效可能性的计算和损伤机理的分析，可对设备的选材及设计数据进行审核，依据工艺条件所决定的服役环境判断所选用的材料是否准确；亦可预算设备运行到一定时间后发生失效的可能性有多大。

RBI 分析方法中失效后果是对风险产生影响的一个重要部分，主要评估失效时装置中毒性，易燃、易爆等流体物料泄漏所引起的对人员安全、设备损坏、环境破坏、生产中断等所带来的影响。在 RBI 分析中可将这些影响都转化为经济损失，折算成人员伤亡费用、设备修理费用、周边设备修复费用、环境及周边环境清理费用、停产损失等，也可按照报告需要采用不同的后果呈现方式，例如，如果公司/立法制定了有关潜在生命损失(PLL)或死亡事故率(FAR)的限制的安全要求，那么可分成人员安全和经济损失两种风险类型。通过失效后果的简单量化分析，可以粗略判断工艺关断装置设计的合理性。

RBI 方法根据失效可能性和失效后果，确定每个设备项的风险大小，根据风险大小对设备进行风险排序；根据风险可接受准则、风险的大小和未来的发展，确定检验的优先次序，检验日期和周期；RBI 方法根据损伤机理推荐有效的检验方法和检验位置及范围，最终提供一个最佳检验管理计划建议，从而建立了一套完整的基于风险的检验计划。在运行阶段执行 RBI 制订的检验和腐蚀监控计划，通常一个装置中 10%~20%的高风险设备项占据整个风险的 80%~90%的总风险。通过 RBI 分析，可以识别这些高风险，从而制定有效的检验策略，达到风险和成本的优化。

值得注意的是，失效一般是由两个主要的原因造成：一个是因为材料损伤退化而引起的失效，它可被检查出；另一个是由管理失误(如操纵人员的错误)而引起的失效，它不能被检查出。此外，动设备等功能使用的故障和失效不属于 RBI 防范的风险范畴。

RBI 方法是一套系统的、科学的分析方法，实施 RBI 方法的一般过程如图 2-2-1 所示。实施步骤如下：

(1) RBI 数据库的编制。

(2) 确定损伤机理与腐蚀回路。

(3) 按照不同的损伤机理，计算每台设备的失效可能性，退化速率。

(4) 计算与每台设备相关的失效后果。

(5) 结合失效可能性和后果数值计算出与每台设备相关的风险并根据风险结果排序。

(6) 根据风险大小，确立相应地降低风险的措施。

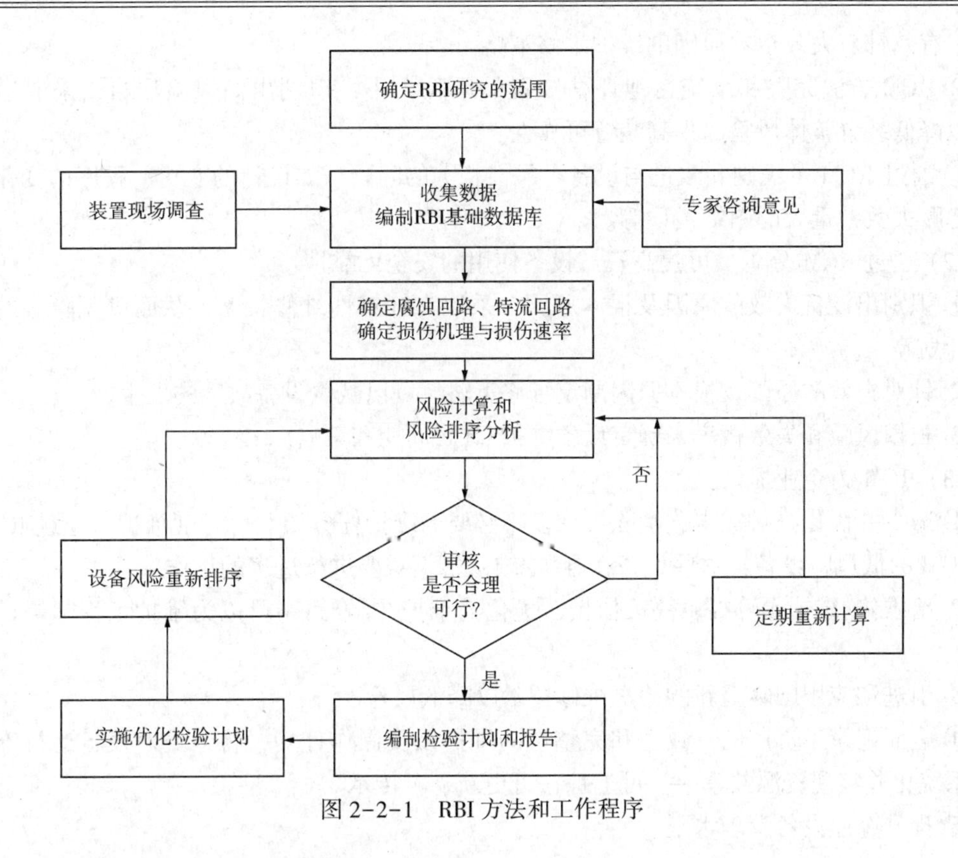

图 2-2-1　RBI 方法和工作程序

三、以可靠性为中心的维修(RCM)

RCM 是建立在风险和可靠性方法的基础上，并应用系统化的方法和原理，系统地对装置中设备的失效模式及后果进行分析和评估，进而量化地确定出设备每一失效模式的风险及失效原因和失效的根本原因，识别出装置中固有的或潜在的危险及其可能产生的后果，制定出针对失效原因以及失效根本原因的、优化的降低风险的维护策略。

RCM 理论于 20 世纪 60 年代起源于美国的波音公司。它以研究设备的可靠性规律为基础，发展到 20 世纪 90 年代趋于成熟。

传统的维护和维修策略经历了被动维修、定期维修、预防性维修、主动维修等不同的发展阶段，在减少设备故障、降低维护成本等方面取得了很大的进展。但传统的检验维修规程是基于以往的经验及保守的安全考虑，对经济性、安全性以及可能存在的失效风险等的有机结合考虑不够，检修与维修的频率和效力与所维护设备的风险高低不相称，有限的检修与维修资源使用不尽合理，存在检修与维修过度和检修与维修不足的问题，维护行为存在一定的盲目性和经验性。即使是主动维修仍然存在维护过度(或不足)、成本高、维护策略主要依靠主观和经验等缺点。随着以可靠性为中心的维护(RCM)技术不断地被国际上大中型石化、能源、化工和电力等工业领域所采用，实践证明该技术可以有效地提高设备运行的可靠性并降低维修、维护和检验的成本，主要表现在以下方面：

(1) RCM 提供的是可靠性优化的维护/维修策略。

① RCM 通过系统分析设备的失效模式、影响以及失效原因及根本原因，制定可靠性优

化的、有效针对失效根本原因的维护维修策略。

② RCM 方法完整和系统性地评估装置的风险大小，识别出高风险项目，采取适当措施，以降低装置整体风险、提高装置可靠性。

③ 通过 RCM 可识别和改进与设备可靠性相关的问题，如设计的变化、程序的变化、潜在的隐藏失效，重大的图纸错误等。

(2) 通过 RCM 分析，可提高资产设备使用的安全可靠性：

① 识别出设备失效的原因及根本原因，采取有针对性维修策略，从而避免隐藏的失效及非计划停工。

② 针对失效的原因及根本原因制定维修策略，可以减少设备故障的发生。

③ 根据风险和失效概率来确定设备维护/维修周期和策略。

(3) RCM 为企业提供：

① 减少并优化维护成本，消除了许多不必要的维护任务，避免过度维护。通过 RCM 识别出 32%的低风险设备，这些设备在维护/维修中不需要进行过多的工作。

② 给维修/维护预算提供决策依据。优化的维护/维修策略可以为维护工程师提供预算导引。

③ 引进和应用国际上新的检、维修技术以降低风险。

④ 全面记录了资产的一致性和完整性的维护以及操作计划，将人员对设备运行维护的经验系统化并实现资源共享——可追踪、可更新、可传承。

⑤ 提升企业设备管理水平。

第三节　设备的检测评价

管道公司站场关键设备的检测评价技术主要包括储罐声发射在线检测与评价技术和旋转设备在线监测及故障诊断技术。

一、储罐声发射在线检测与评价技术

1. 罐底声发射在线检测原理

储罐声发射在线检测技术是一种先进的动态检测方法，通过按一定阵列固定布置在储罐外壁上的传感器接收来自罐底板的活性“声源”信号，并应用专门的软硬件对这些信息进行数据采集与处理分析，从而判断罐底板的腐蚀情况，并给出维修建议。检测系统结构原理如图 2-3-1 所示。

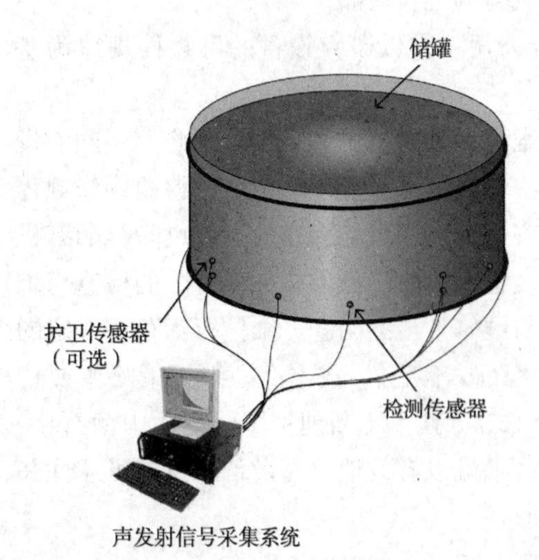

图 2-3-1　检测系统结构原理

2. 罐底声发射检测技术的作用

声发射检测技术是一种动态的无损检测技术，该技术可定性地对储罐的腐蚀程度进行评价(不能定量评价储罐的腐蚀)，对于大量储罐的检测而言，是一种非常高效的快速筛选方法，可为常规开罐检测提供合理的决策依据。

3. 技术优点

储罐底板声发射在线检测技术优点如下：

(1) 声发射检测技术是一种动态无损检测技术。这一特点决定了声发射检测技术具有实时、在线的特性，从而为其迅速发展和广泛应用提供了有力的保证。

(2) 声发射检测技术是一种整体检测技术。通过按一定阵列布置少量固定不动的传感器，声发射仪就可获得被检对象中声源的活动信息，并可大致地确定声源的位置，这为实际检测和评价工作带来了极大的方便。

4. 技术的不足

声发射技术利用材料的声发射现象进行状态评价，该技术只能定性地对储罐的活性缺陷严重程度进行评价，不能定量评价储罐的缺陷。对于大量储罐的检测而言，只是一种非常高效的快速筛选方法。

二、旋转设备在线监测及故障诊断技术

状态监测是指通过一定的途径了解和掌握设备的运行状态，包括利用监测和分析仪器(包括在线的或离线的)，采用各种检测、监视、分析和判别方法，对设备当前的运行状态做出评估(属于正常还是异常)，对异常状态及时做出报警，并为进一步进行的故障分析、性能评估等提供信息和数据。

故障诊断是指根据状态监测所获得的信息，结合设备工作的原理、结构特点、运行参数、历史状况，对可能发生的故障进行分析、预报，对已经或正在发生的故障进行分析、判断，以确定故障的性质、类别、程度、部位及趋势，对维护设备的正常运行和合理检修提供正确的技术支持。

1. 振动状态监测的目的

振动状态监测的目的是为了评定机器持续运行期间的“健康”状态。应依据被监测的机器类型和关键部件，选择一个或多个测量参数和合适的监测系统。其目标是当机器部件有某些缺陷而明显降低设备效能、减少机器预期寿命，或在设备完全失效之前，及时识别出“非健康”状态，使之有足够的时间采取补救措施，从而建立一个既经济又有效的维修计划。

根据机器状态及现场因素，可选择永久性安装系统、半永久性系统或便携式监测系统。

2. 振动状态监测的类型

1) 选择系统类型的影响因素

应根据下列因素来决定选用合适的监测系统：

(1) 机器运行的关键程度；

(2) 机器停机时间的费用；

(3) 机器突然失效的费用；

(4) 机器的费用；

(5) 失效模式的扩展率；

(6) 维修的可接近性；

(7) 合适的测量位置的可接近性；

(8) 测量/诊断系统的品质；

(9) 机器的运行模式(例如转速、功率);

(10) 监测系统的费用;

(11) 安全性;

(12) 环境影响。

2) 永久性安装的系统

这种类型的系统是传感器、信号适配器、数据处理和数据存储装置永久性安装的系统。数据采集可以是连续的或周期的。永久性安装系统通常用于昂贵的和关键的机器或者具有复杂监测任务的机器。

图 2-3-2 表示了一种典型的永久性安装的在线系统。

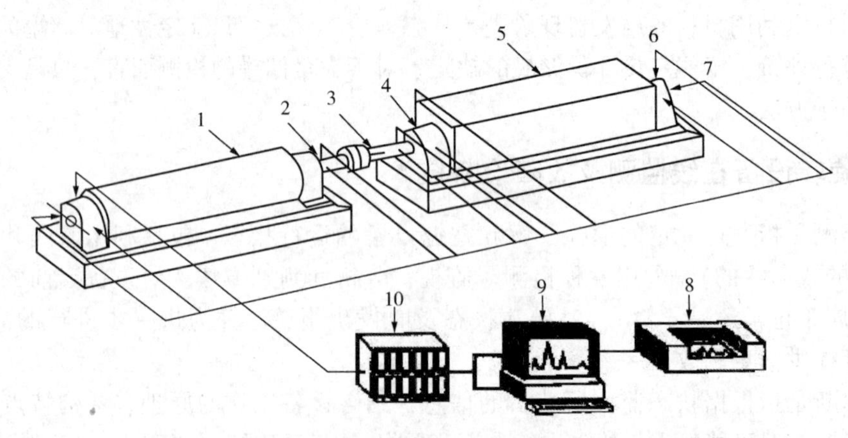

图 2-3-2 典型永久性安装的在线振动状态监测系统

1—驱动机；2—轴位移传感器(典型的)；3—相位参考器；4—在固定轴承构件上的传感器(典型的)；5—被驱动的工作机器；6—径向；7—轴向；8—打印机；9—具有数据存储的计算机；10—信号适配器

注：此图表示的是一种典型配置，允许用另一种系统来替代(例如以微机为基础的系统，常有在 A/D 变换之后实施积分的信号适配)

3) 半永久性系统

半永久性系统是永久性系统和便携式系统之间的一种交叉。在这种类型的系统中，传感器通常是永久性安装的，而数据采集部件是间歇式连接的。

4) 便携式监测系统

便携式监测系统与“连续”在线系统功能类似，但较省事且较便宜。对于这种配置，采用便携式数据采集器自动或手动周期性地记录数据。这类系统如图 2-3-3 所示。

便携式监测系统比较普遍地用来在机器预先选定的位置上以一定的时间间隔(周、月等)，周期地手动记录测量结果。数据通常就地输入和存储在便携式数据采集器上，可以立即进行初步的粗略分析。然而，对于更深入的处理和分析，需要把数据下载至有相应软件的电脑上进行。

3. 数据采集

1) 连续数据采集

连续数据采集系统是传感器永久性安装在机器关键位置上，通常在机器运行期间，连续记录和存储振动测量数据。该系统可以包括多通道自动振动监测系统，为了保证不丢失有效数据或趋势，应具有足够快的多路传输率。连续的数据采集系统可以装在机器现场供机器操

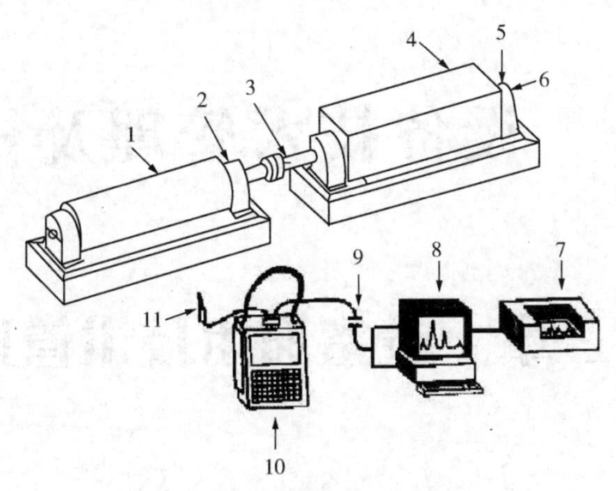

图 2-3-3　典型的便携式监测系统

1—驱动机；2—数据测点(典型的)；3—相位参考器；4—被驱动的上作机器；5—径向；6—轴向；7—打印机；8—具有数据存储的计算机；9—计算机连接环节；10—便携式数据记录器；11—传感器

作人员直接使用，或者安装在远方现场，数据传输至中央数据分析中心。“连续”系统明显的优点是可以用于机器振动状态的实时在线监测。

在自动监测系统中，振动传感器永久性地安装在机器上，与连续监测系统几乎相同。该系统按程序自动记录和存储数据，并将最近的数据与以前存储的数据比较，以便确定是否处于报警状态。

2）周期数据采集

周期数据采集可用永久性在线系统或便携式系统进行。在线周期系统可包括多通道的自动振动监测系统，在这种情况下，全部通道周期性地逐个扫描，当某个通道接通时，其他通道处于隔离状态。测量系统连续运行，但监测的各个测点有时间间隔，取决于被监测的通道数目和每个通道的测量周期。这些系统有时被称为“扫描”或“间歇”系统。

对于不便使用在线系统的机器，通常用便携式系统，在大多数情况下，便携式系统适用于周期性监测。

第二部分　设备技术管理及相关知识

第三章　设备通用技术管理

第一节　设备巡检和定人定机管理

一、设备工程师负责组织本站队的设备巡检工作

设备工程师检查督促各输油气站的岗位值班人员应按《岗位作业指导书》规定的巡检路线和巡检内容，对本岗位所管理的机械、热工设备进行认真细致的检查，对运行设备要有检查要点。

(1) 站场巡检。重点检查以下内容：

① 设备零部件是否齐全，有无缺损，设备运转状态及参数是否正常；

② 设备连接部件有无松动，安全防护装置是否牢靠；

③ 设备是否有异常声响及异味；

④ 设备和管线有无漏油、气、水、电等现象；

⑤ 阀门的开关、开度状态是否正确；

⑥ 压力、温度、振动、流量等运行参数是否正常；

⑦ 压力、温度等现场仪表读数是否与远传数值一致；

⑧ 可燃气体、火焰监测等仪表是否处于正常工作状态；

⑨ 及时清理设备卫生并处理发现的问题，不能处理的，要及时上报；

⑩ 将巡检结果记录到 ERP 系统上。

(2) 阀室巡检。设备工程师对所辖阀室至少每月进行一次全面检查：

① 用可燃气体报警仪及肥皂水等检测各法兰(螺纹)连接处、仪表阀接头、引压管接头等连接处是否有泄漏；

② 对阀门进行排污，检查阀门是否存在内漏(可用阀门泄漏定量检测仪等设备进行)；

③ 检测放空管线内有无天然气(放空阀下游侧放空管线低处宜设置可开关的检测孔)；

④ 检查压力表、温度表指示是否正常；

⑤ 检查阀门执行机构是否正常等；

⑥ 对于 RTU 阀室，还要检查阀门执行机构驱动系统及其参数、发电机、太阳能、蓄电池、RTU 系统、通信系统等工作是否正常，相关设备的螺栓和接线是否牢固；

⑦ 做好检查记录。

二、设备工程师对 A 类设备实行定人定机管理

具体要求如下：

(1) 将定人定机管理人员记入设备台账，报生产科备案。

(2) 定人定机管理人员如发生变动要及时更新设备台账，并上报生产科。

(3) 设备定人定机管理人员应切实做好设备的重点检查和维护保养工作。

(4) 设备处于缺陷或故障状态时，定人定机管理人员应做好设备的监护管理工作。

第二节　设备缺陷和故障排查、处理、统计分析和上报

一、设备缺陷和故障的排查

(1) 站队设备工程师对所管辖设备的运行状况认真巡检、按期开展试验和检定工作，加强运行分析，及时发现设备缺陷和故障。

(2) 站队设备工程师应每季度开展安全生产检查，查找发现存在的设备缺陷和故障。

二、设备缺陷和故障的处理

(1) 站队设备工程师发现设备缺陷和故障后，应及时上报分公司生产科，并登记在岗位值班记录和《设备缺陷和故障统计表》上。

(2) 所有的设备缺陷和故障在发现后(无论是否发生维修费用或使用备品备件)都应由站队设备工程师在 ERP 系统上填写故障报修单。

(3) 各输油气站有能力处理的一般设备缺陷和故障，应由本站设备工程师创建自行处理作业单，并及时组织站内人员处理。其余设备缺陷和故障，由生产科创建故障作业单，安排本单位维抢修队或外委单位进行处理。

(4) 检维修单位接到设备缺陷和故障的处理通知后，应及时了解现场情况，组织人员力量，在各类手续办理齐全、各项安全措施落实后方可进行处理。

(5) 在完成设备缺陷和故障处理后，设备工程师应会同检维修人员对设备进行必要的检查和试运，确认缺陷和故障消除后才能在检维修记录上签字验收，由作业单创建人员关闭相应作业单。

(6) 设备缺陷和故障整改完成后应由设备工程师在故障报修单上填写完整的处理过程和失效统计信息，之后才能进行关闭。

(7) 设备缺陷和故障处理时间规定：

① 一般设备缺陷和故障应在一周内消除；

② 重大设备缺陷和故障应在 24h 内查明原因并采取处理措施，制订方案抢修。

(8) 因各种原因，无法在规定时间内处理的设备缺陷和故障，应在《设备缺陷和故障统计表》上说明未能及时处理的原因，并制定详细的控制措施，防止事故发生。督促值班人员应在运行中加强设备缺陷的监视，在交接班时，应详细交待，并填写记录。

三、设备缺陷和故障的统计分析和上报

(1) 设备工程师每月统计本设备的缺陷和故障处理情况，对遗留的设备缺陷和故障进行总结分析，每月5日前在ERP系统上完成上个月《设备缺陷和故障统计表》的填报工作。

(2) 有天然气压缩机组的输气单位每月统计本单位压缩机组的故障停机情况，每月5日前在ERP系统上完成上个月《天然气管道压缩机组可靠性、可用率指标报表》和《天然气管道压缩机组故障停机报告》的填报工作。

(3) 设备工程师每月统计本公司输油泵机组的故障停机情况，每月5日前在ERP系统上完成上个月《泵机组可靠性、可用率指标报表》和《输油泵机组故障停机报告》的填报工作。

第三节　设备油水管理

一、设备润滑管理

结合本站的实际情况，设备工程师组织编制油水管理工作所需的各项技术资料，如油水化验作业指导书等。润滑油管理主要包括以下几个部分内容：

(1) 添加润滑油时应严格过滤，防止杂物进入设备内部。

(2) 对润滑油实行五定管理，以保证油品对路(对号率100%)、量足时准，加注清洁。

(3) 要做好油料换季和到期油料的检测、更换工作，严禁混加。

(4) 使用油料要有统计，消耗有定额，按定额核销。

(5) 设备工程师应加强设备用油水的技术培训工作，采取各种方式进行油料知识的普及，推广应用新产品、新技术，保证设备操作、维护保养、维修和管理人员熟悉各类设备用油牌号、性能及使用要点。

(6) 油桶应排放整齐、分类存放，桶装油品要防止雨水、尘土进入桶内，所有油桶应注明油品牌号、入库时间、厂家等内容。

(7) 设备工程师应定期组织清洗油壶、油杯、油泵等存储和加油用具，做到专具专用，不得混用。

二、导热油管理

1. 导热油选型

(1) 导热油分为矿物油和合成油，矿物油分为烷烃、环烷烃及芳香烃类等；导热油选型应遵循“安全性、可靠性、经济性”相统一的原则。

(2) 导热油的性能最低技术指标如下：

① 氧化安定性试验后，黏度增长率<20%，酸指变化<0.6mg(KOH)/g，正戊烷不溶物<2%；

② 热稳定性试验后，黏度变化率<20%，高低沸物总量<8%。

③ 导热油选型由各单位根据公司筛选结果，结合导热油系统供热特点、使用工况、适用温度范围、黏度、最低使用年限等编制技术规格书，确定导热油型号。

2. 导热油加装

(1) 热媒炉系统更新、大修或检修后加装导热油时，设备工程师应按要求进行必要的检查，保证系统各部件安装完好、密封可靠、管路清洁、通畅，管路强度和气密性试验合格等。

(2) 导热油加装完后，应进行冷态调试，检查冷态条件下系统各单元设备运行是否正常。冷态运行4h以上，如无异常现象，可进行热态调试。

(3) 热态调试过程包括点火升温、脱水。

① 首次升温应按供货商提供的升温曲线进行，一般升温速度应不大于1℃/min。

② 低温脱水要求在100℃左右进行，严格控制不冒喷导热油。在此状态下要连续运行，并对含水量进行分析，含水量<0.1%为合格，否则应继续进行低温脱水。

③ 高温脱水要求在130~140℃进行，应连续运行8h。

④ 脱低沸点物要求在160~180℃进行，应连续运行24h。

3. 导热油日常管理

(1) 设备工程师应严格按照《岗位作业指导书》规定的内容对操作岗位员工进行指导，按照站场巡检路线对热媒炉的运行状况和参数进行巡回检查，主要包括：

① 要确保导热油系统循环良好。

② 在工况确定的情况下，导热油出炉温度波动范围应控制在±2℃范围内，最高出炉温度严禁超过导热油的允许值。

③ 膨胀罐导热油温度应不高于60℃。应在膨胀罐出口管线加装用于系统补偿的旁通等措施，降低罐内导热油温度。

④ 停炉(常温状态)状况下，膨胀罐液位应不低于1/3处，正常(工况温度)运行时，液位应保持在2/3处。

⑤ 为防止导热油氧化，应保证氮封系统完好。若氮封不严可考虑液封，即将膨胀罐溢流管插入低位罐液面100mm以下，以防止导热油与大气直接接触。

⑥ 热媒炉升温和降温时，应缓慢进行，防止导热油温度突升或突降。

(2) 热媒炉运行中应避免突起、突停现象发生。因突然停电或因故障循环油泵不能运转时，由于炉膛内余热作用，炉管内油温会在很短时间内超过允许值，应迅速打开冷油置换阀门，把膨胀罐的冷油导入炉内自流循环(此过程应在5min内完成，但不应将膨胀罐内的油放尽，以免系统吸入空气)。

(3) 正常停炉时，导热油温度应降至80℃以下，热媒泵方可停运。

(4) 热媒炉长时间运行后，每年有5%~10%的正常损耗。当系统内缺油时，应及时添加导热油，并进行必要的脱水以防突沸。不同型号的油品不能混用。

4. 导热油报废

报废指标：与新油对比，40℃运动黏度(mm^2/s)变化≥15%；开口闪点(℃)变化≥20%；酸值达到0.5mg(KOH)/g；残炭达到1.5%。其中有两项指标超标时即可按程序申请报废。

三、软化水管理

设备工程师应组织本单位的蒸汽锅炉用水每4h化验一次，承压热水锅炉和承压水套炉用水应每24h化验一次，化验内容应包含氯化物、总硬度、总碱度、pH值、含氧量等。常压热水锅炉、常压水套炉的加热水和电驱压缩机组、泵机组等设备用的冷却水等应至少每周化验一次，化验内容至少应包括用水的总硬度和pH值。

水质化验结束后设备工程师应组织员工填写《水质化验记录》，对不符合要求的水质要进行原因分析，并采取纠正措施。

第四章 输油气设备技术管理

第一节 输油泵机组技术管理

泵是一种水力机械，从原动机得到能量，它的一部分用于克服泵转动时所产生的阻力，大部分能量传递给液体，使液体具有一定压能和动能。

在长输管道中，泵、炉、管线被称为输油业的三大关键设备，泵是承担为管输油品提供压力能的任务。

设备(机械)工程师应熟练掌握输油泵机组的结构、原理、性能，在日常工作中做好输油泵机组的巡检、预防性维护保养、状态检测及评价、故障的分析处理、大修理的现场管理等方面的工作。

一、完好标准及检查要求

设备(机械)工程师应定期开展输油泵机组巡检，及时发现并处理输油泵机组存在的隐患，保证输油泵机组正常运行。输油泵机组完好标准及检查要求见表4-1-1。

表4-1-1 输油泵机组完好标准及检查要求

序号	现场标准/要求	检查方法
1	外观良好，壳体无裂纹、无变形、无锈蚀，基础无开裂或破损	目视
2	运行参数在技术要求允许范围之内	目视、与站控对比
3	运行中无异常响声，振动在允许范围之内	听，与站控核实或用便携测振仪测试
4	轴承温度正常	目视或用红外线测温仪进行对比验证
5	各辅助(润滑、冷却、燃料气、仪表风)系统运行正常，无泄漏	目视
6	自控仪表、保护系统齐全完好	目视
7	动静密封点无泄漏，各部件之间连接牢固，无松动现象	目视
8	各部件紧固螺栓齐全、连接可靠，旋转部件保护罩完好、可靠	目视
9	润滑油按制造商操作手册选用，润滑油、润滑脂无变质	目视
10	各类安全标示、警示齐全，明显，清晰	目视

二、预防性维护保养管理

输油泵的预防性维护有日常维护、达到一定运行时间后的维护和长期备用泵机组保养。日常维护每日进行一次，主要维护日常巡检中发现的能不停机处理的低标准和不完好状态。

按累计运行时间的维护分为2000h维护和8000h维护。其中，日常维护和长期备用泵的保养由设备工程师进行，2000h维护和8000h由机械工程师具体操作、设备工程师监护。

1. 日常维护内容

(1) 检查泵机组各连接部位、密封件，应无松动、渗漏现象。

(2) 检查泵机组所有阀门和仪表，均应正常可靠运行。

(3) 检查泵机组润滑油箱和恒位油杯，液位应在正常范围内。

(4) 清除泵机组的灰尘和油污。

(5) 检查泵机组伴热温控系统，应正常运行。

(6) 泵机组每次维护时间、内容及存在问题应做好记录。

2. 2000h维护内容

(1) 检查泵机组和附件，应齐全、完整、清洁，各连接处无渗漏。

(2) 检查泵机组排污系统，确认泄漏开关检测罐流量孔板不缺损、伴热保温正常、排污阀开关灵活，排污系统完好。

(3) 清洗泵轴承箱，更换润滑油。

(4) 检查调整泵机械密封的定位，紧固定位螺栓。

(5) 在机械密封泄漏量超标时，应予以维修或更换。

(6) 找正泵与电动机的同轴度，其偏差不大于0.05mm，并保证联轴器的轴向间隙在3~5mm范围内。

3. 8000h维护内容

(1) 完成2000h维护全部内容。

(2) 检查泵机组配套仪表安装和性能。主要包括以下内容：

(3) 振动变送器安装应紧固无松动，宜具有防松部件设置。测量金属表面温度的变送器宜采用弹簧压紧部件、其探头端部应是接触良好的平面，其探头的尾长应与套管插深相一致，差值应小于5mm，套管内应充有导热介质。

(4) 密封泄漏液位检测开关在低温的使用环境下，检测罐、孔板、过滤器和进出口配管上应配有连续、热力和保温满足要求的伴热保温设施。过滤器的过滤孔径在2~3mm范围内，并位于孔板的上游侧。

(5) 差压变送器在低温的使用环境下，应采用隔离软管式引压管或具用伴热保温设施。

(6) 电涌保护器应按电涌防护器的线路侧、被保护侧和接地侧正确配线；接地线规格合适($2.5mm^2$花线)；接地线应安装牢固，应与接地系统可靠连接。

(7) 检查机械密封循环管路，检查并清洗过滤器、旋液分离器和节流孔板，确保管路畅通。

(8) 检查泵机组转速、温度、振动、压力和差压等参数，若超标，应予以检修更换。

(9) 检查联轴器状况，检查弹性元件，如损坏严重予以更换。

(10) 检查电动机的电气性能，性能标准参考Q/SYGD0207—2017《油气管道电气设备维护检修规范》。

(11) 根据电动机的磁力中心对机组同轴度重新找正。

(12) 检查机械密封总成完好。

(13) 根据泵机组振动、温度情况，确定是否更换机械密封或轴承。

4. 长期备用泵机组保养内容

（1）每两周盘车 180°，联轴器外表面应有标识。

（2）每半年打开轴承箱端盖，检查轴承。

5. 三表找正

（1）泵与电动机找同轴度时，以泵转子中心为基础来调整电动机转子中心，使电动机中心成为泵中心的延续。找正前，先将电动机座及其垫片清洁，垫片规格要符合规定。

（2）旋松联轴器螺栓，泵和电动机联轴器各保留一组对角分布的螺栓；将百分表装在专用支架上，在电动机联轴器端面靠近边缘处装两块百分表，表头垂直指向联轴器的端面，互相错开 180°以补偿轴向窜量造成的误差；在电动机联轴器最大外径处装一块百分表，表头垂直指向联轴器的外径。图 4-1-1 所示为百分表读数示意图。

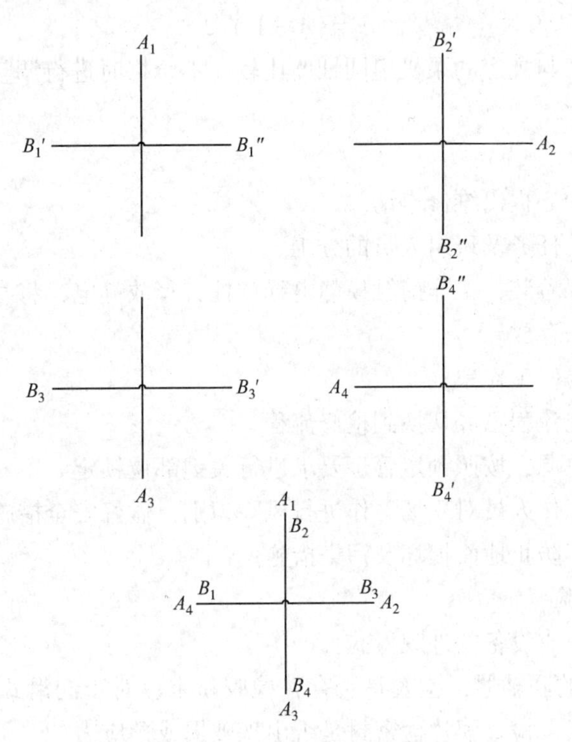

图 4-1-1　百分表读数示意图

（3）百分表针调到零位，按泵转向转动转子，泵轴和电机轴同时旋转，在 0°，90°，180°和 270°时，记录百分表的读数，再转回到 360°位置时，百分表指示应恢复零位（如图 4-1-1 所示）。

（4）综合记录并计算。

$$B_1=(B_1'+B_3'')/2$$

$$B_2=(B_2'+B_4'')/2$$

$$B_3=(B_3'+B_1'')/2$$

$$B_4=(B_4'+B_2'')/2$$

计算完后，通过 $A_1+A_3=A_2+A_4$ 和 $B_1+B_3=B_2+B_4$ 检查其正确性。

(5) 计算泵轴与电机轴的同轴度误差。

① 端面圆

上下张口

$$b=B_2-B_4$$

左右张口

$$b_1=B_1-B_3$$

② 径向圆

高低位移

$$a=(A_1-A_3)/2$$

左右位移

$$a_1=(A_2-A_4)/2$$

将计算出的误差值与规定的泵机组同轴度比较，不合格时进行调整。

6. 激光对中仪找正

1) 检查和准备

(1) 提前向调度中心提出维修申请。

(2) 明确各班组的任务及班组人员的分工。

(3) 所有人员劳保着装，工作前触摸静电释放柱，释放静电，将身上携带的火种、手机等危险源留在站外统一存放。

(4) 认真填写维检修工作票。

(5) 确认场站工艺流程已经切换到检修流程。

(6) 断开泵机组电源，按照锁定管理要求进行关键部位锁定。

(7) 安全员组织工作人员对现场工作进行风险识别，做好安全措施。

(8) 检修场地做好防止地面损坏及污染措施。

2) 对中前现场检验

(1) 按以下方法完成设备的外观检验：

① 对插有橡胶垫的联轴器，检查是否存在橡胶粉末；对于润滑式联轴器，检查是否泄漏润滑脂；对于膜片式，检查膜片盒密封是否出现破损或预应力。

② 检查轴与轴毂配合，是否出现任何松动零件。

③ 检验基础、灌浆和底板是否出现裂纹、拱起或可能阻碍对中的任何缺陷。

④ 检查被驱动设备的定位螺栓是否锁紧。

(2) 利用一个带磁性表盘式千分表，完成以下工作：

① 在驱动设备上完成轴的径向跳动检验。

② 在被驱动设备上完成轴的径向跳动检验。

③ 在驱动设备上完成联轴器的径向跳动检验。

④ 在被驱动设备上完成联轴器的径向跳动检验。

(3) 进行软基脚检验。

无论是在驱动或被驱动设备的出现软基脚，都会阻止技术人员完成合格对中。技术人员可以按激光指示，完成机器的准确移动，目的只是为了发现当软基脚上的固定螺栓锁紧时，支架将会发生变形，并导致对中超出公差范围。

典型激光对中工具采用以下任意一种方法，确定是否出现软基脚：

① 支架变形指标。

② 激光软基脚定位仪。

支架变形指标和激光软基脚定位仪只能以典型数值给出一个软基脚指示。这个数值与机器基脚的实际移动无直接关系。激光工具不能判定在基脚处存在何种类型的软基脚情况，例如，平行、向上弯曲、向下弯曲、底板。因此，当一个激光测试仪实现软基脚校正时，必须对每个基脚进行独立的分析和校正。

（4）按照厂家的说明书，在联轴器的每侧安装激光发送机和接收机。

（5）在准备读取读数时，依据厂家指导，设定并调零处理器。

（6）依据厂家说明书，在所有的机器基脚上，进行软基脚检验。

（7）在开始进行对中之前，对软基脚条件进行必要校正。

3）对中操作

（1）依据厂家的操作手册的要求，在工具中输入提供或计算的热补偿值。

（2）依据厂家操作手册要求，完成对中检验。

（3）如果对中超出公差的范围之外，为了监控驱动机器的必要移动，依据厂家的操作手册要求，将激光测试仪设置成监控模式。

（4）按照在激光测试工具上的显示，完成驱动机器的移动。

（5）保证驱动机器固定螺栓已经按厂家推荐的技术要求进行锁紧。

（6）为了校验对中，依据厂家的操作手册，重复进行对中检验。

（7）如果适用，将对中结果存储，上传至维护管理系统。

（8）安装联轴器护罩。

（9）拆除上锁、挂牌，并将设备返回到运行状态。

（10）通知所有受影响的人员，维护工作已经结束。

（11）完成维护管理体系中所有记录的填写。

三、状态检测及评价

设备从正常到故障会有一个发生与发展的过程，因此对设备的运行状况应进行日常的、连续的、规范的工作状态的检查和测量，即工况监测或称状态监测，它是设备管理工作的一个部分。设备(机械)工程师应掌握相应的相关知识。

1. RCM 风险评价

RCM 风险评价的概念详见第一部分第二章，设备技术员应了解 RCM 风险评价理念，能够配合专业人员完成风险评价。

2. 泵机组状态监测

泵机组的状态监测主要包含对温度、振动和压力等参数的监控，具体控制点见表 4-1-2。

表 4-1-2　输油泵机组控制点表

序　号	项　目	控 制 点
1	温度	泵壳温度
2		泵端轴承温度
3		泵腰轴承温度
4		泵端机械密封温度
5		泵腰机械密封温度
6		电动机端轴承温度
7		电动机腰轴承温度
8		电动机定子 A、B、C 温度
9	振动	泵壳振动
10		泵腰轴承振动
11		泵端轴承振动
12		电动机端轴承振动
13		电动机腰轴承振动
14	压力	泵入口压力
15		泵出口压力
16		机械密封冲洗管路压差
17	泄漏检测	泵机械密封与泄漏检测

3. 输油泵机组振动评价

输油泵机组振动是离心泵机组最常见的故障，设备(机械)工程师掌握关于振动评价方面的相关知识，有助于输油泵机组发生振动故障时的分析及处理。

1）振动监测

通常对于输油泵机组，在关键测点安装仪器对振动值进行连续在线监测。对一些小型或小功率机器则没有必要进行连续监测。使用固定安装或手持式仪器进行定期测量，能够可靠地检测到不平衡、轴承性能与对中等的变化。

2）运行工况

测量应在转子及主轴承已达到正常的稳定运行温度，且输油泵机组处在规定的运行状态(如处于额定转速、电压、流量、压力及载荷)下进行。

如所测振动大于准则允许接受范围并且怀疑受到背景振动干扰过大，宜停机进行测量以确定外界影响的程度。如静止时所测的振动值超过运行时的 25%，必须进行修正以减少背景振动对测量结果的影响。

注：在某些情况下，通过频谱分析或消除外界干扰振源来去除背景振动的影响。

3）分类

按照类型、额定功率或轴高分类：

(1) 第一组，额定功率大于 300kW 的输油泵；轴高 $H \geqslant 315$mm 的电动机。

运行或额定转速范围相对较宽，从 120r/min 至 15000r/min。

(2) 第二组，额定功率大于 15kW，小于等于 300kW 的输油泵；轴高为 $160\text{mm} \leqslant H <$

315mm 的电动机。运行转速超过 600r/min。

4）准则 1——振动量值

(1) 评价区域。

下列评价区域的确定可对输油泵机组振动作定性的评价，并对可能采取的措施提供指南。

区域 A：新交付的输油泵机组的振动通常在该区域。

区域 B：输油泵机组振动处在该区域通常认为可无限制长期运行。

区域 C：输油泵机组振动处在该区域一般不适宜作长时间连续运行，通常输油泵机组可在此状态下运行有限时间，直到有采取补救措施的合适时机为止。

区域 D：输油泵机组振动处在该区域通常认为其振动烈度足以导致输油泵机组损坏。

指定的区域边界值并不专门作为验收规范，验收规范应由制造商与用户之间的协议决定。然而，这些数据作为指南可避免过大的缺陷或不切实际的要求。在某些情况下机器可能有特殊性能，要求采用不同的区域边界值(更高或更低)，在这种情况下，通常要求制造商必须说明其理由，并且要特别确保在较高振动值下运行不会损坏。

(2) 评价区域界限。

表 4-1-3 和表 4-1-4 中给出的评价区域界限是基于用两个正交径向方向安装的传感器测得的最大宽频带速度值和位移值。因此，使用此表时应取在每一测量面的两个传感器所测得的较大值。当将速度及位移的最大测量值与表 4-1-3 和表 4-1-4 中的对应值进行比较时，应采用最具限制性的烈度区域。

振动区域界限值可用振动速度来表征。因此，采用综合的振动速度均方根值作为主要的评价量。

理想情况，可接受的准则应当按位移、速度及加速度提出并取决于转速范围和输油泵机组类型。但现在振动区域边界值仅按速度及位移给出，对于按照类型、额定功率或轴高分类的两种输油泵机组在表 4-1-3 和表 4-1-4 中以一般形式给出。

表 4-1-3　第一组振动烈度区域分类

支承类型	区域边界	位移均方根值(μm)	速度均方根值(mm/s)
刚性	A/B	29	2.3
	B/C	57	4.5
	C/D	90	7.1

注：额定功率大于 300kW 并且小于 50MW 的大型泵机组；转轴高度 H≥315mm 的电动机。

表 4-1-4　第二组振动烈度区域分类

支承类型	区域边界	位移均方根值(μm)	速度均方根值(mm/s)
刚性	A/B	22	1.4
	B/C	45	2.8
	C/D	71	4.5

注：额定功率大于 15kW 并且小于等于 300kW 的中型泵机组；轴高 160mm≤H<315mm 的电动机。运行转速超过 600r/min。

5）准则 2——振动量值变化

准则 2 提出了相对于以前运行所建立的基准值的振动量值变化的评价。宽频带振动量值可能出现明显的变化，即使未达到准则 1 的区域 C，也应采取某些措施。这些变化能够瞬间产生或随时间而逐渐发展，并且可能预示早期的损害或一些其他问题。是以稳定运行工况下、宽频带振动量值变化的基础来规定的。稳定运行状态宜理解为包括输油泵机组功率或运行工况的小改变。

应用准则 2 时，被比较的振动测量应在相同的传感器位置及方向，并在大致相同的运行工况下进行。宜对偏离正常振动值的明显变化加以研究，可以避免危险情况发生。当振动量值变化超过表 4-1-3 和表 4-1-4 中的区域 B 上限值的 25%时，这些变化宜认为是显著的，特别是如果它突然发生时。此时宜开始进行诊断研究查明变化的原因，并确定下一步适当的措施。

注：25%这数值只是作为振动量值显著变化的一般指南，对于具体的不同的工况的输油泵机组，根据经验也可采用其他数值。

6）运行限值

为了长期运行，通常设定运行振动限值，这些限值采用报警值和停机值的形式。

报警值：警告振动已达到规定的值或显著的变化已发生，可能需要采取补救措施。通常发生报警情况，可继续运行一段时间，同时应进行研究以确定振动变化的原因并制定补救措施。

停机值：规定某一振动量值，超过该值输油泵机组继续运行可能会引起损坏。如超过停止值，应立即采取措施以减少振动或停机。

不同的运行限值反映不同的动载荷和支承刚度，可用于不同的测量位置和方向。

（1）报警值设定。

不同输油泵机组的报警限值可能上下变动较大，通常是相对于基线值来设定，而基线值是由具体输油泵机组的测量位置或方向的经验来确定的。

建议设定的报警限值比基线值高出区域 B 上限的 25%。如基线值较低时，则报警值可能在区域 C 之下。

如果没有建立基线值，初始报警值设定宜以其他类似输油泵机组的经验为基础，或以运行方同意的验收值为基准。经过一段时期，建立稳态基线值后再相应调整报警值。

建议报警限值通常不超过区域 B 上限的 1.25 倍。

如果稳态基线值变化(例如检修后)，宜相应地修改报警值。

（2）停机值设定。

对于不同设计的输油泵机组，停机值会有差异，通常，停机值在区域 C 或区域 D 内。建议停机值不应超过区域 C 上限的 1.25 倍。

四、故障处理

输油泵机组的故障可分为两类：一类是泵机组本体的机械故障；另一类是泵机组和管路系统的故障。设备(机械)工程师应能熟练地利用自己的感官来迅速地对设备的故障进行比较准确的判断，并相应作出快速的决策，迅速地将故障消灭在萌芽状态之中。关键是快速地通过“看”“闻”“听”“切”，迅速判断故障所在部位及其原因。

设备(机械)工程师应能够迅速准确地找出故障自原因，由于工艺操作及供电造成的故障，应采取有效措施消除故障；输油泵机组本体故障由设备(机械)工程师及时组织进行检修，消除故障，保证生产的顺利。

1. 输油泵机组常见故障

输油泵机组常见故障、原因及其处理方法，详见表4-1-5。

表4-1-5 输油泵机组常见故障、原因和处理方法

故障表现	原因	处理方法
启机后压力过低	(1)旋转方向错误； (2)转数太低； (3)进口漏气； (4)泵内有气体，吸入管路未充满油	(1)调整旋转方向； (2)提高转速； (3)减小吸入高度； (4)提高进口压力； (5)处理漏气部位； (6)充分灌泵
输油泵机组抽空	(1)吸入高度过大，进口压力过低，进口漏气； (2)入口阀门故障关死； (3)过滤器堵塞； (4)油温过低； (5)泵内有气体，吸入管路未充满介质	(1)减小吸入高度，提高进口压力，处理漏气部位； (2)排除入口阀门故障； (3)清洗过滤器； (4)提高油温； (5)充分灌泵
运行中流量降低	(1)转数太低； (2)泵或管线未被完全排空； (3)供电电压不符或电动机两相运转； (4)泵内部零件磨损	(1)提高转速； (2)充分排空； (3)调整电压或检查线路； (4)更换零件
电机过载运行	(1)电压过低； (2)泵内部零件磨损； (3)机组未找正或轴弯曲； (4)轴承损坏； (5)供电电压不符或电动机两相运转	(1)提高电压； (2)更换零件； (3)重新找正或换轴； (4)更换轴承； (5)调整电压或检查线路
泵体温度过高	(1)泵或管线未被完全排空； (2)产生汽蚀； (3)机组未找正； (4)转子动平衡不好	(1)充分排空； (2)提高泵入口压力，检查泵前过滤器是否堵塞； (3)重新找正； (4)重新做动平衡
输油泵 机组振动超标	(1)泵或管线未被完全排空； (2)转子动平衡超标； (3)泵入口管线或叶轮堵塞； (4)泵机组轴承损坏； (5)机泵同心度超标； (6)泵进出口管线固定不牢； (7)设备基础螺栓松动	(1)充分排空； (2)重新做动平衡； (3)清理堵塞管线和叶轮； (4)更换泵机组轴承； (5)机泵重新找正； (6)加固泵进出口管线； (7)紧固设备基础螺栓
机械密封泄漏量超标	(1)机械密封损坏； (2)机械密封轴套磨损； (3)油质脏，有沙粒，密封面不清洁； (4)泵机组振动大	(1)更换机械密封； (2)更换机械密封轴套； (3)清洗机械密封； (4)调整机泵同心度

2. 电动机典型故障

电动机故障与一系列征兆或参数相对应，当故障出现时，这些征兆或参数随之变化或受其影响，详见表 4-1-6。

表 4-1-6　电动机典型故障表现

电动机	征兆或参数变化												
故障	电流	电压	电阻	局部放电	功率	扭矩	转速	振动	温度	惰转时间	轴向磁通	油中磨粒	冷却气体
转子绕组	●				●	●	●	●	●		●		●
定子绕组	●								●		●		●
转子偏心	●							●			●		
电刷故障	●	●			●	●			●				
轴承损坏						●		●	●	●		●	
绝缘老化	●	●	●	●									●
电源缺相	●	●						●			●		
不平衡								●					
不对中								●					

注：“●”表示如果出现故障，征兆可能出现或参数可能变化。

五、输油泵机组大修现场管理

输油泵机组是输油站最重要的设备之一，设备工程师应及时上报设备大修理计划，并在输油泵机组大修理过程中做好现场管理及技术监督。

（1）当输油泵机组出现以下情况之一时，可进行解体大修：

① 额定工作点的效率下降 5%及以上。

② 更换泵轴。

③ 更换或切削叶轮。

④ 经调整和更换轴承、密封等部件后，振动、温度、泄漏、电流等参数仍无法达标，不能满足运行要求。

（2）输油泵机组累计运行达到 30000h 后宜进行检测评价，确定是否进行大修理及下次检测评价时间。运行 60000h 后宜每年进行检测评价，确定是否进行大修。

（3）经专业评估，不再具备修理价值的输油泵机组可按照资产报废程序进行处理。

（4）输油泵机组大修技术要求。

① 拆卸各种压盖时，应用顶丝顶，不应使用螺丝刀、扁铲或其他铁器撬。

② 拆卸联轴器、滚动轴承、叶轮、密封套以及各种轴套时，应用手动液压泵、拉力器、铜棒等专用工具，不应用铁锤或其他铁器敲打。

③ 拆卸滑动轴承下瓦时，用吊架吊转子，并应采取可靠措施防止轴颈损伤，不应用撬杠或其他铁器撬。

④ 拆卸下来的零件应清洗干净，摆放到指定地点或配件盘上。

⑤ 装配叶轮、密封套以及其他轴套时，应保证结合面清洁无杂物；涂少量的清洁油，

用铜棒对称紧固，防止压偏。

⑥ 装配轴承时，作用力应均匀作用到轴承座的端面上。对于过盈配合的轴承，可用热装法进行装配。

⑦ 装配机械密封时不应磕碰，动环、静环应清洗干净，并在摩擦副表面涂上少许清洁润滑油。

⑧ 刮研轴瓦时，进行粗刮和精刮，直到间隙达到标准。

第二节　压缩机组技术管理

压缩机组是天然气输送管线的核心设备，通过压缩机组给管输天然气增压，可提高管道的输送能力。压缩机组按照驱动方式不同分为燃驱压缩机组和电驱压缩机组。

燃驱压缩机组主要由压缩机、燃气轮机及机组控制系统、干气密封系统、燃料气系统、空气系统、启动系统、润滑油系统、消防系统、MCC(马达控制中心)等辅助系统组成。

电驱压缩机组主要由压缩机、电动机及变频系统、机组控制系统、干气密封系统、润滑油系统、水冷系统、MCC(马达控制中心)等辅助系统组成。

关于压缩机组的技术管理，对设备(机械)工程师要求如下：

(1) 设备(机械)工程师应掌握压缩机组的完好标准和检查要求，做好现场的压缩机组的巡检工作。

(2) 设备(机械)工程师应掌握压缩机组预防性维护保养的要求，参与压缩机组的4000h、8000h等维护保养工作。

(3) 设备(机械)工程师应了解压缩机组状态检测及评价的相关要求，能够配合相关技术人员做好设备的风险评价和状态评价工作。

(4) 设备(机械)工程师应熟悉压缩机组的典型故障，能够处理压缩机组的常见故障，并配合厂家技术人员做好疑难故障的诊断处理工作。

(5) 设备(机械)工程师应掌握压缩机组大修现场管理的要求，在厂家技术人员的指导下参与燃气轮机、压缩机的现场拆卸、安装工作。

一、压缩机组完好标准及检查要求

压缩机组的完好标准见表4-2-1。

表4-2-1　压缩机组的完好标准

编　号	检 查 内 容	检 查 方 法
1	外观良好，壳体无裂纹、无变形、无锈蚀，基础无开裂或破损	目视
2	运行参数在技术要求允许范围之内	检查UCP上运行参数
3	运行中无异常响声，振动在允许范围之内	听、检查UCP上振动参数
4	轴承温度正常	检查UCP上润滑油温度
5	各辅助(润滑、冷却、燃料气、仪表风)系统运行正常，无泄漏	目视
6	自控仪表、保护系统齐全完好	目视
7	动静密封点无泄漏，各部件之间连接牢固，无松动现象	目视

续表

编 号	检查内容	检查方法
8	各部件紧固螺栓齐全、连接可靠，旋转部件保护罩完好、可靠	目视
9	润滑油按制造商操作手册选用，润滑油、润滑脂无变质	润滑油化验
10	各类安全标示、警示齐全，明显，清晰	目视

1. 压缩机组日常巡检

压缩机组每连续运行24h要进行例行维护检修工作。即环绕站场及机组四周的徒步检查(包括每2h巡检)，以此确保设备的功能正常。

1）压缩机的例行维护

（1）检查压缩机工艺气进、出口压力及温度。

（2）检查油箱油位是否在正常范围之内，润滑油压力和温度是否正常。

（3）检查润滑油及密封气过滤器差压，确定过滤元件是否需要清洗或更换。

（4）检查压缩机、增速齿轮箱的振动和温度。

（5）检查各冷却器的风扇、电动机、轴承、管路及传动皮带是否正常。

（6）检查天然气的组分和露点，确认天然气是否满足输送要求。

（7）检查管线有无油气泄漏，观察设备有无较为明显的故障。

（8）记录并分析机组运行各项历史参数曲线，以便预测机组运行的趋势，有利于及时发现和预防各种故障。

2）燃气轮机的例行维护

（1）观察各个仪表和显示器工作是否正常。

（2）每24h检查油箱液位记录滑油的消耗量。

（3）记录燃料气的供应压力，必要时在燃料处理橇调节调压阀的设定压力，以改变燃料气的供气压力和流量。

（4）要警惕任何不正常工作状态(如振动、噪声、仪表指针振动等)。

（5）检查所有线路和软管有无泄漏、脱皮或磨损现象，有问题必须及时处理。

（6）检查所有的管线连接处是否有磨损、松动，有问题必须及时处理。

（7）观察机组整体，看是否有燃料、润滑油和空气泄漏现象。

（8）检查燃机空气入口过滤器上是否附有杂物(在雪天、雾天和风沙天气要加强巡检的力度)。

（9）检查机罩空气入口过滤器的差压表读数。

（10）观察燃气轮机的各个轴承振动值。

（11）观察、记录上述参数并与历史数据比较。

3）变频系统例行检查

（1）检查变频变压器底部风机和顶部风机运行正常。

（2）检查变频变压器一次绕组和二次绕组外部良好，接线部位无过热现象。

（3）检查变频变压器底部、绕组、电流互感器及电气元件等无异物。

（4）检查变频变压器室排风风道通风正常。

（5）检查变频变压器室内空调运行正常，应根据环境情况清理空调滤网。

(6) 根据环境温度调整空调开启时间，保持变频变压器室进气口百叶窗完好，应根据环境情况清理进气滤网。

(7) 检查各功率单元温度不超过 75℃。

(8) 检查功率单元柜内风机运行正常，风道排气口百叶在开位。

(9) 检查各功率单元电压显示正常。

(10) 检查功率单元机柜间制冷风机运行正常。

(11) 定期清理通风室进气滤网及室内风机滤网。

(12) 根据功率单元温度，应定期清理功率单元柜滤网。

(13) 检查功率柜出线电缆应连接牢固，无变色。

(14) 检查变频器控制屏无报警信息。

(15) 检查变频器 PLC 柜、配电柜各指示灯应与实际运行方式相符。

4) 电动机例行检查

(1) 通过测温元件记录定子绕组，冷却空气(对密封循环通风电动机)及轴承温度是否正常。

(2) 检查电动机是否有不正常的机械噪声或者异常响声(擦声或撞击声等)。

(3) 检查电动机的油、水系统有否渗漏现象，润滑油油面有无变动。

(4) 检查主电动机的振动和温度。

二、月度设备巡检

1. 压缩机的月度巡检

(1) 对仪表和控制系统进行检查和维护。

(2) 检查密封气系统应无泄漏。

(3) 排放缓冲气过滤器和密封气过滤器凝液。

(4) 检查和维护 EPS 电池，查看电池接线柱有无腐蚀。

(5) 检查所有管路软管和接头有无泄漏，如有，应立即紧固或更换。

(6) 检查所有机械连接，紧固件有无松动，发现问题应及时处理。

(7) 对机组润滑油箱进行卫生清理，并紧固漏油的法兰和其他连接处。

(8) 对辅助油泵进行自动切换测试。

(9) 对比日常记录的数据，分析机组运行趋势。

2. 燃气轮机的巡检

(1) 检查控制盘电气连接是否良好和安全，电线是否磨损、绝缘是否损坏。

(2) 清洗火灾检测探头。

(3) 检查后备润滑油泵 120V 直流电池充电器是否处于正常的工作状态。

(4) 检查空气入口系统有无杂物和堵塞情况，并记录差压，当经过过滤器的压损达到其报警设定点时就要对其进行维修处理(只有在停机的情况下才能进行)。

(5) 检查仪表气的供应压力并手动使空气过滤器清吹一个循环系统。

(6) 检查润滑油箱油雾分离器是否处于正常的工作状态。

(7) 核实并记录润滑油过滤器的差压值，如差压超限则切换过滤器并更换滤芯。

(8) 检查并记录密封气和隔离气差压，如差压过大则进行排污或切换滤芯。

(9) 检查各按钮的完整性、润滑油冷却器、预/后滑油泵马达的结合处、排放阀和燃料控制阀的连接处是否完好。

(10) 检查机组是否有异常的噪声、颜色、裂纹和管线磨损。

(11) 检查排烟道是否有裂纹或扭曲变形。

(12) 检查防震压力表防震油有无泄漏。

(13) 分析燃机的性能曲线，必要时应对其进行清洗作业。

3. 电动机的月度巡检

(1) 用振动测试仪测量设备振动。

(2) 检查电动机电缆(或导电排)与电源连接电缆的紧固情况。

(3) 检查滑动轴承的油环变形及运转是否转动平稳，滚动轴承油脂检查。

(4) 检查电刷摩擦情况，电刷是否要更换。

三、季度设备巡检

1. 电动机的维护

(1) 测量电枢绕组、转子绕组、轴承、加热器等部件的对地绝缘电阻。

(2) 检查电动机内部积灰的程度，必要时做清理处理，无刷励磁旋转整流器上的接线有否松动。

(3) 清理电源、仪表，控制接线上的积灰。

(4) 复查电动机的气隙有否变动，同步电动机阻尼绕组连接和发热有无异常。

(5) 检查电动机各项保护措施能否正常工作。

(6) 检查轴承润滑油，在电动机运行 2~3 个季度后，应化验润滑油是否老化，以便更换润滑油。

四、压缩机组预防性维护保养管理

燃驱压缩机组的维护保养主要分为 4000h 和 8000h 的维护保养，电驱压缩机组的维护保养主要分为 4000h，8000h 和 24000h 的维护保养，设备(机械)工程师应熟悉相关要求，并参与压缩机组的维护保养。

1. 燃驱压缩机组维护保养

1) 一般要求

(1) 维护保养应做好记录、记录应完整、准确、可靠。4000h 和 8000h 维护保养按照保养方案进行，结果应记入压缩机组维护保养表中，并应存入设备档案。

(2) 只能在安全状态下对机组进行维护操作。不安全的状态有：在热环境下有燃料气泄漏、润滑油泄漏现象；电气接线或保护绝缘层被磨损；紧固螺栓或被紧固体破裂。

① 必须防止天然气、燃料烟雾、油箱放空泄漏或溶剂雾气出现，避免出现爆炸事故。因此，在工作前必须正确通风、消除泄漏；使用溶剂时，应准备好适当的防护工具。

② 必须由具备操作资格的人员进行维护操作，操作员应明白透平和被驱动设备的操作方法和功能，包括控制、显示和运行限制等。

③ 在正在运行的机组附近作业时，应佩戴护耳器和护目镜。

(3) 在拆卸和安装电气部件时，一定要确保在导线上做好标签。当不能根据导线的颜色进行识别时，可参考接线图。

(4) 工作环境必须保持清洁，确保部件不被污染，这是非常重要的，因为这是高转速和小间隙的透平部件。

2) 4000h 维护检修

机组每运行 4000h 要进行维护检修，其工作重点主要是对保护系统的检查，确保机组在最佳条件下运行。

(1) 燃气轮机部分。

① 燃机主体部分。

a. 对压气机进行清洗；

b. 用内窥镜检查燃烧室内部、压气机叶片和涡轮叶片有无裂纹、锈蚀、杂物和其他异常情况；

c. 检查 T5 热电偶；

d. 在发动机运行时检查、记录转速检测探头的输出电压，判断是否正常，如果电压超出范围，需对探头进行调整；

e. 对动力涡轮进行低点排污；

f. 机组停机前，检查燃气轮机，应无异常声音、异常颜色、裂纹和管线的磨损；

g. 机组停机后，检查排烟道应无裂纹和扭曲变形及堵塞物。

② 空气系统。

a. 更换空气过滤器滤芯；

b. 检查空气过滤器仪表气的供气压力，手动使其吹扫一个循环；

c. 检查排烟道，是否有裂纹或扭曲变形；

d. 检查进气和排气通道是否受损、有无泄漏和杂物；

e. 检查发动机的可转导叶的机械部分有无磨损，检查弯臂、联头和轴衬有无松动，拆开液压作动筒与导叶操纵装置接头，手动操纵导叶连接装置进行灵活性检查，检查进口导流叶片操纵机构有无卡滞现象；

f. 校对入口导叶(IGV)执行器系统；

g. 检查并重新组装放气阀；

h. 检查机罩通风电动机，视情注脂维护。

③ 燃料气系统。

a. 检查燃气控制系统有无泄漏，管路及连接处有无异常；

b. 检查燃料气阀，如有必要则清洗；

c. 记录燃气压力，如有必要，调节供气压力和流量；

d. 检查燃料气喷嘴有无积碳，必有时进行清洗；

e. 检查、清洗燃料气过滤器滤芯；

f. 对燃料气管线低点进行排污。

④ 点火系统。

a. 拆卸并检查点火火炬，查看是否有裂纹或严重腐蚀，检查火炬出口管的磨损程度；

b. 检查火花塞；

c. 检查点火系统连接线是否正常触点无氧化、腐蚀现象。

⑤ 启动系统。

a. 检查启动马达离合器，确保在一个方向上被锁定，在另一个方向上可以自由转动；

b. 检查、测试主油泵、辅助润滑油泵运行情况；

c. 检查、测试后备润滑油泵的运行情况；

d. 对启动马达注脂维护。

⑥ 润滑油系统。

a. 检查润滑油冷却器皮带的松紧度，如有必要进行调整；

b. 检查润滑油冷却风扇振动报警是否灵敏，如有必要进行调整。

c. 检查润滑油冷却器上方的百叶窗的工作状态，手动百叶窗的控制杆拉环，使百叶窗关闭或打开，检查控制系统的灵活性；

d. 检查润滑油箱油雾分离器是否正常；

e. 检查、记录润滑油过滤器差压值，如有必要应更换过滤器滤芯；

f. 检查润滑油空冷器翅片，必要时应进行清洗；

g. 抽取润滑油样品进行化验分析，如果必要应更换润滑油；

h. 检查润滑油压力，必要时应对润滑油压力控制器进行调整；

i. 检查润滑油冷却风扇电动机变频器工作是否正常；

j. 对润滑油系统电动机进行注脂维护；

k. 检查润滑油箱加热器的工作情况。

⑦ 控制系统。

a. 检查电气、自控接线连接接头应紧固，检查电缆线应无破损，绝缘应良好；

b. 检查所有接线盒密封是否良好，内部应无积水、无腐蚀，必要时应进行处理；

c. 测试机组的接地电阻，应符合要求。

⑧ 现场仪表和传感器。

a. 检查机组各变送器和现场仪表指示是否正常，在运行过程中，注意观察机组的温度、压力、转速和振动等参数的显示并与正常值进行比较，出现异常情况应及时分析并处理，根据要求定期采集并保存；

b. 检查和校验所有的温度和压力仪表/开关；

c. 检查热电偶保护铠的状态，检查垫片是否处于良好状态。

⑨ 火灾系统。

a. 检测火灾探头的灵敏度；

b. 清洗火灾检测探头；

c. 检查百叶窗是否能正常工作；

d. 检查消防器材是否处于正常待用状态。

⑩ 电源。

a. 检查电池充电器是否处于正常工作状态，并用充电器对电池组高速充电 3~5h；

b. 按规定对机组蓄电池组定期放电维护。

⑪保护系统。

a. 测试和校验后备超速控制系统；

b. 测试速度和温度探头前端系统；

c. 可燃气体传感器的检查；

d. 测试和校验所有安全、报警和停机设备(ESD 控制系统、消防系统、报警灯及声响设备)。

(2) 压缩机部分。

① 压缩机主体部分。

a. 对机橇壳体进行排污，检查积液和污物的成分并分析原因；

b. 检查各管路和管连接处应无油气泄漏；

c. 检查压缩机轴承的温度和振动值应正常；

d. 拆卸径向及轴向位移探头，检查安装是否完好，连接是否正常，根据需要考虑更换部件。

② 密封气系统。

a. 对隔离气、密封气系统管线进行低点排污；

b. 检查隔离气、密封气管线泄漏情况，必要时进行调整；

c. 检查密封气、隔离气供应压力是否满足要求，密封气控制差压是否稳定；

d. 检查密封气过滤器过滤器情况，更换滤芯；

e. 检查隔离气过滤器情况，更换滤芯；

f. 检查密封气工作是否正常，并对密封气、隔离气过滤器进行排污；

g. 拆卸内部密封组件，检查干气密封部件是否有损坏。

③ 附件维护。

a. 检查所有压缩机相关温度表、温度变送器、温度开关、压力表、压力变送器、压力开关、差压变送器、差压开关，如果不符合要求，进行校验或更换；

b. 检查所有检测仪表的接线是否松动、磨损，不符合要求的要采取相应的办法进行处理；

c. 检查所有仪表线路内有无润滑油、水进入，如有应及时排放并更换密封圈；

d. 校验可燃气体检查探头，如果不符合要求，应进行校准或更换；

e. 根据密封系统流量参数，判断爆破片是否完好，视情进行更换；

f. 拆检阻火器，如有油污应清理干净；

g. 检查文丘里流量计引压管并对管线进行吹扫；

h. 对防喘阀进行全面保养。

④ 空冷器。

a. 检查空气冷却器的传动皮带松紧度是否正常，如有老化，则更换，如果张紧度不符合要求，则进行调整；

b. 检查动力气管线，反复开关动力气手阀排放动力气，确认无湿气或水气排放干净；

c. 检查空冷风扇电动机、风扇轴承，视情况进行润滑，紧固风扇电动机接线；

d. 检查风扇轴承的磨损情况，如果磨损严重，则更换轴承；

e. 检查风扇叶片与转轴的连接，如有松动，按规定力矩对螺栓紧固；

f. 检查空冷器内部、上部有无杂物，进行清理，清洗空冷器翅片；

g. 测试空冷器振动报警是否灵敏，如有必要，及时进行调整。

⑤ 机组基础部分。

a. 检查地脚螺栓是否紧固；

b. 压缩机组的对中。

⑥ 机组电气部分。

a. 检查机组电动机的绝缘性能并记录，视情进行更换；

b. 测试机组电动机的接地电阻以及机橇的接地电阻，如不符合规定应按照国家有关标准处理。

⑦ 附属系统。

仪表风空压机系统：

a. 检查各挠性管本体及连接情况，如有必要应进行更换；

b. 打开油气桶之泄油阀，将停机时的凝结水排出，直到有润滑油流出时，立刻关闭；

c. 清洁空气滤清器；

d. 清洗前置过滤器；

e. 必要时更换润滑油和油细分离器。

燃料气橇：

a. 检查调压装置的电气部分(包括电加热器和电伴热等)，确认完好；

b. 校核各调压阀设定参数；

c. 检查行程开关螺栓连接处，以防止摩擦磨损。

3）8000h 维护检修

在每 4000h 的检查和维护基础上再进行如下工作：

(1) 燃气轮机的维护检修。

① 当 PLC 的锂电池报警时，更换 PLC 上 CPU 的锂电池。

② 检查排气阀，如有问题则拆卸、清洗、检查并重新组装。

③ 检查电磁阀、调节阀，如有问题则拆卸并替换。

④ 拆卸轴的连接部位，检查键的磨损程度，重新组装时要换新的“O”形圈。

⑤ 检查和调整发动机和压缩机之间的对中问题。

⑥ 取样分析并记录燃料气的比重低热值、水露点值和组成成分。

(2) 压缩机的维护检修。

① 拆卸止推轴承并检查运行间隙。

② 拆卸颈向轴承并检查运行间隙。

③ 拆卸压缩机推力轴承、径向轴承、干气密封和隔离密封的过程中，所有脱离原工作位置的密封胶圈都应更换。

④ 对联轴节进行热对中检查，并记录检查结果，必要时重新对中。

⑤ 检查联轴节磨损及腐蚀情况，必要时换新。

2. 电驱压缩机组维护保养

1）一般要求

维护保养应做好记录、记录应完整、准确、可靠。4000h，8000h 和 24000h 维护保养按照保养方案进行，结果应记入压缩机组维护保养表中，并应存入设备档案。

2）维修/检查过程中的注意事项

(1) 高温表面。

① 确保只有合格的人员进行手动工作。

② 务必完全关闭装置，防止维修中因疏忽而造成的不安全。

③ 当人员工作在该组件附近时，不要启动该部件。

④ 始终保持维护和检查的时间间隔，以及规定的工作范围，如操作说明。

⑤ 在进行所有的维护和保养工作时，要提前通知操作人员。

⑥ 必须等待部件冷却。

⑦ 始终穿戴防护装置。

（2）电气部件。

根据 IEC364 国家规定标准，有效地防止事故应该遵守一般有效的职业健康安全方针。在开始任何电气设备/组件/系统工作之前要遵循以下安全法规：

① 断开设备/组件/系统的电源。

② 安全防止不慎/未经许可的重新激活。

③ 确保设备/部件/系统不带电。

④ 接地和短路设备/组件/系统。

⑤ 封闭附近仍然可以被激活的部件。

⑥ 在调试或维护工作前必须关掉所有设备/部件/单元，切断组件电源。

⑦ 确保电容已完全放电。

（3）机械零件。

在设备/组件/系统开始的任何工作之前应遵循以下安全指示：

① 设备必须泄压，不得带压操作。

② 在维修和检查工作前，净化组件携带或接触到的危险介质。

③ 让热零件降温，并确保它们无法再度升温。

④ 建立零件“正常”的温度。

⑤ 确保任何旋转的零件停止转动。

⑥ 确保零件已经停止移动。

⑦ 确保零件排水干净和通气。

⑧ 隔离邻近系统的任何仍在运作的零件。

⑨ 不要在吊物下行走。

⑩ 不要站在机器/系统/组件摆动范围内。

⑪ 应穿着适当的防护服进行工作。

3. 连续运行每 4000h 的维护检修

1）机械设备组

（1）电动机和压缩机。

① 压缩机壳体排污，记录排污物质和排污量。

② 紧固电动机和压缩机地脚螺栓。

③ 清洁电动机和压缩机本体，做防锈处理。

④ 检查油、气、水管路的连接部位是否泄漏，若有紧固处理。

（2）变速器。

① 拆卸目视检查轴承、齿轮齿、密封情况，记录磨损和泄漏情况。

② 紧固地脚螺栓；清洁变速器本体，做防锈处理。

③ 检查油管路的连接部位是否泄漏，若有应紧固处理。

(3) 联轴器。

① 壳体排污，记录排污物质和排污量。

② 外观检查靠近盘垫片处是否有疲劳裂纹迹象，若有则需调整偏差。

③ 清洁联轴器本体，做防锈处理。

(4) 润滑油系统。

① 提前对润滑油取样送检，根据送检结果决定是否更换润滑油。

② 检查润滑油过滤器，切换阀应活动自如，根据滤芯脏污情况进行清洗或更换。

③ 对油箱进行排污，记录排污情况。

④ 检查润滑油冷却器，对电动机、风机轴承进行润滑，电动机运转振动正常，无异常声响，皮带传动良好，清洗管束翅片脏污，管束丝堵完好。

⑤ 检查油管路的连接部位是否泄漏，若有应紧固处理。

(5) 后空冷却器。

① 对电动机、风机轴承进行润滑。

② 皮带磨损和张紧力检查，对磨损严重的皮带需更换。

③ 清洗管束翅片脏污。

④ 检查管束丝堵，若磨损锈蚀严重则需更换处理。

⑤ 检查管路的连接部位是否泄漏，若有应紧固处理。

(6) 密封气管路。

① 检查干气、隔离气过滤器，切换阀应活动自如，根据滤芯脏污情况进行清洗或更换。

② 检查气管路的连接部位是否泄漏，若有应紧固处理。

(7) 厂房通风机。

① 清理滤网。

② 对电动机、风机轴承润滑。

③ 皮带根据磨损情况更换。

(8) 机组工艺阀门。

① 对阀门进行保养，球阀注脂排污。

② 检查气管路的连接部位是否泄漏，若有应紧固处理。

(9) 电动机正压通风系统。

① 空气干燥整洁、压力正常，若脏应更换仪表风过滤滤芯。

② 检查气管路的连接部位是否泄漏，若有应紧固处理。

(10) 气动执行机构。

① 仪表风压力正常，检查过滤滤芯情况，如有破损或太脏应进行更换。

② 检查气管路的连接部位是否泄漏，若有应紧固处理。

(11) 水冷却塔。

① 对电动机、风机轴承润滑，皮带根据磨损情况更换。

② 检查水管路的连接部位是否泄漏，若有应紧固处理。

(12) 电动机冷却水系统。

① 水质应干净，水压、流量、温度正常。

② 检查水管路的连接部位是否泄漏，若有应紧固处理。

(13) 变频器通风冷却系统。

① 清理滤网。

② 对电动机、风机轴承润滑。

③ 皮带根据磨损情况更换。

④ 检查气、水管路的连接部位是否泄漏，若有应紧固处理。

2) 电气组

(1) 电动机。

① 检查电动机主电缆接线无松动，变色现象。

② 检查电动机加热器正常。

③ 检查电动机联锁接线端子无松动，线头裸露和破损。

④ 遥测主电动机和电缆绝缘电阻值，根据实际情况进行。

(2) 变频变压器。

① 检查变频变压器底部风机和顶部风机本体及线路良好，风机均运行正常。

② 检查变频变压器一次绕组和二次绕组完好。

③ 清理变频变压器底部、内部绕组、电流互感器及电气元件等卫生。

④ 检查并紧固变频变压器一次侧和二次侧接线电缆。

⑤ 检查并紧固变频变压器内部接线端子。

⑥ 清理反充电小变压器内部卫生。

⑦ 清理变频变压器空调及进气口滤网。

⑧ 遥测变频变压器绝缘电阻值，根据实际情况进行。

(3) 功率单元。

① 清洗功率柜内滤网。

② 用吸尘器清理功率柜内卫生。

③ 用干抹布清理功率单元内母线上的脏污。

④ 用万用表测量功率单元进线保险是否完好。

⑤ 检查功率柜内加热器是否良好。

⑥ 检查功率柜内照明灯是否完好。

⑦ 检查功率柜出线电流传感器是否完好，接线端子无松动。

⑧ 检查功率柜出线电缆接触是否良好，无变色。

⑨ 检查滤波电容无漏油，变色、裂纹及膨胀现象。

(4) 变频器。

① 检查 PLC 柜内接线端子无松动、破损和外露线头。

② 检查 PLC 防爆隔离器安全栅、防雷端子及防雷端子边插件完好。

③ 检查并清理 PLC 顶部风扇，确认风扇运行良好。

④ 检查 PLC 柜内 AI，AO，DI 和 DO 模块良好。

⑤ 用毛刷和吸尘器清理 PLC 内卫生。

⑥ 检查 PLC 柜内照明良好。

⑦ 检查控制柜面板指示灯正常完好。

⑧ 检查并清理控制柜顶部风机卫生。

⑨ 检查控制柜接线端子无松动、破损和外露线头。

⑩ 用毛刷和吸尘器清理控制柜内卫生。

⑪ 检查控制柜内防雷端子完好。

⑫ 检查控制柜 HMI 界面触摸良好，参数和报警现在正常。

⑬ 检查控制柜内电气元件无变色和变形。

⑭ 检查低压配电柜面板指示灯正常完好。

⑮ 用毛刷和吸尘器清理低压配电柜内卫生。

⑯ 检查并确认低压配电柜内接线无松动和变色。

⑰ 检查并确认低压配电柜内断路器、接触器及 ATS 转换开关良好。

(5) MCC 柜。

① 检查并确认各抽屉式开关各部良好，接线无松动。

② 清理各抽屉式开关内卫生。

③ 检查 PLC 内接线完好，并清理内部卫生。

④ 检查干气密封加热器控制柜内各部良好，接线无松动，面板指示灯完好。

⑤ 清理低压配电室空调滤网。

(6) 应急电源 EPS。

① 检查 EPS 接线端子无松动和变色。

② 清理 EPS 内部风扇卫生。

③ 测量 EPS 蓄电池电压正常。

④ 检查 EPS 逆变器电气元件无明显破损，并清理内部灰尘。

(7) 各类风机和电动机。

① 清理风机内部卫生。

② 遥测风机电动机绝缘电阻值。

(8) 油加热器、密封气加热器。

① 检查并确认加热器电源线及控制接线无松动，变色或裸露。

② 遥测稀油站两台电动机及油气分离器电动机绝缘电阻值。

3) 仪表自控组

(1) 现场仪表。

① 压力变送器、差压变送器：外观检查、示值检查；检查接线端盖及“O”形圈，检查其密封性；使用 Fluke 754 仪表检查内部量程设置，对仪表进行校准。

② 温度变送器：外观检查、示值检查；检查接线端盖及“O”形圈，检查其密封性；使用 Fluke 754 仪表检查内部量程设置；与现场一次表进行比对示值。

③ 液位变送器：外观检查、示值检查；模拟各报警值信号上传至 PLC，检查是否产生报警。

④ 其他仪表：外观检查、示值检查。

（2）位移、振动监测系统。

① 检查各探头安装牢固，接线无松动。

② 在 BN3500 面板和现场接线盒处测量间隙电压，记录测量值。

③ 接线牢固，接线盒无积水、腐蚀，清理脏污。

（3）转速传感器。

① 检查探头安装牢固，接线无松动。

② 接线盒无积水、腐蚀，清理脏污。

（4）BN 监测系统热电阻。

① 检查各探头安装牢固，接线无松动。

② 现场测量热电阻电阻值，记录测量值。

③ 接线盒无积水、腐蚀，清理脏污。

（5）油冷器，后空冷风机振动开关。

① 进行敲击测试，能产生报警和复位，否则调节使其处于动态零位。

② 接线牢固，接线盒无积水、腐蚀，清理脏污。

（6）防喘阀。

手动开关防喘阀检查阀位准确性。

（7）压缩机 ESD 按钮。

按钮接线盒无松动无进水，视情况进行模拟测试。

（8）现场和 UCP 急停按钮。

功能正常，视情况进行模拟急停测试。

（9）滑油箱、高位油箱液位计。

检查液位计指示清晰，报警功能完好。

（10）记录机组维护前后的运行参数，进行对比分析。

（11）控制机柜。

① 各模块、卡件紧固，无松动。

② 清理脏污，清理通风滤网。

（12）交换机、计算机。

① 网线接头插紧，线号分明。

② 机体内清洁无灰。

4. 连续运行每 8000h 的维护检修

在 4000h 的维护检修基础上增加以下项目：

（1）齿轮箱及压缩机。

① 检查驱动电动机、齿轮箱、压缩机之间的对中。

② 检查驱动轴联轴器，目视检查驱动联轴器有无缺陷。

③ 对压缩机入口过滤器进行全面孔探检查，必要时拆卸检查。

（2）控制系统。

① 检查并校准所有报警、停车信号及功能。

② 校准并检查所有控制模块。

③ 检查并校准所有就地指示仪表。

④ 检查并校准所有变送器。

⑤ 更换 PLC 上的锂电池。

⑥ 备份数据及程序，检查清理计算机硬盘及查毒。

⑦ 清理计算机灰尘。

(3) 其他系统。

① 必要时进行变频变压器、变频器的绝缘电阻和耐压试验。

② 检查并校准所有断路器和保护继电器的保护整定值。

5. 机组每累计运行 24000h 的维护检修

在 8000h 的维护检修基础上，对齿轮箱和联轴器做如下检查：

(1) 检查轴承外观、磨损，必要时用无损检测检查，如有裂纹或间隙超标则更换。

(2) 检查齿牙外观和接触面的磨损情况，必要时用无损检测，如有间隙超标、凹陷或裂纹等，则予更换。

(3) 检查轴封，如间隙超标，则予更换。

(4) 拆卸、清洁、检查联轴器及轴套，如果间隙超标或有损伤，则予更换。

(5) 检查、清理壳体内部及管路。

(6) 拆卸、清洗联轴器，回装、测量和对中。

(7) 进行 72h 运转测试。

五、压缩机组状态检测及评价

对于压缩机组的风险评价建议采用 RCM(以可靠性为中心的维护)方法进行评价，设备(机械工程师)应了解相关的知识。压缩机组的状态检测主要包括压缩机组的状态监测、燃气轮机的孔探检查以及旋转设备的机械振动监测诊断，设备(机械工程师)应掌握压缩机组的状态监测内容和要求，了解孔探检查和振动监测诊断的相关知识。

1. RCM(以可靠性为中心的维护)评价

RCM 风险评价的概念详见第一部分第二章，设备技术员应了解 RCM 风险评价理念，能够配合专业人员完成风险评价。

2. 压缩机组状态监测

设备工程师应掌握压缩机组状态监测的相关要求，每天不定时检查机组的运行参数，熟悉各项参数的保护定值，及时发现机组运行中存在的问题。压缩机组的状态监测主要包含对温度、振动、压力、电压和电流等参数的监控，具体控制点如下。

压缩机的监测参数主要有：(1)压缩机非驱动端轴颈轴承温度；(2)压缩机非驱动端止推轴承内侧温度；(3)压缩机非驱动端止推轴承外侧温度；(4)压缩机驱动端轴颈轴承温度；(5)压缩机轴位移；(6)压缩机非驱动端轴 X 向和 Y 向振动；(7)压缩机驱动端轴 X 向和 Y 向振动；(8)齿轮箱低速轴非驱动端止推轴承外侧温度；(9)齿轮箱低速轴非驱动端止推轴承内侧温度；(10)齿轮箱低速轴非驱动端轴颈轴承温度；(11)齿轮箱低速轴位移；(12)齿

轮箱低速轴驱动端 X 向和 Y 向振动；(13)齿轮箱低速轴非驱动端 X 向和 Y 向振动；(14)齿轮箱高速轴驱动端 X 向和 Y 向振动；(15)齿轮箱高速轴非驱动端 X 向和 Y 向振动；(16)齿轮箱高速轴壳体振动；(17)齿轮箱高速轴驱动端轴颈轴承温度；(18)排气管路压力；(19)母管流量；(20)工艺气进口母管压力；(21)压缩机进口温度；(22)压缩机进口压力；(23)压缩机进口过滤器差压；(24)压缩机出口温度；(25)压缩机出口流量；(26)工艺气冷却器出口压力；(27)工艺气冷却器出口温度；(28)工艺气出口母管压力；(29)压缩机一级排气去火炬压力；(30)压缩机非驱动端一级密封气排气压力；(31)压缩机驱动端一级密封气排气压力；(32)压缩机密封气/密封压力差压；(33)压缩机密封气过滤器差压；(34)压缩机密封气供气压力；(35)N_2瓶供气压力；(36)压缩机隔离气过滤器差压；(37)压缩机隔离气调压阀后压力；(38)滑油供油母管压力；(39)压缩机非驱动端滑油回油温度；(40)压缩机驱动端滑油回油温度；(41)齿轮箱滑油回油温度；(42)滑油过滤器出口控制油线压力；(43)主滑油泵压力；(44)油箱温度；(45)油箱液位；(46)高位油箱液位；(47)高位油箱油温；(48)滑油温控阀阀前油温度；(49)滑油温控阀阀后油温度；(50)滑油过滤器差压；(51)油冷器进口温度；(52)油冷器出口温度；(53)油冷器转速。

电动机的监测参数主要有：(1)电动机热风温度；(2)电动机 U 相、V 相和 W 相绕组温度；(3)电动机电压；(4)电动机电流；(5)电动机非驱动端轴承座壳体振动；(6)电动机非驱动端轴承温度；(7)电动机非驱动端轴 X 向和 Y 向振动；(8)电动机驱动端轴承座壳体振动；(9)电动机驱动端轴承温度；(10)电动机驱动端轴 X 向和 Y 向振动。

变频器的监测参数主要有：(1)变压器 U 相、V 相和 W 相温度；(2)变频器输出电流；(3)变频器输入电流；(4)变频器输出管路电压；(5)变频器输入管路电压。

燃气轮机的监测参数有：(1)燃气发生器转速；(2)动力透平转速；(3)环境温度；(4)动力透平入口温度；(5)压气机排气压力；(6)箱体进气滤差压；(7)机组进气滤差压；(8)箱体温度；(9)箱体差压；(10)排气口可燃气体浓度；(11)进气口可燃气体浓度；(12)燃料气控制阀开度；(13)可导叶片开度；(14)轴承回油温度；(15)燃气发生器止推轴承温度；(16)动力涡轮止推轴承温度；(17)压气机进气侧上、下轴瓦温度；(18)压气机排气侧上、下轴瓦温度；(19)燃料气供气压力；(20)燃料气调节阀开度；(21)燃料气流量；(22)燃料气调节阀后压力；(23)压气机轴承 X 向和 Y 向振动；(24)燃气涡轮轴承 X 向和 Y 向振动；(25)动力涡轮 X 向和 Y 向振动；(26)压气机喘振控制点。

3. 孔探检查

在燃气轮机 4000h 和 8000h 保养时，要使用孔探检查燃烧室内部、压气机叶片和涡轮叶片有无裂纹、锈蚀、杂物和其他异常情况。图 4-2-1 是 Solar 燃机机组的曲型孔探检查点示意图。具体检查方法见《压缩机维修工(高级资质)》的相关内容。

4. 机械振动监测诊断

机械振动监测诊断的概念详见第一部分第二章，设备(机械)工程师应了解机械振动监测诊断理念，能够配合专业人员开展相关工作。

六、压缩机缺陷和故障排查与分析

根据压缩机组厂家的维修手册和现场的运行经验，总结出来压缩机组的常见故障及处理见表 4-2-2 至表 4-2-5。设备(机械)工程师应熟悉压缩机组的常见故障，对常见故障原因

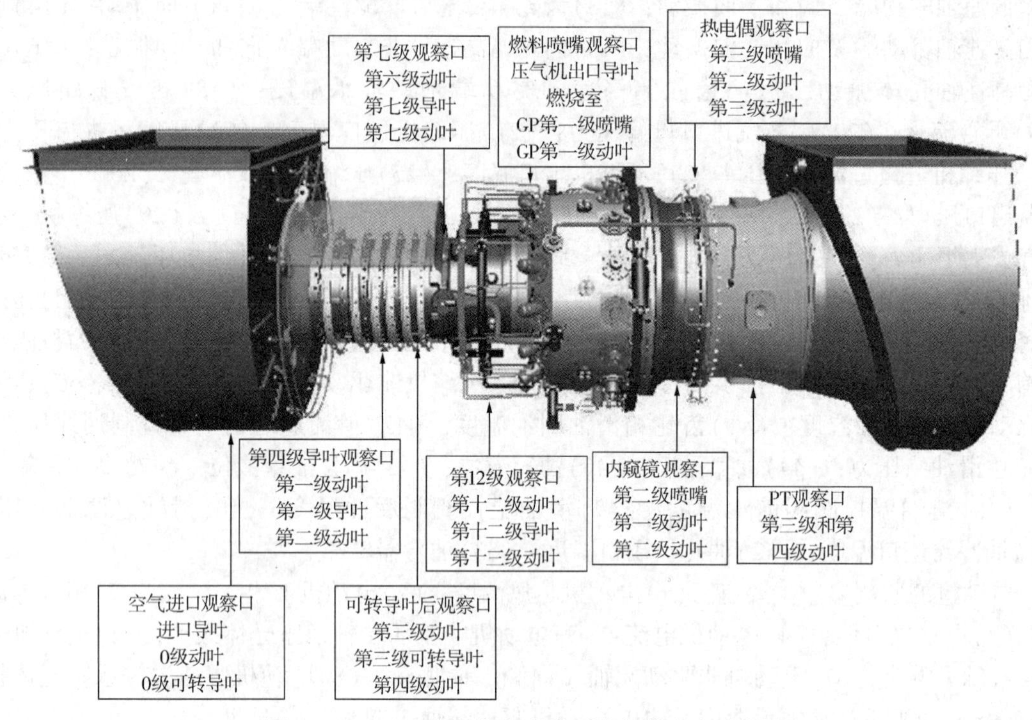

图 4-2-1 Solar 燃机机组的典型孔探检查点示意图

能做出判断，并及时处理，恢复压缩机组运行。对于疑难故障应做好故障描述，准确报告生产科及设备厂家技术人员。

表 4-2-2 压缩机故障处理表

序号	故 障	原 因	处理方法
1	启机失败	油压太低	检查润滑油泵
		没有电	通知相关部门
		密封气体压力太低	检查所有气源
2	电驱停机	电源停	通知相关部门
		安全设备跳闸(参见 1)	视指示情况消除故障
3	主油泵无法启动	没有电	通知相关部门
4	因油压下降，辅助油泵启动失败	泵自动控制电气部分故障	通知相关部门
5	油泵不泵油	泵和管线未排气	泵和管线排气
6	油压下降	泵失效	通知相关部门
		滑油箱油不足	加油
		压力仪表故障	检查仪表
		滑油管线泄漏	通知相关部门
		油冷器、过滤器堵	切换到备用冷却器/过滤器
		油压控制阀或安全阀故障	检查，需要时更换阀门

续表

序号	故　障	原　因	处理方法
7	油压太高	油压控制阀故障	检查，需要时更换阀门
8	滑油泄漏	连接法兰泄漏	重新拧紧螺栓，更换有缺陷的密封件
		滑油管线裂	停运压缩机
9	进油温度过高	冷却风不足	首先，完全打开百叶窗
		冷却风的温度上升	通知相关部门
		滑油质量差	换油
10	进油温度过低	冷却风过大	关小百叶窗
		环境温度过低	打开滑油箱加热系统
11	轴承温度高	油流量过低	增加轴承上游油压
		进油温度过高	检查冷却器
		油冷却器脏	切换、清洁
		滑油质量差	换油
		温度仪表故障	检查仪表
		对中不好	重新找正、对中
		轴承损坏	更换轴承
	警告	轴承温度过高	如果温度上升很快，立刻停运压缩机
12	轴承振动增大	不同心	检查对中和地基
		基础螺栓松或坏	检查
		压缩机运行在喘振区	调整工作点
		轴承间隙过大	更换新轴承
		轴跳动	更换新轴承，如果需改变油黏度
		转子不平衡(可能脏了)	检查转子同心(需要时清洁)
13	压缩机运行在喘振线区	背压过高	通知相关部门
		进口阀节流	开大进口阀
		工艺阀门节流	开大工艺阀
		防振控制器故障或设置不正确	检查，需要时更换控制器
	警告	压缩机喘振会损坏压缩机	增加压缩机流量，消除喘振
14	干气密封故障	压力仪表故障	检查仪表
		动密封环坏	换密封
		静密封环坏	换密封
		排放压力高	1级密封泄漏，换密封
		排放压力低	2级密封泄漏或压力调节阀故障，换密封或检查阀
15	轴位移高	测量仪表故障	检查仪表
		止推轴承损坏	检查、更换轴承
		轴定位设备故障	检查、更换

表 4-2-3　燃气轮机故障及处理

序号	故　障	原因分析	排除方法
1	启动时燃料总管压力高或低	压力调整不合理	调整燃料控制阀
2	点火失败	燃料供应压力太低；点火系统故障(如火花塞结焦，激发器故障)	调整燃料供应压力；检查点火系统，排除故障
3	燃气发生器转速不稳定/振荡	燃气不稳定/振荡	调燃料供应压力
4	加速缓慢	供气压力偏低、流量偏小；可调导叶开启位置不合适	调整燃料供应压力/流量；检查可调导叶位置，排除故障
5	燃气发生器振动大/动力涡轮振动大	振动仪表或接线不合适；振动传感器没有安装好；固定系统不坚实	检查仪表和接线，装好传感器；加强支承系统，拧紧固定螺钉
6	滑油压力过高或过低	供油泵或回油泵有故障；管线漏油；仪表失灵；油滤堵塞	检查油泵；消除渗漏；更换仪表；清洗或更换油滤
7	滑油回油温度高	回油滤堵塞；温度仪表接线不合理；供油温度高，滑油温度控制器故障	调整供油温度；清洗或更换油滤；检查仪表导线，更换滑油温度控制器
8	滑油消耗量大	滑油系统严重漏泄；有油从油/气分离器排出；油池内部漏油	消除漏油和检查油/气分离器更换内部油封元件
9	可调导叶故障	油滤污染或转速传感器失灵；杠杆活动不灵活；连杆和反馈脱开或破裂	逐步检查原因后排除
10	点火系统故障	点火器输入电压不对或电缆有问题；点火器内部线路板有故障；火花点火器插入深度不合适或不打火；导线绝缘电阻低	逐步检查原因后排除

表 4-2-4　电动机故障及处理

序号	故障名称	原因及处理
1	起机失败	(1)确认变频驱动系统工作正常； (2)确认电动机的各相接线正确并且牢固可靠、绝缘良好。 (3)检查电动机轴承的润滑油流量正常； (4)检查确认电动机正压通风系统工作正常； (5)检查确认电动机防冷凝加热器工作正常
2	电动机运行中声音异常	(1)检查确认变频器工作正常； (2)检查电动机接线正常； (3)检查电动机绝缘良好，绕组未发生匝间或相间短路现象，必要时通知厂家； (4)检查转子没有断条，旋转零部件未出现松动，必要时通知厂家
3	电动机绕组过热	(1)检查空水冷却器工作正常； (2)确认电动机接线正确； (3)检查电动机绕组未发生短路现象； (4)确认电动机没有过载运行
4	电动机振动过高	(1)确认振动监测回路工作正常； (2)确认起机程序正常； (3)确认电动机基础以及地脚螺栓无异常； (4)确认机组对中无异常； (5)通知厂家
5	电动机轴承过热	(1)确认润滑油满足运行要求； (2)确认轴承安装正确，且未受脏污、腐蚀； (3)环境温度在正常范围； (4)通知厂家

续表

序号	故障名称	原因及处理
6	电动机轴承漏油	(1)检查密封件间隙处是否有漏油，必要时更换密封件； (2)检查呼吸器风口处是否有障碍物，清理并保持； (3)检查润滑油各项指标满足要求； (4)更换轴承； (5)通知厂家
7	正压通风控制故障	(1)如接口处漏水时，检查干燥设备，确保其工作正常； (2)如控制系统不进入吹扫时，检查确认手动进气阀已打开、进气压力正常、电动机泄漏量正常； (3)如控制系统不进入计时，检查确认进气压力、流量正常，电动机泄漏量正常； (4)当控制系统不进入保压时，检查确认进气压力、流量正常，泄压阀工作正常； (5)当控制系统不进入连锁时，检查确认进气流量正常，气动导管连接紧固； (6)当控制系统出现连锁紊乱时，检查确认连锁信号接线正确，压缩空气供给正常
8	其他	电动机可能还有其他如冷却器漏水报警、防冷凝加热器等附件等发生故障等问题，如发生类似情况时，首先应先检查确认控制回路正确，然后在检查空冷器、防冷凝加热器附件本身似乎出现故障，必要时进行更换

表 4-2-5　变频器故障及处理

序号	故障名称	原因及处理
1	直流母线报过压故障	(1)检查高压电源正相波动是否超过允许值； (2)如果是减速时过电压，可适当加大变频器的减速时间设定值； (3)检查接线螺栓是否松动、打火； (4)检查单元控制板是否损坏
2	直流母线欠电压故障	(1)输入的高压电源负相波动是否超过该允许值； (2)高压开关是否跳闸； (3)变频变压器副边是否短路； (4)接线螺栓是否松动或断裂； (5)检查功率单元三相进线是否松动； (6)功率单元进线熔断器是否完好； (7)检查接线螺栓是否松动、打火； (8)检查单元控制板是否损坏
3	变频器过流故障	(1)检查功率单元输出 T1 和 T2 端子是否短路； (2)检查电动机绝缘是否完好； (3)检查变频器是否过载运行； (4)检查负载是否存在机械故障； (5)如果是启动时过电流，可适当增大变频器的加速时间设定值
4	单元过热故障	(1)检查环境温度是否超过允许值； (2)检查单元柜风机是否正常工作； (3)检查进风口和出风口是否畅通，即滤网是否干净； (4)确认装置是否长时间过载运行； (5)检查功率单元控制板和温度传感器是否正常
5	单元缺相故障	(1)检查输入的高压开关是否掉闸； (2)检查变频变压器副边是否短路； (3)检查接线螺栓是否紧固或断裂； (4)检查功率模块三相进线是否松动； (5)检查功率模块进线熔断器是否完好
6	通信故障	(1)确定功率单元控制板电源是否正常(正常时，单元板上的绿色通信指示灯发光)； (2)检查主控板上的 5VDC 电源是否正常； (3)检查功率单元以及控制器的光纤连接头是否脱落； (4)检查光纤是否折断、漏光； (5)光纤是否被灰尘蒙蔽

续表

序号	故障名称	原因及处理
7	控制器不就绪	(1)确定变频器故障记录内容，并作出相应处理，再次复位系统尝试，如果仍不能排除，检查电路板之间的连接是否可靠，控制器到PLC的配线是否松动或更换核心控制板； (2)正常情况下，控制器主控板的“RUN”指示等应处于有规律的闪动状态，如果常明或常暗，或不规律闪动，则主控制板存在问题； (3)在上高压电的初始几秒或断高压电后的几分钟内，由于控制器处于被复位的状态，报告“控制器不就绪”为正常现象，过这段时间后应可以自行解除
8	柜门联锁故障	(1)检查柜门是否完全关闭； (2)检查行程开关是否完好； (3)检查门限位开关接线是否松动脱落
9	单元柜风机故障	(1)检查风机的电源接线是否松动； (2)检查风机底座结构件是否变形(结构件变形会引起风机电动机堵转)； (3)检查相序是否正确； (4)检查风机是否缺相； (5)检查热过载继电器设定是否正确； (6)测量风机三相绕组对地绝缘电阻阻值是否正确
10	变频变压器过热报警和故障	(1)检查变频变压器副边接线绝缘是否完好； (2)检查变频变压器副边接线绝缘是否短路； (3)检查装置是否过载运行； (4)检查环境温度是否过高； (5)检查变频变压器的冷却风机工作是否正常； (6)检查风路是否通畅； (7)检查温度传感器功能是否完好； (8)检查测温探头是否损坏
11	24V电源掉电报警	24V电源掉电，一般情况下意味着给系统提供的控制电源发生故障，系统在24V的备用电源供电下继续运行。必须尽快查明控制电源掉电原因，恢复供电
12	报警但触摸屏面板没有指示	(1)检查HMI上的232和485是否在线； (2)检查触摸屏是否在正常控制界面上； (3)检查触摸屏的电源线是否正常； (4)检查是否为瞬间通信故障
13	PLC无响应	(1)检查主控板和PLC的通信电缆和接头； (2)确认PLC处于RUN位置； (3)检查PLC是否完好
14	触摸屏死机	(1)如果是界面死机，可重新启动，若启动不成功，更换硬件； (2)如果是黑屏，应检查电源是否损坏，或连接是否牢固； (3)检查硬件是否损坏
15	高压变频调速系统不能开机	(1)如果系统在不报任何故障的情况下不能开机，请检查控制器就绪、开机允许、远程和柜门急停按钮释放、没有任何重故障等条件是否都得到满足，或者在系统给出“高压合闸允许”或“高压准备就绪”信号后，是否收到“高压就绪”信号； (2)如果是远控不能开机，请检查“远方/本地”选择开关是否处于远控位置，如果是标准操作面板不能开机，请检查“远方/本地”选择开关是否处于本地位置； (3)如果排除以上两种原因，则： (4)检查控制电源上电是否正常； (5)检查控制系统(主控板、PLC、触摸屏)的设备是否正常； (6)检查控制系统自检软件是否正常； (7)检查远程现场的“紧急停机”按钮和控制柜门上的“紧急停机”按钮是否都处于释放(在弹出状态)； (8)检查变频器上是否存在未解决的重故障； (9)高压送电是否正常

七、压缩机组大修现场管理

设备工程师应掌握压缩机组大修过程中的标准要求，参与编制压缩机组维修方案的编制工作，设备(机械)工程师应在厂家技术人员的指导下参与压缩机组的现场拆卸、安装工作。

1. 燃气轮机大修

当 Solar 燃气轮机运行到 30000h 或发生损坏后，需要进行返厂大修。Solar 燃气轮机的大修在美国的大修厂内进行，分为机组交换和原机组大修后返回两种方式。燃气轮机大修包含以下内容：

(1) 完成 8000h 维护检修项目，不包括燃气发生器的孔探检查；

(2) 对动力涡轮振动数据进行评定，决定是否对动力涡轮轴承进行检查；

(3) 对压缩机振动数据进行评定，决定是否对压缩机轴承进行检查；

(4) 对齿轮箱振动数据进行评定，决定是否对齿轮箱轴承进行检查。

燃气轮机大修前应编制大修方案。大修方案中应包含组织机构设置及职责、风险分析及对策、作业内容与作业计划、拆卸准备工作、拆卸步骤、安装前的检查、安装、机组调试投产等内容。

在拆除燃气轮机之前(提前 3 天时间)，需要完成的工作包括做好安全措施，检修支架的安装以及调整，发动机侧箱体门与箱体连接部分的拆除等，可以按照以下步骤进行：

(1) 安全准备工作。

① 切断机组燃料气供应；

② 切断机组启动马达电源；

③ 切断机组 MCC 的总电源；

④ 切断直流泵的电源；

⑤ 切断控制柜的直流电源；

⑥ 切断机组箱体内 120V 直流电源；

⑦ 放空压缩机进出口管线内天然气，检测法兰或阀门有无泄漏或内漏，并采取相应的措施；

⑧ 检修支架及箱体门框处做好泡沫缓冲措施，防止燃气轮机碰坏；

⑨ 做好相应的安全措施，如拉警戒线、悬挂警示牌等。

(2) 流程切换及放空操作。

① 为保证正常的输气生产，在此次作业完成之前，应走越站流程，同时对燃气轮机启动气和燃料气支路管线进行全部放空；

② 关闭机组进出口球阀，并进行锁定；

③ 关闭机组放空阀和排污阀并进行锁定；

④ 按照要求做好流程切换和放空操作的相关记录。

2. 压缩机大修

压缩机每累计运行 40000h，应对压缩机进行检测评价，确定是否进行大修理及下次检测评价时间。确定压缩机需要大修后要将压缩机解体检查。包括以下检查内容：

(1) 压缩机壳体内件目视检查；

(2) 清洗壳体内件；

(3) 转子目视检查;

(4) 转子清洁、用无损检测检查裂纹, 如需要则做动平衡;

(5) 更换干气密封;

(6) 更换机械接触式密封;

(7) 更换机械轴密封;

(8) 更换迷宫式密封;

(9) 检查测量推力轴承瓦片, 视情更换;

(10) 检查检测径向轴承, 视情更换。

压缩机大修相关要求参见燃气轮机大修部分。

第三节　储油罐技术管理

储油罐主要是用于储存原油或其他油品的容器。目前, 管道公司各输油站场及油库在用的钢制立式储油罐主要为以下三类:

(1) 拱顶油罐。容量一般在 10000m^3 以下, 壁板采用套筒式连接。

(2) 外浮顶油罐。设有能上下浮动的双盘式浮顶或单盘式浮顶。

(3) 内浮顶油罐。兼有拱顶和内浮顶, 内浮顶在拱顶油罐内部漂浮在液面上, 可上下浮动。

为确保储油罐的安全运行, 要求设备(机械)工程师应做到以下几点:

(1) 熟知储油罐完好标准及检查要求。

(2) 熟知储油罐维护保养相关要求, 按时完成储油罐日常、季度和年度维护保养内容。

(3) 了解储油罐状态检测及评价方法, 并配合专业单位完成相关检测及分析评价。

(4) 掌握储油罐一般故障处理方法, 并能够根据现场情况制定切实有效的处理方案排除故障。

(5) 熟知油罐大修现场技术管理要求, 负责现场质量监督检查。

一、完好标准及检查要求

设备(机械)工程师应定期开展储油罐巡检, 及时发现并处理储油罐存在的隐患, 保证储油罐正常运行。储油罐完好标准及检查要求见表 4-3-1。

表 4-3-1　储油罐完好标准及检查要求

序号	完好标准及检查要求	检查方法
1	罐体无变形, 保温层、防护层无破损; 基础无不均匀下沉	看
2	油罐运行参数储油液位、温度、进出流量、压力符合运行技术要求	看
3	机械呼吸阀阀盘与阀座接触面良好, 阀杆上下运动灵活无卡阻, 阀壳网罩完好, 呼吸通道有无阻塞, 压盖衬垫严密, 控制压力符合要求	看
4	阻火器防火网和散热片清洁畅通, 垫片完整无漏气	看、听
5	液压安全阀保护网完好无阻塞, 隔离液高度符合要求, 控制压力正常	看
6	量油孔盖与座间密封垫严密, 导尺槽完好, 螺帽活动自如	看、摸

续表

序号	完好标准及检查要求	检查方法
7	透光孔密封完好，无漏油、漏气	看、闻
8	各人孔、各进出罐阀、排水阀、蒸汽阀、消防管线阀门等阀体漆面、保温应无脱落；填料函处无渗漏，阀杆无锈蚀	看
9	抗震软管齐全可靠	看、摸
10	人梯牢固、无锈蚀，踏梯上无杂物	看、摸
11	顶部附件：呼吸阀、液压安全阀、阻火器等的对接法兰必须用直径大于6mm² 的多股铜线跨接	看
12	油罐避雷接地点每隔30m设置一个，每个油罐至少两个	看
13	储油罐上罐盘梯入口扶手处应设置可靠有效的静电消除装置	看、摸
14	外浮顶油罐浮顶与罐体应进行可靠的电气连接，确认连接导线截面满足规范要求，两端连接牢固可靠、无锈蚀	看
15	外浮顶油罐一次密封应无起皱、裂纹、鼓包及老化等失效现象；二次密封橡胶刮板应与罐壁贴合紧密，无翘曲、损坏和变形，二次密封上安装的导静电片应齐全完好并与罐壁紧密接触	看、摸
16	外浮顶罐罐顶及浮舱内无积水、积雪、油污和杂物	看
17	外浮顶罐中央排水管无渗漏，紧急排水阀、放水阀正常	看、摸
18	消防系统(泡沫发生器、喷淋头、感温电缆、光栅光纤、烟雾灭火装置、火焰探测器等)齐全完好	看
19	储罐具有液位超限报警，大型储罐超极限连锁保护措施正常投用	看
20	阴极保护系统正常投用	看
21	各类安全标识和警示齐全、明显、清晰	看
22	加热器、搅拌器工作正常，不渗漏、浮船表面平整，不积水、无油污杂物；接地极接触牢固，阻值合格；基础散水裙不龟裂，保温保护板完好；雷达液位计和浮子钢带液位计准确；浮梯不偏斜	看

二、预防性维护保养管理

储油罐预防性维护保养一般分为日常、季度和年度维护保养，维护保养应做好记录，记录应完整、准确，并由设备工程师录入ERP设备档案。其中，日常、季度、年度维护保养中设备状态检查及清洁部分由设备工程师组织完成，机械工程师除完成日常、季度、年度维护保养中设备检查、保养内容外，还要对现场发现的隐患故障及时组织处理，设备工程师负责现场监护、验收。

1. 日常维护保养内容

(1) 罐体无渗漏，与油罐相连阀门应完好，各人孔、阀门及管路连接处应牢固、密封可靠，开关状态符合工艺要求。检查油罐保温、伴热系统完好。

(2) 检查搅拌器齿轮箱内润滑油液位应在满刻度1/3~2/3之间，运行时无异常声响。

(3) 检查维护好盘梯、平台、仪表接头、量油孔、取样孔、浮梯等处清洁卫生，做到无油污、鸟巢等杂物，罐壁通气孔防护网无脱落、无锈蚀。

(4) 浮梯运行正常，滚轮无损坏，静电导出线连接完好。

(5) 浮顶集水坑应无油污、污泥、树叶等杂物，单向阀灵活好用，排水管口盖活动灵活。及时清理局部堵塞杂物。

(6) 紧急排水管内水封水位、空高区范围值达到设计要求。内浮盘、浮舱盖板活动灵活，舱内、浮筒无渗油现象，密封良好。

(7) 一次和二次密封完好，无较大变形，挡雨板或二次密封与罐壁板间应无杂物及油蜡。

(8) 检查浮顶导向柱活动顺畅无卡阻。

(9) 夏季检查二次密封或挡雨板与一次密封之间可燃气体浓度在允许范围内。

(10) 浮顶盘板表面雨(雪)水应在允许载荷内，无油污、无漏油现象。

(11) 冬季应定期检查清除呼吸阀阀瓣上的水珠、霜和冰，以防与其阀座间冻结。不应出现阀门卡住、结冻、安全网结冰、堵住呼吸阀的外部孔等情况。

(12) 固定顶油罐应检查液压安全阀油位正常、液压油指标合格，检查呼吸阀进出口应无堵塞，安全阀、呼吸阀法兰与阻火器法兰连接完好。寒冷地区，冬季应及时清除外罩内外表面的霜和冰。

(13) 罐顶感温电缆或光纤光栅等传感器完好，无异物覆盖。

(14) 液位计及高低位报警等完好，无异常。

(15) 检查消防系统泡沫发生器内完好，无杂物。

(16) 在特殊天气如雪、雨、风沙天之后，应及时进行日常维护(1)~(15)维护保养内容。

2. 季维护保养内容

(1) 包括日常维护保养的全部内容。

(2) 进出罐阀、排水阀、蒸汽阀、消防管线阀门等阀体漆面、保温壳体应无脱落；填料函处应无渗漏，做好阀杆的防腐润滑和防尘。

(3) 加热盘管、罐外阀门冬季无冻裂现象，加热盘管停用时应排净管内的积水。

(4) 搅拌器球面组件压盖填料处不应有渗漏现象。

(5) 检查罐顶表面和罐底部边缘板的腐蚀情况，局部腐蚀部位应重新防腐。

(6) 油罐防雷接地、防静电设施完好。

(7) 消防泡沫发生器装置完整、无锈蚀、无阻塞。

(8) 浮顶密封装置与罐壁间应接触严密，密封件无翻边、撕裂等损坏现象。

(9) 顺序检查外浮顶油罐浮舱内状况，每季度完成对运行油罐所有浮舱的检查。

(10) 浮顶加热除蜡装置金属软管接口无漏汽；软管无裂纹。

(11) 挡雨板或二次密封应无变形、无损坏现象，装置完整。

(12) 呼吸阀、安全阀、阻火器、排水阀维护保养内容：

① 检查呼吸阀的阀盘等部件状况，呼吸阀动作正常，确保安全。

② 清理阻火器的杂物，清洗防火网(罩)。

③ 清理排水阀中杂物，保持畅通。

④ 对锈蚀的螺栓进行保养或更换。

⑤ 更换安全阀的密封油(推荐使用变压器油)，并保持正常液位。

3. 年维护保养内容

(1) 包括季维护保养的全部内容。

(2) 基础与罐底：

① 维护修补基础外缘顶面的散水坡，采取相应措施，该顶面不应积水。

② 组织专业单位完成罐基础沉降的测量，如不符合标准要求，应及时上报修理。

③ 修补或修理、更换边缘板与基础顶面间密封胶或防水裙等密封，做到无裂缝、脱胶或损坏。

④ 罐底应无渗漏。

(3) 罐壁、罐顶：

① 罐壁保温层及外护板。对罐壁保温层及外护板进行全面检查，破损、漏雨处应进行修补。

② 固定顶。

a. 顶板间焊缝及罐顶附件焊缝不应有裂纹、开焊和穿孔。

b. 对中心板、每块瓜皮板及其肋板处进行坚固性检查。

c. 目测检查防腐涂层，对腐蚀严重部位进行测厚，必要时应进行修补。

③ 浮顶。

a. 单盘板、船舱顶板和底板及舱壁、浮筒、蒙皮、框架结构等焊缝和连接处不应有裂纹、开焊、穿孔和不紧固现象。

b. 目测逐个检查浮舱的腐蚀及渗漏情况。

c. 检查浮舱盖板的严密性。

d. 目测检查浮顶防腐涂层，对点蚀和凹面积水腐蚀部分进行测厚，必要时应进行修补。

④ 罐壁、罐顶及浮舱板材减薄量应符合标准的要求。

(4) 附件。

① 呼吸阀、安全阀、阻火器。

a. 按说明书要求校验呼吸阀压力，呼吸阀应开启灵活。

b. 安全阀保证正常油位，根据不同季节、地区定期换油(一般推荐变压器油)。

c. 阻火器无杂物阻塞，防火网(罩)定期清理。

② 自动通气阀。

a. 阀盖顶杆上下滑动灵活无卡阻。

b. 阀盖顶杆与固定橡胶密封垫无硬化开裂现象。

③ 浮顶密封装置。浮顶与罐壁的密封性能良好，密封损坏严重时应及时更换。

④ 搅拌器。润滑油(脂)每年更换一次，注油时应全部排出旧的润滑油(脂)。

⑤ 浮顶立柱。

a. 密封严密。

b. 定位销应调整到规定位置，开口销安装完好。

c. 加强套管与浮顶间的焊缝无撕裂、无裂纹等现象。

⑥ 量油导向管。

a. 装置牢固，表面无明显变形和严重的磨损。

b. 导向管无卡阻现象，对相关偏差进行测量并记录归档。

⑦ 浮梯、盘梯及防护栏杆。

a. 浮梯轮无卡阻和脱轨现象。

b. 对浮梯轮与轨道行程偏差进行检测；在两条轨道上均匀涂一层润滑油脂后，保持浮顶匀速升降，并记录轨道直线上的浮梯轮偏差轨迹，当偏差大于10mm时，应适当调整浮船导向装置或浮梯、轨道，以满足偏差许可值。

c. 盘梯、走台和防护栏杆应牢固、完整、无腐蚀；安全可靠。

⑧ 液位及温度检测仪表等附件完好。

⑨ 电采暖应采取防爆设备，可随时关停。

(5) 防雷接地。

① 浮顶与罐体静电导出线安装牢固，齐全完整，无腐蚀现象。

② 春秋两季检测接地电阻，电阻值宜小于 4Ω，特殊地区电阻值应小于 10Ω。

三、状态检测及评价

为保障储油罐的安全经济运行，应及时组织有资质的施工单位完成油罐的定期检测及评价。

1. 罐底板声发射在线检测及评价

设备工程师应了解油罐在线检测周期，待检测计划确定后，配合专业公司做好前期准备工作。

1) 检测周期

(1) 新建储罐第一次在线检测宜在其投用后运行 1 年时实施，建立原始数据库。

(2) 未实施过在线检测的在役储罐宜在最近一次大修后的 4~6 年内实施。

(3) 已实施在线检测的储罐，应根据在线检测结果以及运行工况确定下一次检测周期。

2) 检测前资料准备

(1) 储罐基本信息，按表 4-3-2 格式进行记录。

(2) 历史维修记录和最近一次检测报告。

表 4-3-2　待检储罐基本信息

储罐运行管理单位		储罐地理位置	
储罐编号		储罐容量(m^3)	
建设时间		储罐投产日期	
储罐设计单位		储罐设计标准	
储罐制造单位		罐顶类型	
储罐直径(mm)		罐壁高度(mm)	
存储介质类型		介质温度(℃)	
储罐基础类型		罐底板厚度(mm)	中幅板：　边缘板：
罐底板材料规格		罐底板涂层材料	
加热器结构		阴极保护方式	
上次检修时间		上次在线检测时间	

3) 现场条件确认

(1) 储罐的液位高度宜为极限罐位高度的 85%以上，并应在该液位静置 12h 以上。

(2) 检测时应关闭并锁定进出油管阀门，排除其他干扰源，如关闭搅拌器、加热设施等。

(3) 检测时的气温低于 0℃，应消除在检测期间结冰可能引起的声发射信号。

(4) 检测期间非长时间刮 5 级以上大风或者下大雨的天气。

(5) 外部接入交流电源应满足声发射检测仪器要求，电压稳定且接地良好。

2. 承压设备危害因素识别与评价

承压设备危害因素识别与评价的概念详见第一部分第二章，设备(机械)工程师应了解承压设备危害因素识别与评价的理念，能够配合专业人员完成危害因素的识别与评价。

3. 几何变形检测与评价

设备(机械)工程师应了解储油罐几何变形检测与评价的标准要求，并能够配合专业公司完成储油罐几何变形检测与评价。

罐壁组装焊接后，几何形状和尺寸，应符合下列规定：

(1) 罐壁高度的允许偏差，不应大于设计高度的 0.5%。

(2) 罐壁铅垂的允许偏差，不应大于罐壁高度的 0.4%，且不得大于 50mm。

(3) 罐壁的局部凹凸变形及底圈壁板内表面半径的允许偏差应符合以下规定：

① 底圈壁板。

a. 相邻两壁板上口水平的允许偏差，不应大于 2mm。在整个圆周上任意两点水平的允许偏差，不应大于 6mm。

b. 壁板的铅垂允许偏差，不应大于 3mm。

c. 组装焊接后，在底圈罐壁 1m 高处，内表面任意点半径的允许偏差，应符合表 4-3-3 的规定。

表 4-3-3　底圈壁板 1m 高处内表面任意点半径的允许偏差

油罐直径 D(m)	半径允许偏差(mm)	油罐直径 D(m)	半径允许偏差(mm)
$D \leqslant 12.5$	±13	$45 < D \leqslant 76$	±25
$12.5 < D \leqslant 45$	±19	$D > 76$	±32

② 其他各圈壁板的铅垂允许偏差，不应大于该圈壁板高度的 0.3%。

③ 壁板对接接头的组装间隙，当图纸无要求时，可按表 4-3-4 和表 4-3-5 的规定执行。

表 4-3-4　罐壁环向对接接头的组装间隙

坡口型式	手工焊		埋弧焊	
	板厚(mm)	间隙(mm)	板厚(mm)	间隙(mm)
内 δ_1 外 b δ_2	$\delta_1 < b$	$b = 2^{+1}_{0}$		
内 δ_1 外 b δ_2	$b \leqslant \delta_1 \leqslant 15$ $15 < \delta_1 \leqslant 20$	$b = 2^{+1}_{0}$ $6 = 3 \pm 1$	$12 \leqslant \delta_1 < 20$	$b = 2^{+1}_{0}$

续表

坡口型式	手工焊		埋弧焊	
	板厚(mm)	间隙(mm)	板厚(mm)	间隙(mm)
内 δ_1 外 b δ_2	$12 \leqslant \delta_1 \leqslant 38$	$b=2^{+1}_{0}$	$20 \leqslant \delta_1 \leqslant 38$	$b=2^{+1}_{0}$

表 4-3-5　罐壁纵向对接接头的组装间隙

坡口型式	手工焊		气电立焊	
	板厚(mm)	间隙(mm)	板厚(mm)	间隙(mm)
b δ	$\delta<b$	$b=2^{+1}_{0}$		
b δ	$b \leqslant \delta \leqslant 9$	$b=2\pm1$	$12 \leqslant \delta \leqslant 38$	$b=5\pm1$
	$9<\delta \leqslant 15$	$b=2^{+1}_{0}$		
b δ	$12 \leqslant \delta \leqslant 38$			

④ 壁板组装时，应保证内表面齐平，错边量应符合下列规定：

a. 纵向焊缝错边量：当板厚小于 10mm 时，不应大于板厚的 1/10，且不应大于 1.5mm。

b. 环向焊缝错边量：当上圈壁板厚度小于 8mm 时，任何一点的错边量均不得大于 1.5mm；当上圈壁板厚度大于或等于 8mm 时，任何一点的错边量均不得大于板厚的 2/10，且不应大于 3mm。

⑤ 组装焊接后，焊缝的角变形用 1m 长的弧形样板检查，并应符合表 4-3-6 的规定。

⑥ 组装焊接后，罐壁的局部凹凸变形应平缓，不得有突然起伏，且应符合表 4-3-7 的规定。

表 4-3-6　罐壁焊缝的角变形

板厚 δ(mm)	角变形(mm)
$\delta \leqslant 12$	$\leqslant 10$
$12<\delta \leqslant 25$	$\leqslant 8$
$\delta>25$	$\leqslant 6$

表 4-3-7　罐壁的局部凹凸变形

板厚 δ(mm)	罐壁的局部凹凸变形(mm)
$\delta \leqslant 25$	$\leqslant 13$
$\delta>25$	$\leqslant 10$

(4) 罐壁上的工卡具焊迹，应清除干净，焊疤应打磨平滑。

(5) 罐底焊接后，其局部凹凸变形的深度，不应大于变形长度的 2%，且不应大于 50mm。

浮顶的局部凹凸变形，应符合下列规定：

① 船舱顶板的局部凹凸变形，应用直线样板测量，不得大于 10mm；

② 单盆板的局部凹凸变形，不应影响外观及浮顶排水；

③ 固定顶的局部凹凸变形，应采用样板检查，间隙不得大于 15mm。

4. 罐基础沉降检测与评价

设备(机械)工程师应了解储油罐基础沉降检测与评价的标准要求，能够配合专业公司完成储油罐基础沉降检测与评价。

基础的沉降检测，应符合下列规定：

(1) 在罐壁下部每隔 10m 左右，设一个观测点，点数宜为 4 的整倍数，且不得少于 4 点。

(2) 充水试验时，应按设计文件的要求对基础进行沉降观测，当设计无规定时，可按 GB 50128—2014《立式圆筒形钢制焊接储罐施工规范》的规定进行。

罐基础沉降检测方法：

(1) 新建罐区，每台罐充水前，均应进行一次观测。

(2) 坚实地基基础，预计沉降量很小时，第一台罐可快速充水到罐高的 1/2，进行沉降观测，并应与充水前观测到的数据进行对照，计算出实际的不均匀沉降量。当未超过允计的不均匀沉降量时，可继续充水到罐高的 3/4，进行观测，当仍未超述允许的不均匀沉降量，可继续充水到最高操作液位，分别在充水后和保持 48h 后进行观测，当沉降量无明显变化，即可放水；当沉降量有明显变化，则应保持最高操作液位，进行每天的定期观测，直至沉降稳定为止。当第一台罐基础沉降量符合要求，且其他油罐基础构造和施工方法和第一台罐完全相同，对其他油罐的充水试验，可取消充水到罐高的 1/2 和 3/4 时的两次观测。

(3) 软地基基础，预计沉降量超过 300mm 或可能发生滑移失效时，应以 0.6m/d 的速度向罐内充水，当水位高度达到 3m 时，停止充水，每天定期进行沉降观测并绘制时间—沉降量的曲线图，当日沉降量减少时，可继续充水，但应减少日充水高度，以保证在荷载增加时，日沉降量仍保持下降趋势。当罐内水位接近最高操作液位时，应在每天清晨作一次观测后再充水，并在当天傍晚再做一次观测，当发现沉降量增加，应立即把当天充入的水放掉，并以较小的日充水量重复上述的沉降观测，直到沉降量无明显变化，沉降稳定为止。

四、故障处理

结合多年来储油罐运行管理实际经验，设备(机械)工程师应能熟练地利用自己的知识和工作经验对设备的故障进行判断，并提出处理方案，及时消减故障隐患。

1. 中央排水管漏油处理

(1) 立即申请调度停运漏油罐运行。

(2) 关闭罐下中央排水管截断阀门。

(3) 在罐上浮球阀进口端安装法兰盲板。

2. 罐壁人孔或清扫孔法兰渗油处理

(1) 清理油污，确认渗漏点位置及渗漏量大小，若渗漏量较大，可申请降低油罐液位再进行下一步处理。

(2) 根据法兰垫片压缩余量，对渗漏点处螺栓进行适当较紧。

(3) 若较紧后仍存在渗漏，可采取制作卡具，灌注密封胶的方法对其进行临时补漏，待清罐时再对法兰垫片进行更换。

3. 罐顶浮舱渗油处理

(1) 打开浮舱人孔盖，对其进行通风换气，待可燃气体及氧含量检测合格后方可进入浮舱内部作业。

(2) 清理渗漏点油污及表面油漆，使用补漏剂进行临时粘补，待大修时再对渗漏点进行补焊处理。

4. 一次密封损坏处理

(1) 申请调度停运该罐运行。

(2) 组织有资质的单位，在线拆除一次、二次密封，对其进行整体更换。

五、储罐大修现场管理

储油罐大修现场管理应做到科学、精细施工，为确保大修工程保质完成。在大修过程中设备工程师应按设计文件及下述标准要求对工程质量进行实时监督检查。

1. 罐体

1) 转动浮梯轨道及导向轮更换

(1) 浮梯轨道按原位置安装，安装后两根轨道的平行度公差为5mm，水平公差在全长范围内为15mm。

(2) 转动浮梯中心线的水平投影应与轨道中心线重合，允许偏差不应大于10mm。

(3) 导向轮轴套应选用黄铜板，轴鼓与轴套应贴合紧密，开槽沉头螺钉完全沉入黄铜板，不得外露。

2) 一次和二次密封装置更换

(1) 一次密封更换。

① 橡胶带安装均匀无皱折、无扭曲及堆积现象。

② 弹性元件按要求压入环形空间，每根之间无明显缝隙。

③ 安装后，下部突出应规则无扭曲现象，上部应平整，密封带与罐壁接触面高度达到设计要求。

④ 密封带最后搭接长度不低于600mm，搭接强度不低于母材，外观平整。

(2) 二次密封更换。

① 橡胶滑动片分段安装每条16mm左右，每两条间采用铜片连接，连接宽度200~300mm。

② 气体阻隔膜为一整条，接头采用粘接剂粘接，搭接宽度不小于300mm。

③ 橡胶滑动片与罐壁保持良好密封效果，与罐壁紧密接触。

(3) 检修自动透气阀。

自动透气阀必须有等电位连接。

(4) 更换单盘支柱套管密封。

密封必须采用防晒抗老化材质，采用固定管箍固定。

(5) 更换防水裙，防水裙坡度≤50，缝隙进行密封处理。

(6) 刮蜡板更换刮蜡机构维修。

① 刮蜡板应紧贴罐壁，局部最大间隙不得超过 5mm。

② 刮蜡板应在同一等高线上平齐，其之间的间隙在 15~20mm。

③ 固定开口销齐全，尾部开口 60°~90°。

④ 所有活动部位的销轴应活动自由，不能有卡涩现象。

⑤ 刮蜡机构底座与浮舱应为间断焊接，防止造成浮舱底板变形。

(7) 更换中央排水装置并进行水压试验，水压试验的试验压力为 0. 39MPa，稳压 30min，无泄漏为合格。

(8) 更换浮子式紧急排水装置。

① 紧急排水装置的安装半径及方位，伸出高度应符合设计图纸的要求。

② 紧急排水装置安装后，排水管与单盘板之间的焊缝应进行渗透试漏检查，无渗漏为合格。

(9) 更换油罐加热器(罐底加热盘管及化蜡盘管)及控制阀门并进行水压试验。

① 加热器管线安装必须保证管线内无杂质。

② 加热器水压试验采用中性洁净水，按设计压力的 1. 25 倍进行强度试验，稳压时间为 0. 5h，设计压力的 1. 1 倍进行严密性试验，稳压时间为 4h。

③ 加热器焊接应保证管道焊接质量，不得有裂纹、夹渣、气孔和砂眼等缺陷，并对所有焊缝进行检测，检测合格后焊接套管。

④ 除加热器进出口管线与罐壁、支座与罐底板焊死外，罐内部的支座垫板与罐底板之间严禁焊接。

⑤ 罐内加热器管线及支管均进行防腐，涂装三道，总干膜厚度 100μm。

(10) 油罐浮标导线及滑轮更换，导线应固定牢固可靠，无弯曲变形，滑轮无卡阻。

(11) 油罐静电导出线及接地极更换。

① 容积大于 $5\times10^4m^3$ 的储罐，选用截面积≥$50mm^2$ 的扁镀锡软铜绞线或绝缘阻燃护套软铜复绞线；连接点用铜接线端子及 2 个 M12 的不锈钢螺栓连接。接地极用镀锌扁钢。

② 储油罐防雷接地引下线不应少于 2 根，应沿罐周均匀或对称布置，接地点之间距离不应大于 30m。

③ 防雷接地引下线上必须设有断接卡，接地断接卡必须暴露在明处，断接卡必须用 2 个 M10 的不锈钢螺栓连接并加防松垫片固定。断接卡与接地线不得水平放置在地面上，断接卡距离罐底板高度为 0. 1~0. 5m。

④ 进行断开连接的接地电阻测试，测试电阻不应超过 4Ω。

(12) 对油罐感温电缆和光纤光栅火灾探测报警系统进行检测。

(13) 防火堤内消防管线防腐刷漆，更换部分水幕喷头。

① 对消防管线进行防腐刷漆，除锈等级应达到 Sa2. 5，冷水喷淋管道及对应支架面漆颜色为绿色，泡沫混合液管道及对应支架面漆颜色为红色。

② 对损坏的水幕喷头进行更换。

(14) 消防泡沫系统管道、设备安装。

① 消防泡沫发生器入口处和铸铁螺纹弯头为螺纹连接，其余焊接。

② 泡沫混合液管道试压：泡沫混合液管道安装完毕后，应进行1.05MPa水压试验，观测10min压力降不大于0.05MPa，然后将试验压力降至0.7MPa，做外观检查，不渗不漏为合格。

(15) 罐区无接地网的油罐增加罐底阴极保护系统。

① 铝阳极焊接前，阳极块下表面需涂覆防腐涂料，焊点处罐底板和铁脚应进行表面处理。

② 铝阳极焊接时，阳极两端铁脚用焊接法固定于罐底板上，单边焊缝长度不小于50mm；避开浮顶支柱、原油进出管线及罐内加热盘管；与浮顶支柱距离不应小于1m。

③ 焊接后，阳极两端铁脚和焊缝均需涂覆防腐涂料，涂料与罐底板上表面防腐所用涂料相同。

④ 原油储罐罐底板上表面铝阳极焊接安装后用塑料布保护好铝阳极，以防其他罐内施工时破坏铝阳极，待罐内施工完毕后，将铝阳极表面的塑料布拆除。

(16) 散水坡修理。散水坡缝隙之间应填充沥青油砂。

(17) 罐前阀室内墙重新抹灰粉刷、重做混凝土地面，室内钢平台防腐刷漆，室内蒸汽管线防腐刷漆，原油管线重新保温外包白钢铁皮，室内增加通风装置。

(18) 油罐区巡检路维修，罐区巡检路宽1m，安全设施齐全。

2. 防腐

1) 油罐内防腐施工

(1) 罐底板上表面、浮船下表面、底板以上1m壁板内表面、罐内附件喷砂除锈，金属表面处理规范执行SY/T 0407—2012《涂装前钢材表面处理规范》，金属表面除锈的质量标准执行GB/T 8923.1—2011《涂覆涂料前钢材表面处理　表面清洁度的目视评定　第1部分：未涂覆过的钢材表面和全面清除原有涂层后的钢材表面的锈蚀等级和处理等级》，喷砂处理达到Sa2.5级。

(2) 浮船下表面及浮船外边缘板密封托板以下部分(含密封托板)喷砂除锈，采用防静电涂料，干膜总厚度符合设计图纸要求。

(3) 罐底板上表面、底板以上1m壁板内表面喷砂除锈，采用防静电涂料，干膜总厚度达到设计或产品技术要求。

(4) 加热盘管外表面采用无机富锌底漆，干膜总厚度达到设计或产品技术要求。

(5) 涂刷要求。

① 底漆涂刷时要求横刷、竖刷交错进行，使漆膜涂刷均匀，不得涂漏。在涂刷过程中，第一遍漆表干(不粘手)后，即可涂下一遍，依此类推。

② 施工温度不应低于5℃，在15℃的环境温度下，表干时间不得超过24h，当环境温度低于5℃时应采取有效的保温措施。

(6) 质量检验。

涂刷完毕后，应对质量进行检查。首先是外观检查，要求涂层饱满，面漆表面呈现光亮的漆膜，涂层检查按产品使用说明书的要求进行；其次对涂层的附着力进行检查，附着力1~2级，检查时用“划格法”进行(即用标准划格刀将涂层切割成小块，用粘胶带粘起或用小刀挑起涂层块检测)，涂层不与金属剥离时为合格，涂层如有破断，但破断部分发生在涂层间，而不是在涂层与钢板金属的界面上，钢板金属未露也为合格；最后对涂层的表面电阻进行检测，其值应小于 $10^8\Omega \cdot m$。

2）油罐外防腐

(1) 浮船上表面及附件、罐内壁最上部第一圈壁板、罐壁外表面及附件、抗风圈、浮舱上表面、浮梯、盘梯、消防管线等进行防腐刷漆。

(2) 浮船上表面喷砂除锈，金属表面处理规范执行 GB/T 8923.1—2011，金属表面除锈的质量标准执行 GB/T 8923.1—2011，喷砂处理达到 Sa2.5 级。沿海地区油罐浮顶上表面喷锌喷铝，涂漆覆盖。

① 喷锌：最小局部厚度不应小于 60μm。

② 喷铝：最小局部厚度不应小于 120μm。

③ 铁红厚浆型氯化橡胶防锈漆一遍，干膜厚度不小于 45μm；银灰厚浆型氯化橡胶面漆两遍，干膜厚度不小于 90μm；氯化橡胶漆干膜总厚度不小于 135μm。

④ 罐内壁最高处向下 2m 范围壁板、浮船消防挡板及附件、抗风圈、罐外无保温部分及附件、浮梯、盘梯、消防管线等表面的氧化皮、焊渣、油污等清除。

⑤ 抗风圈、加强圈、浮梯及轨道、盘梯、平台、罐内壁最高处向下 2m 范围壁板等部位，手工除锈，涂刷厚浆型氯化橡胶面漆两遍，干膜厚度不小于 90μm。

⑥ 消防泡沫管线采用红色组分涂料，喷淋水管线采用绿色组分涂料，喷淋管线未更换部分应喷砂除锈后与新更换部分一并防腐，涂刷铁红厚浆型氯化橡胶防锈漆两遍，干膜厚度不小于 90μm；涂刷厚浆型氯化橡胶面漆两遍，干膜厚度不小于 120μm；干膜总厚度不小于 120μm。

⑦ 船舱内壁刷防锈漆一遍(干膜厚度不小于 20μm)。

⑧ 质量检验。

涂刷完毕后，应检查以下内容：

外观：涂层表面应完整、光滑，无漏涂、折皱和鼓泡现象。

膜厚：在施工过程中，用涂层测厚仪检查，每平方米测 2 点，抽检率为 5%，最低点不低于设计厚度为合格。

第四节　阀门技术管理

阀门是流体管路的控制装置。其基本功能是接通或切断管路介质的流通，改变介质的流动方向，调节介质的压力和流量，保护管路和设备的正常运行。常用的工艺截断类阀门主要有球阀、闸阀、旋塞阀。

关于阀门的技术管理，对设备(机械)工程师的要求如下：

(1) 设备工程师应掌握阀门的完好标准和检查要求，做好现场的阀门的巡检工作。

(2) 设备(机械)工程师应掌握阀门预防性维护保养的要求，监护阀门的维护保养工作。

(3) 设备(机械)工程师应掌握阀门状态检测及评价的相关要求，能够配合相关技术人员做好设备的风险评价和状态评价工作。

(4) 设备(机械)工程师应熟悉阀门的典型故障，能够处理阀门的常见故障。

(5) 设备(机械)工程师应掌握阀门修理现场管理的要求，做好阀门现场拆卸和安装的监护工作。

一、阀门的完好标准及检查要求

阀门的巡检内容和完好标准见表4-4-1。

表4-4-1 阀门的完好标准

项目	检查内容	检查方式
截断/球/旋塞阀及手动执行机构	零部件或附件齐全，开关灵活无卡滞现象	目视、操作
	开闭位置正确，关闭后严密	排污检查
	阀杆无弯曲、锈蚀，阀杆与填料压盖配合良好，密封处不渗不漏	目视
	阀门排污嘴、注脂嘴完好无损坏，密封点无泄漏，注脂嘴帽无损坏	目视
	阀门基础及支持牢固可靠，未发生沉降和损坏	目视
	外观清洁、无油污、无灰尘、无锈蚀，保温及油漆完整、清洁	目视
	齿轮箱传动部位润滑良好，无损坏或磨损；润滑脂符合要求不变质	目视
电动执行机构	供电正常，无电池电量低报警；面板指示灯齐全、指示正确	目视
	限位设置正确，离合器手柄转换灵活、准确	操作
	具备就地和远程操作的阀门操作正常，阀位指示一致	目视
	开关过程中无异常声音	开关动作、听
	防爆挠性管、防爆接头、接地线及连接螺栓齐全完好、符合规定	目视
	润滑部位油质合格、油量适当；齿轮箱密封好，润滑脂符合要求	目视
气动、气液、电液执行机构	手压泵、分配阀、液压缸及液压元件，气动缸及气动元件操作灵活	动作
	各连接点无漏气或漏液压油现象、压力表读数正常；无振动和无腐蚀	目视
	执行器内止回阀不内漏、电磁阀工作正常。滤芯无损坏，无堵塞	动作
	油缸油位正常，无杂质，无变质	目视
	阀位正确，阀位指示器准确	目视

二、阀门预防性维护保养管理

1. 阀门本体维护保养

1) 保养周期

阀门本体保养周期包括月度检查和全面维护保养(全面维护保养：新管线投产第1年应每季度1次，投产第2年应每半年1次，投产2年后每年入冬前1次)。

2) 月度检查内容

(1) 检查阀体表面是否有锈蚀和油漆剥落现象，根据实际情况，处理锈蚀和补漆。

(2) 检查各连接部位(法兰之间、阀杆和露天的螺纹)是否存在锈蚀，及时清洁润滑。

(3) 检查阀门各密封点，应无外漏。如阀杆处有外漏，应先均匀压紧填料压盖，若仍泄漏，通过阀杆注脂嘴注入少量密封脂，所注入密封脂的型号和用量应遵照阀门厂家说明书的要求。

(4) 检查阀门基础或支撑是否发生沉降和损坏，应能够起到良好的支撑作用。

（5）具备条件的阀门应每季度进行排污。排污前应对执行机构上锁挂牌，排污时注意风向，并保证工作区域内无作业人员。排完污之后一定要拧紧排污咀，防止阀门开关动作时发生事故。

（6）及时处理检查中发现的设备缺陷和故障并详细记录。

3）全面维护保养内容

（1）完成月度检查的所有内容。

（2）对所有可进行流程切换的阀门，进行全开关活动，检查阀门开关是否灵活，能否开关到位。

（3）在阀门关闭的情况下，对阀门进行阀腔排污，检查阀门是否有内漏。若出现内漏，设备工程师应组织维修处理，并做好记录。注意：排污前应对执行机构上锁挂牌；排污时注意风向，并保证工作区域内无作业人员。

（4）对润滑阀杆等需要润滑的部位进行润滑。

（5）阀门限位检查：部分有“限位窗口”阀门可根据窗口检查，其余检查开槽口是否有偏差。

（6）执行机构限位检查：开关阀门，检查阀位指示器从开到关是否转动90°或者100%行程。

（7）对于上游自泄式的阀门，如果现场具备条件，应检查上游阀座的泄压性能。

（8）在阀门各注脂嘴等量注入润滑脂，注入量为推荐注脂量的1/4（如果厂家无推荐注脂量，则按照1oz[1]/[阀座尺寸(in)]来计算）。

注意：注脂前应缓慢拧开注脂嘴的防护盖，如有大量漏气和漏油现象，应拧紧防护盖暂停注脂，如有少量漏气和漏油现象，可在注脂嘴上加装锁漏接头后仍可进行注脂。待阀门退出生产运行之后方可处理注脂通道内止回阀泄漏问题，并更换注脂嘴。

（9）适量开关阀门，使润滑脂均匀涂抹于阀体上。

（10）在注脂嘴螺纹处涂抹防锈润滑脂。

2. 手动执行机构的入冬前维护保养

（1）检查手动执行机构的外观，涂层漆应完好无脱落，手动转动自由，手轮驱动轴无变形。

（2）打开齿轮箱，检查所有齿轮操作内部部件（轴承、齿轮齿等），应无损坏或磨损，对齿轮箱内部部件进行充分的清理和润滑，无法打开维护的阀门齿轮箱应从注油嘴注入润滑脂。

（3）检查齿轮箱所有传动部位是否润滑良好；如发现齿轮箱内积水或结冰，应除去所有冰、水和旧的润滑脂，重新涂上新的润滑脂，并更换密封垫圈。

（4）检查齿轮箱是否松动，如有松动，应在阀门全关的状态下进行紧固。

3. 电动执行机构的检查和维护保养

（1）每年进行一次，检查内容如下：

① 检查连接执行机构与阀门的螺栓是否松动，若松动，则按厂家推荐的力矩上紧。

② 对于经常使用的执行机构，要对阀杆和轴套进行润滑。

---

[1] 1oz=28.349523g。

③ 对于不经常动作的执行机构，则需在条件允许的情况下定期动作。

(2) 每三年进行一次检查，检查内容如下：

① 检查接线盒及执行机构内部的所有元件。

② 更换“O”形圈。

③ 更换机油。

④ 采用相对位置编码器的执行机构应定期更换电池。

4. 气液联动执行机构的检查和维护保养

1) 日常检查

(1) 执行机构各连接点有无漏气或漏液压油。

(2) 各引压管和所有相关阀门应无泄漏、无振动和无腐蚀。

(3) 储能罐压力应不低于管道压力。

(4) 各指示仪表应工作正常。

2) 定期检查(每年一次)

(1) 执行机构旋转叶片腔体无积液和杂质。

(2) 对执行机构储能罐进行排污，确认无积液或杂质。

(3) 气液罐液位应处于正常位置，罐底部无积液或杂质。

(4) 过滤器滤芯无堵塞或损坏。

(5) 所有连接无松动。

(6) 执行机构液压油的色泽、黏度应正常。

(7) 进行就地和远控开、关阀操作测试，确定开、关灵活。

3) 维护操作

(1) 气液罐油位检查及加油。

(2) 关闭气源截断阀，排空执行器系统内的天然气。

(3) 松开气液罐顶部的注油丝堵，抽出测量标尺，检查油位是否正常。

(4) 如油位过低，从气液罐顶部添加同型号液压油，直到油位符合要求为止。

(5) 恢复所有拆卸的部件，打开气源截断阀。

4) 旋转叶片腔体排气及排污

(1) 将执行机构上的任意两个对顶清污塞卸下，推动手动换向阀至被卸去清污塞所在扇形腔体注油的位置。

(2) 用手动油泵注油，当从一个孔中排出的液压油不含气体和杂质时，将该孔的清污塞装上拧紧。

(3) 继续用手动油泵注油；当从另一个孔中排出的液压油不含气体和杂质时，将第二个清污塞装上并拧紧。

(4) 将另外对顶扇形腔所在的两个清污塞卸下，转换手动换向阀的位置。

(5) 重复以上步骤。

(6) 完成旋转叶片腔体排气及排污后，按气液罐油位检查及加油中的步骤检查和恢复气液罐中的油位。

5) 气液罐排污

(1) 关闭气源截断阀，放空执行机构系统中的天然气。

(2) 分别松开两个气液罐底部的排污丝堵，当排出的液压油无积液和杂质时，拧紧排污丝堵。

(3) 松开气液罐顶部的注油丝堵，抽出测量标尺，检查油位是否正常。

(4) 如油位过低，从气液罐顶部添加同型号液压油，直到油位符合要求为止。

(5) 恢复所有拆卸的部件，打开气源截断阀。

6)过滤器滤芯清洁及更换

(1) 关闭气源截断阀，排空执行机构系统中的天然气。

(2) 打开过滤器端盖，去除滤芯进行清洁，如发现滤芯有破损应及时更换。

(3) 滤芯清洁完毕后再将滤芯装回，拧紧过滤器端盖。

(4) 打开气源截断阀。

5. 电液联动执行机构的检查和维护保养

(1) 每半年进行一次全性能测试，并进行调整，测试过程中要留下原始记录。

(2) 目视检查执行机构紧固件是否松动、油位是否正确、管及管接头是否拧紧、管路是否受损、是否漏油、接线盒和控制箱是否有潮气进入或污染物入侵、接线是否可靠、阀位反馈信号是否正常、电缆保护软管有无脱落、松动、变形和腐蚀。

(3) 检查液压系统的工作压力是否在12.5~16MPa范围内。根据压力表示值，结合液压泵启停时对应的压力值，检查设定的系统压力，如有偏移，当不超过设定压力的5%时，可以继续正常使用。如存在问题，必须及时调整。

(4) 执行机构上电时如果蓄能器油压低于低设定值时，等待10~15s后液压泵自动开始充压，待油压升至高设定值时，液压泵停止充压。此时执行机构可满足阀门单次全开和全关的动作周期，动作后宜间隔约40min充压时间，来保障蓄能器充满足够的能量以满足下一次动作需要。

(5) 在液压泵充压过程中，不应有异常的振动和声音。

(6) 在液压管路渗漏时，需要及时处理。在处理过程中需要切断控制箱电源，处理完毕后，视情况补充SAE 5W-50型液压油(或者根据具体说明书添加相应型号液压油)。在新注液压油前，需要清理液压油箱时，不应用棉纱擦洗，应用绸布面粘干净。在注油时，应采用经过10μm过滤器过滤的清洁油品。

(7) 用太阳能电池供电的场合，应了解太阳能电池供电系统的技术状态，有问题应及时通知相关专业人员解决。

三、阀门状态检测及评价

阀门的状态检测主要包括判断阀门是否内漏、阀门安装前的强度和密封性试验。设备(机械)工程师应掌握判断阀门内漏的方法以及阀门安装前强度和密封性试验的要求。

1. 阀门内漏判断

具备条件的截断类阀门应每季度对阀门进行内漏检查，判断是否内漏及内漏严重程度。主要有如下三种方法：

(1) 用阀门泄漏检测仪器进行在线检测，检测系统的精度为1L/min。检测条件如下：

① 阀门处于全关状态；

② 压差范围在0.05~14MPa；

③ 阀门尺寸为DN100～DN450mm可实现定量检测，DN450mm以上的阀门可定性检测。

(2) 常关阀门后端为不带压管段或压力容器时，可根据管段或压力容器的压力是否发生变化来判断阀门是否内漏。

(3) 双截断排空(DBB)阀门，在阀门处于全关状态下，通过排污检查阀门内漏，缓慢打开阀门排污嘴，将阀腔内介质放空，如阀腔介质无法排净，可认为该阀门存在内漏。油管线阀门排污时如果无法排净，且同时排放量很小，可打开放空阀，加快排放速度。

2. 阀门安装前的强度和密封性试验

试验的介质应为洁净水。强度试验压力为阀门设计压力的1.5倍，持续时间不低于表4-4-2的规定；严密性试验压力为阀门设计压力的1.1倍，持续时间不低于表4-4-3的规定，要求无可见泄漏。强度试压时阀门应处于半开半关状态。试压时检查阀体所有接头是否有渗漏。试压后应及时对阀腔进行泄压和排污，并进行干燥处理。

表4-4-2　阀门强度试验的最低持续时间

阀门尺寸		试验持续时间(min)
DN(mm)	NPS(in)	
15～100	0.5～4	2
150～250	6～10	5
300～450	12～18	15
≥500	≥20	30

表4-4-3　阀门密封性试验的最低持续时间

阀门尺寸		试验持续时间(min)
DN(mm)	NPS(in)	
15～100	0.5～4	2
≥150	≥6	5

四、阀门缺陷和故障排查与分析

根据阀门厂家的维修手册和现场的运行经验，总结出来阀门的常见故障见表4-4-4至表4-4-10。设备(机械)工程师应熟悉阀门的常见故障，对常见故障原因能做出判断，并及时处理。对于疑难故障做好故障描述，准确报告生产科及设备厂家技术人员。

表4-4-4　球阀常见故障及处理方法

序号	故障表现	检查重点	处理方法
1	开关操作困难	检查齿轮箱内部润滑是否良好	润滑保养
		有无污物夹卡	排污处理
		密封座缺乏润滑	添加适量润滑脂
2	阀门内漏	阀位是否正确	调整阀位
		阀座和阀球间有污物	排污润滑
		阀球、阀座有划痕	注入清洗液和密封脂

续表

序号	故障表现	检查重点	处理方法
3	阀杆外漏	压盖处外漏	添加密封填料，紧固压盖
			注入润滑脂
4	外部接头外漏	内止回阀是否失效	更换内止回阀或加装锁漏接头
		无内止回阀	更换注脂嘴或加装锁漏接头

表 4-4-5　闸阀常见故障及处理方法

序号	故障表现	检查重点	处理方法
1	不能完全密封	检查闸板是否关闭	调整至全关位
		检查密封面是否损坏	更换密封组件
		检查弹性密封元件	更换密封圈
2	注脂嘴及排污嘴渗漏	检查螺纹是否拧紧	紧固
		注脂嘴内钢球、弹簧是否损坏	更换注脂嘴或加装锁漏接头
3	闸板无法关闭至全关	检查阀体下部积污	彻底排污
		底部水分冻结	适当加温排污
4	阀门操作困难	阀杆润滑不良	加注润滑脂
		阀座和闸板抱死	活动闸板，润滑，定期维护
		管道变形	消除管道变形约束
5	阀门操作不稳	轴承润滑不良	加注润滑脂
		传动部件磨损严重或损坏	更换故障部件

表 4-4-6　旋塞阀常见故障及处理方法

序号	故障表现	检查重点	处理方法
1	内漏	密封脂硬化变干	清洗注脂，充分活动
		旋塞划伤	修理或旋转旋塞 180°
		旋塞安装位置偏移	调整旋塞螺钉
2	开关困难	旋塞和阀体之间摩擦大	清洗，润滑
		底部螺栓太紧	适当调整螺栓
		密封脂老化或堆积	清洗，润滑保养

表 4-4-7　电动执行机构常见故障及原因

序号	故障	原因
1	阀门不动	(1) 执行机构动力不足； (2) 执行机构出现故障； (3) 填料压得过紧或偏斜； (4) 阀杆螺母锈蚀或卡有杂物； (5) 传动轴等转动件与外套卡住； (6) 阀门两侧压差大； (7) 楔式闸阀受热膨胀关闭过紧

续表

序号	故障	原因
2	阀门关不严	(1) 行程控制器未调整好； (2) 闸阀闸板槽内有杂物或闸板脱落；密封面损伤； (3) 球阀、截止阀密封面损伤
3	阀门行程启停位置发生变化	(1) 行程螺母紧定销松动； (2) 传动轴等转动件松旷； (3) 行程控制销弹簧过松
4	电机停不下来	开关失灵
5	远传开关状态与现场开关状态不符	(1) 信号线接头松动； (2) 信号线接错； (3) 信号线断路

表 4-4-8 电液联动执行机构常见故障及原因

序号	故障	原因
1	液压泵不上压	(1) 油箱内油位过低； (2) 液压泵入口堵塞或气阻； (3) 进油管路漏气； (4) 泵内单向阀失灵； (5) 分配阀位置不对或部件损坏
2	液压泵扳不动	(1) 泵出口阀未开； (2) 球阀两端密封圈未泄压； (3) 分配阀位置不对； (4) 液压油系统阀门开闭位置不对； (5) 液压油管路堵塞或液压油黏度过大； (6) 球阀的齿轮与齿条配合不好
3	阀门关不严	(1) 压力作用杆移动位置失调； (2) 指针位置不准； (3) 球阀内有杂物卡阻； (4) 密封面损伤
4	液压系统压力稳不住	(1) 分配阀位置不对； (2) 液压管路泄漏； (3) 液压缸活塞密封圈泄漏
5	电机频繁启动故障	(1) 液压管路泄漏； (2) 电磁换向阀动作不到位； (3) 压力开关的高设定值和地设定值过于接近； (4) 蓄能器充气压力降低
6	电机不启动	(1) 电源故障； (2) 驱动器故障； (3) PLC 模板技术状态不正常

续表

序号	故障	原因
7	充压时间过长	(1) 液压管路泄漏; (2) 油泵故障; (3) 电动机故障; (4) 电动机驱动器故障
8	阀门开关时间过长	(1) 阀门卡涩; (2) 系统卡涩

表 4-4-9　气液联动阀门常见故障及原因

序号	故障	原因
1	执行机构不能驱动阀门	(1) 气源压力不足; (2) 管路及接头漏气、漏油、堵塞; (3) 换向阀选择不正确; (4) 活塞或旋转叶片密封失效; (5) 阀门受卡，力矩过大; (6) 驱动器机械转动装置卡死或脱落
2	气动操作缓慢迟滞	(1) 截止、节流止回阀开度调得过小; (2) 过滤器堵塞; (3) 控制阀泄漏; (4) 油缸内混有气体; (5) 液压油变质
3	压降速率超限、防护误动作	(1) 压降速率、延时时间调整不当; (2) 蓄压阀(参比罐、泄压阀)漏; (3) 信号采集气源误关断，关断点到信号采集点气路有泄漏
4	压降速率超限、防护不动作	(1) 压降速率、延时时间调整不当; (2) 液压定向控制阀选择不正确; (3) 蓄能器无气压(误排放); (4) 油路、气路堵塞
5	手泵扳不动	(1) 液压定向控制阀选择不正确; (2) 油路堵塞; (3) 卡阀或开关已到位
6	手泵操作不动作	(1) 缺液压油; (2) 手泵故障; (3) 执行机构内漏
7	液晶显示屏无显示	(1) 电池电压低于 8V; (2) 主板损坏; (3) 液晶显示面板损坏; (4) LineGuard 程序错误; (5) LineGuard 设定参数丢失
8	液晶显示屏乱码	主板工作不正常
9	梭阀排气口异常排气	梭阀密封圈上粘有污物或密封圈损坏
10	蓄电池电压过低	太阳能极板供电不正常; 蓄电池损坏

表 4-4-10　注脂常见故障

故障情况	检查重点	处理办法
润滑脂无法注入阀门	(1) 注脂嘴是否堵塞； (2) 注脂枪故障不工作	换注脂嘴或止回阀； 检修注脂枪，更换备件
密封座前后沟槽都出脂	(1) 密封座的“O”形圈损坏； (2) 阀座弹簧不正常	更换阀座“O”形圈； 检修阀座弹簧
密封座沟槽出脂不均	密封座注脂管路部分堵塞	清洗、疏通

五、阀门修理现场管理

阀门发生损坏或严重内漏影响现场运行而又无法在线修复时，应进行拆卸修理。拆卸修理前应编制技术方案。技术方案中应包含组织机构设置及职责、QHSE 风险分析及对策、作业内容与作业计划、应急预案、准备工作、拆卸步骤、安装前的测试、维护保养、安装工作等内容。

阀门在修理完再安装时应进行阀门强度、密封性试验和维护保养。设备(机械)工程师应掌握相关要求。其中，阀门的强度、密封性试验的内容见本节第三部分。阀门安装前的维护保养主要包括以下内容：

(1) 检查管道内壁，应清洁，无杂物、尘粒和液体。

(2) 检查、确认、调校阀位，确认阀门处于正确的位置，球阀、闸阀和旋塞阀应处于全开的位置。

(3) 清除阀座和阀芯之间的杂物。

(4) 根据阀门种类和厂家要求选择适合的润滑脂。

(5) 注入润滑脂，在注脂过程中观察阀门内部阀座和阀芯之间的缝隙，当周围有润滑脂溢出时应停止注入。

(6) 用润滑脂涂抹于阀座与阀芯之间的缝隙并整平，将多余的润滑脂清除。

(7) 注脂后，拧上封盖，并在注脂嘴和封盖的螺纹处涂抹防锈润滑脂，避免生锈。

(8) 检查阀门的执行机构和其他附件，应完好。

第五章　特种设备技术管理

第一节　概　　述

根据国家新颁布的特种设备安全法的规定，站队设备工程师是特种设备的现场管理者。设备工程师应掌握特种设备的范围，选型以及安装与检修的要求，重点做好特种设备的维护和使用，并且负责管理特种设备作业人员和管理人员的资格认证工作。

一、特种设备的范围

管道公司范围内的特种设备主要包括锅炉、加热炉、压力容器、安全阀等。

（1）锅炉：利用各种燃料、电或者其他能源，将所盛装的液体加热到一定的参数，并对外输出热能的设备，其范围规定为容积大于或者等于30L的承压蒸汽锅炉；出口水压大于或者等于0.1MPa(表压)，且额定功率大于或者等于0.1MW的承压热水锅炉；有机热载体锅炉。

（2）压力容器：盛装气体或者液体，承载一定压力的密闭设备，其范围规定为最高工作压力大于或者等于0.1MPa(表压)，且压力与容积的乘积大于或者等于2.5MPa·L的气体、液化气体和最高工作温度高于或者等于标准沸点的液体的固定式容器和移动式容器；盛装公称工作压力大于或者等于0.2MPa(表压)，且压力与容积的乘积大于或者等于1.0MPa·L的气体、液化气体和标准沸点等于或者低于60℃液体的气瓶；氧舱等。

（3）起重机械：用于垂直升降或者垂直升降并水平移动重物的机电设备，其范围规定为额定起重量大于或者等于0.5t的升降机；额定起重量大于或者等于1t，且提升高度大于或者等于2m的起重机和承重形式固定的电动葫芦等。

（4）场(厂)内专用机动车辆：除道路交通、农用车辆以外仅在工厂厂区、旅游景区、游乐场所等特定区域使用的专用机动车辆。

二、特种设备选型

（1）特种设备采购前，设备工程师配合特种设备选型的调研，提出安全技术要求，初步选定设备类型。

（2）特种设备的型号、技术参数、安全性能、能效指标及设计文件，应当符合国家和地方有关强制性规定。

（3）特种设备出厂时，应附有安全技术规范要求的设计文件、产品质量合格证明、安装及使用维修说明、监督检验证明等随机文件，以及安全附件、安全保护装置等特殊技术要求文件。

三、特种设备的安装和检修

（1）特种设备的安装和检修必须由取得国家特种设备安全监督管理部门许可的单位实施。

(2) 设备工程师应督促施工单位在特种设备开工前的15个工作日内，填写特种设备安装和检修的告知书，并携带相关材料到所在地区的地、市级以上特种设备安全监察机构办理告知手续。地方特种设备安全监察机构接受告知书后，施工单位方可开展特种设备的安装和检修施工。

(3) 站场设备工程师应当履行属地管理责任，提供符合安全生产条件的作业环境，对进入现场的施工人员进行培训考核，对施工过程进行检查。

(4) 设备工程师应督促施工单位在验收合格后15个工作日内将有关技术资料移交使用单位，高耗能特种设备还应当按照安全技术规范的要求提交能效测试报告。设备工程师应当将其存入该特种设备的安全技术档案。

四、特种设备的使用和维护

(1) 特种设备在投入使用前，设备工程师应配合生产科收集相关资料到地方特种设备安全监察机构办理注册登记手续，办理《特种设备使用登记证》。注册登记完成后，应将《特种设备使用登记证》归档，并报本单位安全科备案。

(2) 特种设备在注册登记完成后，才可以投入使用。站场设备工程师应将登记标识置于或者附着于该特种设备的显著位置。

(3) 设备工程师应建立本单位特种设备的安全技术档案。安全技术档案应包括以下内容(复印件或扫描件亦可)：

① 特种设备的设计文件、制造单位资质文件、产品质量合格证明、使用维护说明等文件以及安装技术文件和资料。

② 特种设备的定期检验和定期自行检查的记录。

③ 特种设备的日常使用状况记录。

④ 特种设备及其安全附件、安全保护装置、测量调控装置及有关附属仪器仪表的日常维护保养记录。

⑤ 特种设备运行故障和事故记录。

⑥ 高耗能特种设备的能效测试报告、能耗状况记录以及节能改造技术资料。

⑦ 设备工程师应对在用特种设备至少每月进行一次自行检查，并记录在设备安全技术档案中。特种设备使用单位对在用特种设备进行自行检查和日常维护保养时发现异常情况的，应及时处理。

⑧ 特种设备出现故障或者发生异常情况，设备工程师应组织对其进行全面检查，消除事故隐患后，方可重新投入使用。存在严重事故隐患，无改造、维修价值，或者超过安全技术规范和有关强制性标准规定使用年限的，应向上级主管部门反映及时予以报废，并向原登记的地方政府特种设备安全监督管理部门办理注销。

⑨ 特种设备长期停用或者重新启用、移装、过户、改变使用条件、报废，设备工程师应当以书面形式向上级和地方政府特种设备安全监督管理部门办理相关手续。报废的特种设备严禁转让、使用，应当按有关规定进行处置。

⑩ 设备工程师应当制订特种设备事故应急专项预案，并定期进行培训及演练。压力容器发生爆炸或者泄漏，在抢险救援时应当区分介质特性，严格按照相关预案规定程序处理，防止次生事故。

⑪ 气瓶使用单位应当租用已取得气瓶充装许可单位提供的符合安全技术规范要求的气瓶，并严格按照有关规定正确使用、运输、储存气瓶。

⑫ 设备工程师应当确保特种设备使用环境符合有关规定，安全警示标识齐全，现场特种设备与管理台账应当一致。

五、特种设备作业人员和管理人员的管理

（1）组织本站队特种设备作业人员及其相关管理人员，进行特种设备安全、节能教育和培训，按照国家有关规定取得国家统一格式的特种作业人员证书后方可从事相应的作业或者管理工作。

（2）特种设备作业人员在作业中应严格执行特种设备的操作规程和有关规章制度。发现事故隐患或者其他不安全因素，应当立即采取措施，并向现场安全管理人员和单位有关负责人报告。特种作业人员有权拒绝使用未经定期检验或者检验不合格的特种设备。

第二节　直接炉技术管理

直接炉是加热站中用原油或其他燃料直接加热管内原油的设备。为确保输油站场直接炉设备的安全运行，要求设备(机械)工程师应做到以下几点：

（1）熟知直接炉完好标准及检查要求。

（2）熟知直接炉维护保养相关要求，按时完成直接式加热炉日常、季度、年度维护保养内容。

（3）掌握直接炉状态检测及评价方法，并能够完成相关检测及评价工作。

（4）掌握直接炉一般故障处理方法，并能够根据现场情况制订切实有效的处理方案消减故障隐患。

（5）熟知直接炉大修现场技术管理要求，负责现场质量监督检查。

一、完好标准及检查要求

设备(机械)工程师应定期开展直接炉的巡检，及时发现并处理加热炉存在的隐患，保证加热炉正常运行。直接炉完好标准及检查要求见表5-2-1。

表5-2-1　直接炉完好标准及检查要求

序号	完好标准及检查要求	检查方法
1	炉体完好无变形；基础完好，无不均匀下沉、无塌落、龟裂现象	看
2	炉膛温度、出炉温度和进出口压差在技术要求允许范围之内	看
3	保温良好，表面温度不超过规定	看
4	炉体附件(看火孔、调风器、防爆窗)齐全	看
5	各辅助(燃料油/气、助燃风)系统运行正常，无泄漏	看、听
6	自控仪表保护系统完好，安全装置(紧急放空/氮气灭火/火焰监视及灭火断油)齐全	看
7	燃烧装置无结焦、无漏油、不偏烧，雾化良好，烟气排放达标	看
8	阀门、法兰无渗漏，阀门操作灵活，各连接件可靠、牢固，符合规定	看、摸
9	排烟除尘装置运行正常	看
10	各类安全标示、警示齐全，明显，清晰	看

二、预防性维护保养管理

直接炉预防性维护保养一般分为日常、季度、年度维护保养。维护保养应做好记录，记录应完整、准确，年维护保养记录应记入加热炉年检表中，并录入 ERP 设备档案。其中，日常、季度、年度维护保养中设备状态检查及清洁部分由设备工程师组织完成，机械工程师除完成日常、年度维护保养中设备检查、保养内容外，还要对现场发现的隐患故障及时组织处理，设备工程师负责现场监护、验收。

1. 日常维护保养内容与要求

(1) 保持加热炉的清洁卫生，做到炉外壁、炉顶、走台、梯子、栏杆、基础槽等无油污、无杂物、设备见本色。

(2) 看火孔玻璃清洁透明，无破损。

(3) 对炉区的所有设备、管线、阀门、仪表以及附件进行检查维护，保持完好状态，使其正常运行。保持无渗漏、无油污、无烟尘、无黑烟。

(4) 检查炉膛是否结焦。

(5) 清洗火焰探测器探头及护罩，保证清洁。

(6) 启动吹灰器、除尘器，对流室每日进行机械吹灰，注意保护环境。

(7) 燃烧器喷嘴不结焦、火焰不偏斜、雾化状态良好。

(8) 空气压缩机的储气罐，吹灰结束后进行排污，空气滤清器每周清理一次。

(9) 燃料油泵和空气压缩机清洁卫生，无渗漏、无油污。

(10) 天然气橇装每周排污一次。

(11) 燃料油橇清洁、卫生、无渗漏、保温良好，每月清理一次过滤器。

(12) 检查氮气瓶(储气罐)压力值是否正常，如压力降低应及时更换氮气瓶或补充氮气，若管线或阀门泄漏，应查明泄漏点及时维修。

2. 季维护保养内容与要求

(1) 拆卸并清洗喷嘴、点火器、旋风器、喷嘴燃烧腔的焦垢碳化物、杂质等，达到燃油、燃气、风畅通无阻，若有损坏进行更换。

(2) 检查吹灰器各部件是否完好。

(3) 检查炉体内壁耐火保温层，查看辐射室管束完好情况。

(4) 检查烟道挡板转动是否灵活。

(5) 调压橇燃气过滤器，过滤器放空，除掉滤网与器中杂质和胶质，清洗过滤网。

(6) 检查紧急放空阀和甲乙管高位排气阀的严密性，检查紧急放空池保证完好。

(7) 测试燃气状态下的检漏装置，保证完好。

(8) 对炉体各孔、门的漏风处进行修补。

(9) 对控制、极限报警、自控联锁系统等的完好及其准确度、灵敏度进行测试，使其达到完好要求。

3. 年维护保养内容与要求

(1) 按表 5-2-2 至表 5-2-4 填写年检记录。

表 5-2-2　加热炉年检记录一

单位：　　　　　　　　　　　　　　　　　　　　　　　　　　编号：

	检查点及具体部位	外径(mm)		壁厚(mm)		鼓包	其他
		1	2	1	2		
弯头							

注：(1)弯头包括辐射室弯头和对流室弯头。(2)每个弯头外径、壁厚各测两点。(3)检查数量为总数的20%~35%

检验意见：　　　　检验员签字

年　月　日

本次检验日期　　年　月　日　下次检验日期　年　月　日

年检结论：　　　　技术负责人签字

年　月　日

表 5-2-3　加热炉年检记录二

单位：　　　　　　　　　　　　　　　　　　　　　　　　　　编号：

	检查点及具体部位	外径(mm)			壁厚(mm)			鼓包	弯曲	其他
炉管										

注：(1)炉管包括辐射室炉管和对流室炉管。(2)辐射室炉管每管外径、壁厚各测三点。(3)对流室炉管检查上二排和下二排，且将下二排钉头管质量情况填写在其他栏内

检验意见：　　　　检验员签字

年　月　日

本次检验日期　年　月　日　　下次检验日期　年　月　日

年检结论：　　　　技术负责人签字

年　月　日

表 5-2-4　加热炉年检记录三

单位：　　　　　　　　　　　　　　　　　　　　　　　　　　　　　编号：

	炉体钢(混凝土)结构						炉内保温层					
	下陷	变形					裂纹	倾斜	其他	脱落	夹缝	其他
炉体框架							项目					
辐射室钢结构							情况					
对流室钢结构							位置					
辐射室弯头箱												
辐射管吊架												
烟囱及挡板												
炉前后平台												
炉顶平台												
梯子												
雨棚												
炉基础												

附属设施及设备

		灵活性	严密性		情况		情况	
进口阀	甲			看火孔		扫线系统阀门及管线		
	乙			防爆门				
出口阀	甲			燃料油预热管		紧急防空系统阀门及管线		
	乙			雾化风预热管		氮气灭火系统		
高位排气针型阀	甲			助燃风系统		人孔门		
	乙			吹灰器		防爆门		

燃烧器

燃烧器型号	火嘴总成情况		火嘴砖情况	安装情况
炉况技术鉴定				
备注				

检验意见：检验员签字

年　月　日

本次检验日期　年　月　日	下次检验日期　年　月　日

年检结论：技术负责人签字

年　月　日

（2）对日维护保养与季度维护保养无法解决的问题，要通过年度维护保养解决。

（3）辐射室清灰每半年一次、对流室清灰每年一次，对炉管腐蚀情况重点检查并做好记录。

（4）辐射室炉管进行超声波测厚，对流室管和辐射室炉管的弯曲、腐蚀、鼓包、裂纹及焊口情况进行检查，有异常时应整体更换。

（5）对辐射室、对流室及对流室与烟囱承接体内的耐火保温层进行检查和修补。

（6）对炉体、烟囱、防雨棚及烟囱帽等进行腐蚀情况检查，并进行修补、除锈和防腐。

（7）检查各部位管架、垫块、支撑等部件是否完好，如有损坏、移位应进行调整和更换。

（8）检查修补对流室侧板与对流室主体、弯头箱与炉主体之间的密封，达到完好。

（9）对加热炉基础进行检查，应无下沉、倾斜和开裂现象。

（10）对加热炉进出口阀门、紧急放空系统、高位排气阀进行全面检查，要求阀门严密、管线畅通、放空池清洁无裂纹和塌落。

（11）点火系统与燃烧系统应完好，点火可靠、燃烧正常。

（12）燃料油系统、燃气系统、原油系统的炉前泵、一次测量仪表等都应进行调校检修。

（13）检查原油进出炉管线、燃油管线、燃气管线、氮气管线的保温、防腐和保护铁皮。

（14）检查基础损坏情况，若有必要应进行修理。检查各接地点，应达到要求。

（15）清洗过滤器过滤网。

（16）除尘装置维护保养参照说明书执行。

（17）安全阀送检，检验报告存档。

4. 备用炉维护保养

备用炉停炉一个月以上时应启动一次，运行时间不小于2h，停炉时仪表电源不停。

三、状态检测及评价

为保障加热炉的安全经济运行，设备工程师应了解加热炉辐射室、对流室及附件的检测内容及标准要求，并能够参与完成相关检测及评价。

1. 辐射室

1）炉管及弯头检测

（1）清除炉管、弯头上和炉膛内积灰、结焦等污物，检查炉管表面结焦、腐蚀状况。

（2）目测炉管及弯头外观，有无起包、变形、开裂、过热等现象。

（3）检查炉管的平直度及炉管支架、固定管卡有无松动及开裂现象。

（4）检测炉管及弯头的凹凸度、胀粗率及椭圆度。

（5）无损检测炉管及弯头壁厚，在每根炉管前、中、后端迎火面各取一个测点，每个弯头各取一个测点，对腐蚀严重或有局部过热现象的部位应优先选取。

2）炉体及前墙、后墙、人孔门、防爆门检测

（1）用超声波测厚仪检测炉前后墙壁厚，在前后墙上选择的测量点，点间距不能大于500mm，前墙测点不应少于5点，后墙测点不应少于10点，对腐蚀严重或有局部过热现象

的部位应优先选取。

（2）检测前后墙平面度。

（3）检查炉筒体的腐蚀情况。

（4）检查看火视镜、防爆门的完好情况，开启是否灵活。

（5）检查人孔是否腐蚀变形。

（6）检查辐射室内及过渡段烟道的保温层脱落情况及前后墙的保温层脱落及开裂情况。

3）评定

（1）将各部分检测结果分类、整理，汇总成详细文字资料。

（2）查阅加热炉运行记录，对于在额定流量下压降超过 0. 2MPa 的炉管，应采用清洗清焦，清洗时炉管内介质流速应大于 3m/s。

（3）有下列情况之一者，应更换全部炉管及弯头：

① 炉管或弯头出现明显裂纹、泄漏现象。

② 炉管表面出现大面积腐蚀，腐蚀麻坑面积超过总面积的 15%。

③ 炉管或弯头实测壁厚小于允许的最小壁厚，允许的最小壁厚可按设计图样选用炉管壁厚减去腐蚀余量得出。也可用公式计算出允许的最小壁厚：

$$S_0=\frac{pD_o}{2[\sigma]^t+p}$$

式中 S_0——最小计算壁厚，mm；

p——设计压力，取最高操作压力，MPa；

D_o——炉管外径，mm；

$[\sigma]^t$——运行中管壁温度下材料的许用应力，MPa。

④ 炉管局部严重变形，出现明显鼓包现象。

⑤ 炉管或弯头存在明显的过热现象。

⑥ 炉管或弯头的凹凸度和胀粗率大于 2. 5%。

⑦ 炉管椭圆度大于 3%，弯头椭圆度大于 4%。

⑧ 水平排列的炉管沿垂直方向和水平方向的弯曲度大于相邻两支点距离的 0. 3%或大于 3. 3mm/m。

（4）有下列情况之一者，应更换加热炉筒体或前后墙：

① 筒体及前后墙腐蚀严重，局部腐蚀穿透。

② 前后墙及筒体严重变形，筒体有明显的磕碰损伤，前墙平面度误差大于 10mm，后墙平面度误差大于 50mm。

③ 实测筒体壁厚小于 6mm。

④ 实测前、后墙最小壁厚小于 8mm。

2. 对流室

（1）换热管束及弯头检测：

① 利用高压空气清除对流室炉管上的积灰，对流室进行人工清焦，检查管束有无变形、损坏，测量管壁厚度，并做好记录。

② 对腐蚀比较严重的钉头管，应选取 3 根，每根应选取 100mm 长的一段，将处于迎烟气流方向的钉头敲下，注意不得损坏钢管，利用超声波测厚仪检测钢管壁厚，测点以迎烟气

面为主，且每根管上测点不应少于 3 个，若发现有不合格的应加测 3 根炉管。

③ 检测各焊缝处是否有裂纹等外观缺陷。

④ 检测管板的腐蚀损坏情况。

⑤ 检测管板处管子是否有裂纹。

⑥ 检测弯头的腐蚀情况。

(2) 检查壳体及钢结构的腐蚀及损坏情况，检测壳体壁厚。

(3) 对两个活动门进行检测。

① 检测活动门平行度。

② 检测活动门滑轨及滑动装置是否灵活。

③ 检测活动门快开销子是否完好。

④ 检测对流室侧门内部固定件是否良好。

(4) 评定。

① 将各部分检测结果分类整理，汇总成详细的文字资料。

② 如有下列其一者应将对流室整体更换：

a. 弯头大面积腐蚀，腐蚀麻点面积大于 15%。

b. 钉头管钉头脱落数量大于 15%。

c. 钉头管或弯头有开裂和起包等现象。

③ 两个活动侧门如有下列情况应进行更换：

a. 门板变形，不平行度大于 50mm。

b. 门板腐蚀面积大于整体的 30%。

c. 门板局部腐蚀严重者，视其情况局部进行换板。

d. 门板有焊道开裂、起包严重等现象。

四、故障处理

结合多年来直接式加热炉运行管理实际经验，设备(机械)工程师应能熟练地利用自己掌握的知识和工作经验对设备的故障进行判断，并提出处理方案，及时消减故障隐患。直接炉一般常见故障及处理方法见表 5-2-5。

表 5-2-5　直接炉一般常见故障及处理方法

故障现象	原因分析	处理方法
火焰故障	(1) 多次点炉未成功； (2) 火嘴雾化不良； (3) 杂物堵塞； (4) 油量过小火宜被风吹灭	(1) 火焰监视器探视镜片应干净； (2) 火焰监视器探头应对准火苗； (3) 调整燃油压力为适当值； (4) 检查点火系统； (5) 检查火嘴雾化片； (6) 清洗燃油过滤器
排烟温度高	(1) 炉管破裂； (2) 对流室积灰严重或有堵塞物； (3) 温度传感器失灵	(1) 停炉抢修； (2) 进行清灰、清除堵塞物； (3) 检查温度传感器

续表

故障现象	原因分析	处理方法
点火故障	燃油系统故障	检查燃油系统中的手动阀和电磁阀的开启状态
	电极不打火	(1) 检查点火变压器工作应正常; (2) 检查点火线路及电极
	点不着火	(1) 火焰监视器探视镜片应擦干净; (2) 火焰监视器探头应对准火苗; (3) 调整燃油压力及风油配比
燃料油回油压力高	(1) 回油电磁阀故障; (2) 回油流量计故障; (3) 回油管线不畅	(1) 检查电磁阀; (2) 检查回油流量计; (3) 检查回油线
燃料油温度低	(1) 回油量过大; (2) 加热器温控设置太低; (3) 加热器、电热带未投用	(1) 减少回油量; (2) 调整加热器温控设定值; (3) 投加热器、电热带
助燃风压力低	(1) 助燃风机系统故障; (2) 压力传感器故障	(1) 检查助燃风系统; (2) 检查压力传感器
冷风压力低	(1) 冷风机系统故障; (2) 压力传感器故障	(1) 检查冷风系统; (2) 检查压力传感器
原油出炉温度高	(1) 原油流量过小; (2) 炉管堵塞; (3) 温度传感器失灵; (4) 参数设定不正确	(1) 检查炉前泵，检查管路; (2) 清洗炉管; (3) 检查温度传感器失灵; (4) 检查温控回路，调整参数
原油入炉压力高	(1) 炉管堵塞; (2) 阀门开度不够; (3) 压力传感器失灵	(1) 检测炉管结焦情况; (2) 检查打开阀门; (3) 检查压力传感器
原油汽化	(1) 原油流量过低或断流; (2) 炉管表面热度过高; (3) 炉管没原油发生偏流	(1) 加大原油流量; (2) 压火降温; (3) 停炉降温，微开排气阀排气，必要时打开紧急放空阀
加热炉“打呛”	(1) 雾化不好; (2) 停炉后继续向炉内喷油; (3) 烟道挡板开度过小; (4) 加热炉超负荷运行，烟气排不出去; (5) 炉膛内存在可燃物，为吹扫干净发生二次燃烧	(1) 清洗火嘴; (2) 检查电磁阀; (3) 打开烟道挡板; (4) 减低负荷; (5) 强制大风吹扫

五、大修现场管理

直接式加热炉大修现场管理应做到科学、精细施工，为确保大修工程保质完成。在大修过程中，设备工程师应按下述标准要求对工程质量进行实时监督检查。

1. 辐射室修理

(1) 炉管及弯头修理。

① 更换炉管选用 20 号石油裂化用钢管（GB 9948），弯头选用 20 号优质碳素钢（GB 3087）。

② 炉管和弯头必须具有符合相应标准的质量证明书。

③ 对炉管的尺寸，外形和外观质量进行检验，合格后才能使用。

④ 新弯头按 SY/T 0510 有关规定，对弯头的尺寸、外形和外观质量进行检验，合格后才能使用。

⑤ 焊接炉管和弯头应优先选取 J427 焊条，且焊条应有符合 GB/T 5117 的质量证明书。

⑥ 炉管焊接后全部射线探伤，炉管和弯头的对接焊缝也要进行 100%射线探伤检查。

⑦ 射线探伤检查应按 JB/T 4730. 2—2016 进行质量评审，焊缝质量不低于Ⅱ级为合格。

⑧ 不能用射线探伤的焊缝，必要时可用磁粉探伤或渗透探伤检查缺陷。

（2）更新所有炉管吊支架和螺栓，采用不锈钢，材质为 1Cr18Ni9Ti，待保温层清除干净除锈之后，按图纸尺寸位置垂直焊于炉体内垫板上，防止偏斜。

（3）辐射室及过渡段烟道保温层全部更换，原保温层及保温支架拆除后，用角磨机除锈，见金属本色，重新制作焊接保温支架，重新保温，刷高温涂料。辐射室及过渡烟道的保温支架，采用 ϕ5mm 不锈钢，材质为 1Cr18Ni9Ti，保温材料采用硅酸铝耐火纤维毯和硅酸铝耐火纤维折叠块，耐高温应达 1200℃。保温的结构形式如图 5-2-1 所示（炉体保温简图）。保温层上表面与炉管间隙应符合原设计图纸要求。

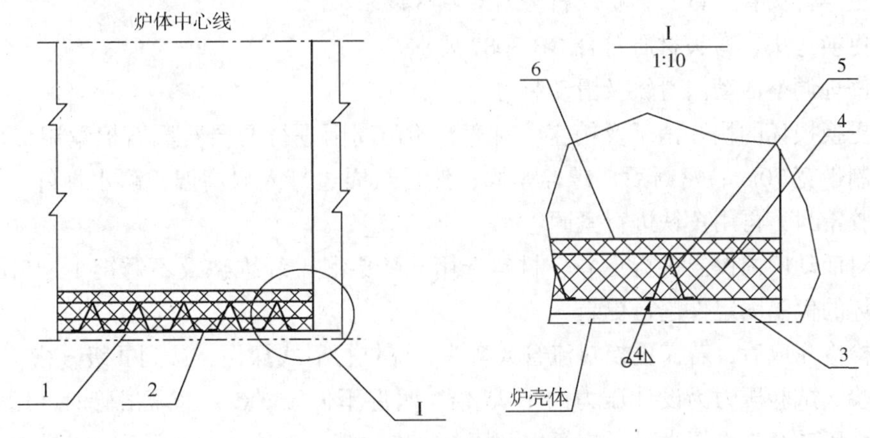

图 5-2-1　加热炉炉体保温简图

图中各编号名称及数量见表 5-2-6。

表 5-2-6　加热炉炉体编号对应名称

编号	名称	材料及规格	备注
1	高温粘接剂	耐温不低于 1200℃	
2	保温支架	1Cr18Ni9Ti	不锈钢 ϕ5mm
3	平铺毯	硅酸铝耐火纤维	7800mm×365mm×25mm
4	折叠毯	硅酸铝耐火纤维	610mm×350mm×100mm
5	穿钉	ϕ5 1Cr18Ni9Ti	L=400mm
6	高温涂料	耐温不低于 1200℃	

(4) 前后墙及内保温修理。

前后墙采用的保温层保温支架需全部更新，更新后的保温支架为 ϕ5mm 1Cr18Ni9Ti 不锈钢，折叠块采用硅酸铝耐火纤维折叠模块，耐高温应达到 1200℃。

(5) 制作防爆门耐火绝热层，制作人孔门内保温模块，制作看火孔耐火绝热层。

(6) 辐射室修理完成后，应进行水压试验。试验压力为设计压力的 1.25 倍，水温不低于 5℃。水压试验时，压力应缓慢升降。当水压升至工作压力时，应暂停升压，检查炉管各部位有无渗漏和不正常现象，如无异常，继续升压到试验压力，在试验压力下，稳压 30min，再降至工作压力下，稳压 4h 并进行全面检查。水压试验符合下列条件，即认定为合格：

① 炉管和其他受压元件的金属壁和焊缝上没有水珠和水雾；

② 水压试验后没有发现残余变形；

③ 在试验压力下保持 30min，压力下降值小于 0.05MPa。

(7) 各项检验合格后，对辐射室外表面彻底除锈后涂刷 BH06-A 型耐高温特种漆两遍，待漆膜干后，喷涂高温特种银灰色面漆两遍，并确保漆膜完整、光滑。

(8) 恢复炉前雨棚及前后操作平台。

2. 对流室修理

(1) 更换钉头管，钉头管材质符合 GB 9948 要求。

(2) 更换弯头，弯头材质符合 GB 3087 要求。

(3) 修理调整活动门滑轨及滑动装置。

(4) 更换损坏的快开销子及销座，对弯头箱门周围进行两层石墨石棉编制带(δ3mm 石墨石棉编制带宽 70mm)密封后，螺栓紧固，然后从周边打入耐高温、耐水性好、弹性好的万用玻璃胶密封，再用角铁进行紧固。

(5) 对活动门内保温进行更新，材料选用硅酸铝耐火纤维毡及不锈钢 1Cr18Ni9Ti 保温钉，对损坏的保温固定件进行更新。

(6) 检修完成后，若需更换对流管或弯头，应进行射线探伤，达到Ⅱ级合格，合格后进行水压试验。试验压力为设计压力的 1.25 倍，水温不低于 5℃。水压试验时，压力应缓慢升降。当水压升至工作压力时，应暂停升压，检查炉管各部位有无渗漏和不正常现象，如无异常，继续升压到试验压力，在试验压力下，稳压 30min，再降至工作压力下，稳压 4h 并进行全面检查。水压试验符合下列条件，即认定为合格：

① 炉管和其他受压元件的金属壁和焊缝上没有水珠和水雾；

② 水压试验后没有发现残余变形；

③ 在试验压力下保持 30min，压力下降值小于 0.05MPa。

(7) 修理后的对流室应按原设计要求进行涂装。

3. 天圆地方修理

(1) 检查壳体的腐蚀情况并对壳体进行测厚，对腐蚀严重的部分及壁厚小于 3mm 的部分进行修补或更换。

(2) 对烟道保温层及保温支架全部更新，更新后整体刷高温涂料。

(3) 对烟道进行清灰清焦处理。

(4) 对天圆地方内部进行清灰除锈，保温层及保温钉全部拆除更新，刷高温涂料。外部进行除锈，刷高温漆两遍，涂银灰色面漆两遍。

(5) 检查人孔盖的损坏情况，如果人孔变形严重，无法与结合面密封，则应更换人孔，对人孔盖的保温全部更换，保温材料采用硅酸铝耐火纤维毡。

4. 烟囱修理

(1) 检查烟囱各段腐蚀情况，并进行测厚，对于腐蚀损坏严重的，进行底部约 2m 局部更换。如经测厚腐蚀严重，则全部更换。

(2) 检查烟囱上所有焊缝处有无开裂、腐蚀，如有问题应进行修补。

(3) 烟囱修理完毕后，外表彻底除锈，内外表面涂刷 BH06-A 型耐高温防锈漆两遍，外表面喷涂耐高温特种银灰色漆两遍，涂漆确保漆膜完整，光滑无露底、流挂现象。

5. 供气及吹灰系统修理

(1) 修理吹灰器，对吹灰器解体修理。

(2) 拆卸不锈钢吹灰管，进行外观检查，如有腐蚀或弯曲现象应进行更换。

(3) 检查吹灰器空气电磁阀绝缘及关闭效果，更换棘轮、棘轮轴、棘轮爪、活塞及弹簧等机械部件。

(4) 检查修理吹灰管线应无渗漏，空压机、储气罐状态应良好。

(5) 检查所有焊缝外观质量，有无开裂、脱焊或漏风现象，如有问题应进行修补。

(6) 对于腐蚀、损坏严重部件进行更换。

6. 燃烧器及其系统修理

(1) 风雾化燃烧器。

① 检查喷油嘴磨损状况；

② 检查点火装置的完好状况；

③ 检查稳燃盘的外观；

④ 检查火焰检测装置状况。

(2) 机械雾化燃烧器。

① 检查喷油嘴磨损状况；

② 检查雾化片、旋流片磨损情况；

③ 检查各电磁阀是否完好；

④ 检查风门开启是否灵活；

⑤ 检查燃烧器外壳；

⑥ 检查点火电极间距是否正确；

⑦ 检查泵站螺杆泵的磨损状况，清洗泵站过滤网；

⑧ 检查炉前电加热装置。

(3) 燃烧器安装位置应符合下列规定：

① 燃烧器的标高偏差不超过±5mm；

② 燃烧器耐火砖喷口与喷油嘴的不同轴度不大于 5mm；

③ 燃烧器耐火喷口端面与喷油嘴端面之间的距离与设计文件相符，偏差不大于±3mm。

7. 机、泵修理

(1) 助燃风机。

① 检测助燃风机的振动情况；

② 检查助燃风机各部分应紧固；

③ 检查助燃风管路上各阀门、法兰连接处应不渗不漏；

④ 清除助燃风机入口网罩上杂物；

⑤ 对电动机的绝缘进行测试，更换电动机轴承。

(2) 燃料油泵。

对燃料油泵进行解体，燃料油泵的检修按其说明书要求进行。

(3) 空气压缩机。

空气压缩机的检修按其说明书要求进行。

8. 燃料油工艺管线系统修理

(1) 对燃料油管线和相关设备进行拆检、清洗。

(2) 更换过滤器滤芯。

(3) 更换燃油电磁阀、燃料油流量计。

(4) 更换减压阀和压力开关。

(5) 更换电热带，电热带双向缠绕用铝胶带固定。燃料油管线刷防锈漆两遍，外保温用岩棉管，外加不锈钢皮。

9. 氮气灭火系统修理

(1) 对管线腐蚀严重的部位进行修补，当腐蚀特别严重时应更换局部管段。

(2) 对管线进行防腐刷漆。

(3) 更换出现渗漏的阀门。

(4) 更换减压阀。

第三节　热媒炉技术管理

热媒炉是用原油或其他燃料直接加热热媒的加热炉。为确保输油站场热媒炉设备的安全运行，要求设备(机械)工程师应做到以下几点：

(1) 熟知热媒炉完好标准及检查要求。

(2) 熟知热媒炉维护保养相关要求，按时完成热媒炉日常、季度和年度维护保养内容。

(3) 掌握热媒炉状态检测及评价方法，并能够完成相关检测及评价工作。

(4) 掌握热媒炉一般故障处理方法，并能够根据现场情况制订切实有效的处理方案消减故障隐患。

(5) 熟知热媒炉大修现场技术管理要求，负责现场质量监督检查。

一、完好标准及检查要求

设备(机械)工程师应定期开展热媒炉的巡检，及时发现并处理加热炉存在的隐患，保证加热炉正常运行。热媒炉完好标准及检查要求见表5-3-1。

表 5-3-1　热媒炉完好标准及检查要求

序号	完好标准及检查要求	检查方法
1	炉体完好无变形；基础完好，无不均匀下沉、无塌落、龟裂现象	看
2	炉膛温度、出炉温度和进出口压差在技术要求允许范围之内	看
3	保温良好，表面温度不超过规定	看
4	炉体附件(看火孔、调风器、防爆窗)齐全	看
5	各辅助(燃料油/气、助燃风)系统运行正常，无泄漏	看、听
6	自控仪表保护系统完好，安全装置(紧急放空/氮气灭火/火焰监视及灭火断油)齐全	看
7	燃烧装置无结焦、无漏油、不偏烧，雾化良好，烟气排放达标	看
8	阀门、法兰无渗漏，阀门操作灵活，各连接件可靠、牢固，符合规定	看、摸
9	排烟除尘装置运行正常	看
10	各类安全标示、警示齐全，明显，清晰	看
11	热媒系统(热媒泵运转、热媒罐液位、热媒物性)正常	看
12	换热系统(压差、保温)正常，无窜混	看

二、预防性维护保养管理

热媒炉预防性维护保养一般分为日常、季度和年度维护保养。维护保养应做好记录，记录应完整、准确，年度维护保养记录应记入加热炉年检表中，并录入 ERP 设备档案。其中，日常、季度、年度维护保养中设备状态检查及清洁部分由设备工程师组织完成，机械工程师除完成日常、季度、年度维护保养中设备检查、保养内容外，还要对现场发现的隐患故障及时组织处理，设备工程师负责现场监护、验收。

1. 日维护保养内容与要求

(1) 保持热媒炉的清洁卫生，做到无油污、无杂物、设备见本色，看火孔玻璃清洁透明。

(2) 对炉区的所有设备、管道、阀门、附件、仪表、场地进行检查维护，保持完好状态，使其正常运行。保持无渗漏、无油污、无黑烟。

(3) 检查热媒泵、燃料油泵、助燃风机、引风机、空气压缩机等机泵设备，保持设备运行正常，无杂音及异常振动，紧固件无松动，润滑良好不缺油(脂)，传动三角带松紧适宜，轴承温度不大于 75℃，机械密封渗漏量应小于 10mL/h。

(4) 原油换热器、热媒预热器、空气预热器、烟囱等应保温良好、涂漆完整无变色、无渗漏、无窜漏、无腐蚀、无黑烟。

(5) 热媒膨胀罐、泄放罐涂漆完整，液位指示清晰准确。

(6) 燃烧器喷嘴不结焦、火焰不偏斜、雾化状态良好。

(7) 空气压缩机的稳压罐，每班上班后排污一次，空气滤清器每周清洗一次。

2. 季维护保养内容与要求

(1) 拆开热风道口，检查燃烧器各元件，确保完好。

(2) 拆卸并清洗喷嘴、点火器、旋风器、喷嘴燃烧腔的焦垢碳化物、杂质等，达到燃油、燃气、风畅通无阻。

(3) 扫除炉膛的积灰、焦垢，检查修复炉内的陶瓷纤维毡。

(4) 保温应良好，涂漆应完整，各个密封点应无渗漏。

(5) 对燃料油过滤器、导热油过滤器、空气过滤器滤网进行清洗，清除杂质，并更换空气过滤器泡沫纤维棉。

(6) 燃油电加热器应处于完好状态，应进行漏电和温控灵敏度检测。

(7) 空压机和离心泵按说明书进行维护。

3. 年维护保养内容与要求

(1) 按表5-3-2填写年检记录。

表5-3-2 热煤炉年检表

单位：　　　　　　　　　　　　　　　　　　　　　　　　编号：

序号	检查项目	检查内容	检查标准	检查方法	检查结果	处理意见
1	炉管(盘管)	测炉管厚度 S：在炉膛纵向取前、中、后三点，圆周取上下左右4个点共12点	$S \geqslant 4$mm	测厚仪		
		焊缝检查	无裂缝	放大镜观察		
		腐蚀变形	盘管间无缝隙	塞规测试		
2	炉体	陶瓷纤维毡衬里	无损坏	观察		
		圆筒壳体	壳体外温度<70℃	点温计		
		壳体及前后墙、人孔、热媒管出入口处	无漏烟	外观检查		
		气密性检查	无漏烟	用纸条检漏		
3	热媒紧急排放阀安全阀	灵敏度和准确度	符合设计定压值，灵活好用	拆下检验定压		
4	燃烧器	完好情况	燃烧正常，无结焦	外观检查		
5	热煤/烟气换热器	壳程	无积灰	外观检查		
		管子壳体的腐蚀情况	无严重腐蚀	外观检查		
		漏烟情况	无严重漏烟	外观检查		
6	空气/烟气换热器	烟管	管内无积灰	外观检查		
		管板腐蚀和焊缝情况	无裂缝、无漏烟	外观检查		
7	烟囱	底部积灰情况	底部无积灰	外观检查		
8	膨胀管液位计	完好情况	玻璃板清晰、无渗漏	外观检查		
9	系统管网	热媒、燃料油、氮气、水、风	渗漏率<2%	外观检查		
		各系统的阀门、法兰等漏情况	无渗漏	外观检查		
10	机泵	热媒泵	GD 3001—1983	外观检查		
		齿轮油泵、空气压缩机、助燃风机	按使用说明书或有关规定	外观检查		
11	仪表及电气设备	完好情况	参照SY/T 6069	做好检修校验记录		

续表

序号	检查项目	检查内容	检查标准	检查方法	检查结果	处理意见
12	热媒	取样化验 4 项指标	(1) 黏度变化<15%； (2) 闪点变化<20%； (3) 酸值小于 0.5； (4) 残碳小雨 1.5	送有关鉴定部门		

检验意见：

检验员签字　　　年　　月　　日

本次检验日期　　　年　　月　　日

下次检验日期　　　年　　月　　日

年检结论：

技术负责人签字　　　年　　月　　日

(2) 对日维护保养与季维护保养无法解决的问题，要通过年维护保养解决。

(3) 对热媒预热器、空气预热器、烟囱、炉膛等进行烟灰清扫，对腐蚀情况重点检查并做好记录。

(4) 炉管进行超声波测厚，有异常现象的进行挖补修复。

(5) 对炉、器的耐火保温设施损坏与工艺设备，管道的保温损坏腐蚀情况、涂漆损坏情况进行检查并修复达到完好标准。

(6) 检修氮封灭火系统使其灵活好用，氮气充足。

(7) 安全阀年检，动作准确。

(8) 进行系统设备全面堵漏、防腐、补漆。

(9) 检查基础损坏情况，必要时进行修理。

(10) 导热油应每年送检，根据化验结果，确定继续使用或更新。

(11) 系统热效率累计运行了 5000h 测试一次。

4. 备用炉保养

备用炉停炉一个月以上时应启动一次，运行时间不小于 2h，停炉时仪表电源不停。

三、状态检测及评价

为保障加热炉的安全经济运行，设备工程师应了解加热炉炉体、炉管及附件的检测内容及标准要求，并能够参与完成相关检测及评价。每年按时将导热油送至检测单位化验。

1. 炉体、炉管及附件

1) 炉管

(1) 检查炉管紧密程度，压紧炉管间有无缝隙。

(2) 检查炉管外观，有无起包、变形、开裂、过热、表面结焦和腐蚀状况。

(3) 利用无损检测方法(如超声波测厚仪)检测炉管壁厚，炉管壁厚检测抽样方法：对于热媒炉管的实际壁厚，应使用超声波测厚仪等仪器进行检测。可按图 5-3-1 选取检测点，每隔三圈检测四点。此外，对炉管内、外侧有明显的局部腐蚀损坏处，亦应增设若干检测点。对各检测值应做好记录，并绘制表格，参见表 5-3-3。

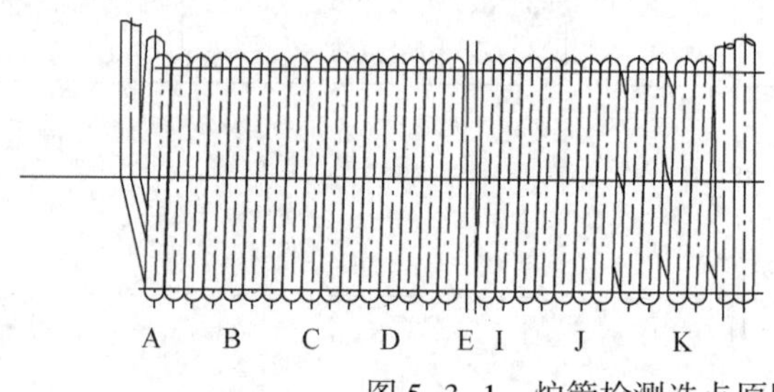

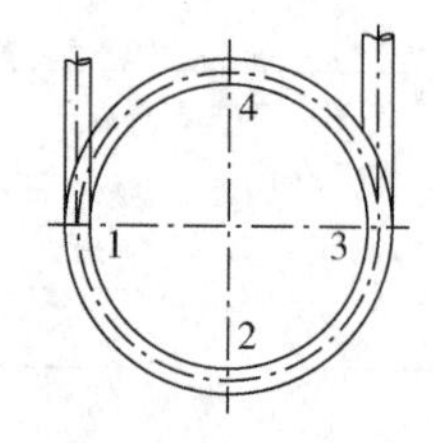

图 5-3-1　炉管检测选点原则

表 5-3-3　炉管检测记录表

序号	检测点											
	A	B	C	D	E	F	G	H	I	J	K	L
1												
2												
3												
4												
5												
6												

2) 燃烧器

(1) 风雾化燃烧器。

① 检查喷油嘴磨损状况。

② 检查点火装置中各管件有无损坏、腐蚀等情况。

③ 检查导向器上导向片的腐蚀变形情况。

④ 检测燃烧器外壳及结构件的腐蚀减薄情况。

⑤ 检查火焰监测器清洁情况。

(2) 机械雾化燃烧器。

① 检查喷油嘴磨损状况。

② 检查雾化、旋流片磨损情况。

③ 检查燃烧器本体。

④ 检查炉前螺杆泵磨损情况。

⑤ 检查炉前电加热器装置。

3) 壳体及前后墙和人孔门。

(1) 利用超声波测厚仪检测筒体及前后墙壁厚。应优先选取腐蚀严重或局部过热严重的部位。

(2) 检测前后墙平面度及其上的看火视镜是否完好。

（3）检查人孔是否腐蚀变形，开启是否灵活，人孔盖上的保温是否完好。

4）评定

（1）将各部分检测结果分类整理，汇总成详细文字资料。

（2）查阅加热炉运行记录，如果发现炉管在额定流量下压降超过0.35MPa，应采用清洗剂清焦，清洗时管内介质流速应大于3m/s。

（3）炉管检测出现下列情况之一时应全部更换：

① 炉管出现明显裂纹、泄漏现象。

② 炉管表面出现大面积腐蚀，腐蚀麻坑面积超过总面积的15%；或炉管实际测得的最小壁厚小于3.5mm。

③ 炉管局部严重变形，出现明显鼓包现象，椭圆度大于3%。

④ 经检查炉管已堵，用清洗方法无效。

⑤ 炉管出现明显过热现象。

⑥ 在第二次大修时应将炉管全部更换。

（4）燃油喷嘴及旋风器检测及更换。

① 若喷油嘴损坏、喷油孔堵塞严重或喷油孔磨损变形，则应更换喷油嘴。

② 若旋风器上的导向片腐蚀变形或脱落，则应修理导向片或更换新的导向片。

③ 机械雾化燃烧器维修参照本型号说明书进行。

（5）在下列情况之一时，应更换加热炉筒体或前后墙：

① 筒体及前后墙腐蚀严重，局部腐蚀穿孔。

② 前后墙及筒体严重变形，筒体有明显的磕碰损伤，前墙平面度误差大于10mm，后墙平面度误差大于50mm。

③ 实测筒体壁厚小于6mm。

④ 实测前后墙最小壁厚小于8mm。

（6）有下列情况之一时，应更换人孔：

① 人孔门严重变形，无法与炉后墙密封。

② 人孔门严重烧损。

2. 导热油的化验与评价

为确保热媒炉导热油能够长期、安全和有效地运行使用，延长热媒炉的使用寿命，提高热媒炉的传热效率，应该对导热油定期进行检测。

1）采样

分析需要500mL以上的导热油。按规定从循环管路中取出油样，待油冷却后置于干净的容器内，注明厂名、导热油牌号、取样日期等信息后，邮寄或者派人亲自送往分析单位。注意遵守国家有关样品运输的现行规定。

2）检测

常规分析包括：密度、酸值、闪点、不溶物、馏程等。

3）评价

对于超过以下任意两项指标的导热油应进行报废处理（与新油对比40℃）：

（1）运动黏度（mm^2/s）变化≥15%。

（2）开口闪点（℃）变化≥20%。

(3) 酸值达到0.5mg(KOH)/g。

(4) 残炭达到1.5%。

四、故障处理

结合多年来热媒炉运行管理实际经验，设备(机械)工程师应能熟练地利用自己掌握的知识和工作经验对设备的故障进行判断，并提出处理方案，及时消减故障隐患。热媒炉一般常见故障及处理方法详见表5-3-4。

表5-3-4 热媒炉一般常见故障及处理方法

故障现象	原因分析	处理方法
火焰故障	(1) 多次点炉未成功； (2) 火嘴雾化不良； (3) 杂物堵塞； (4) 油量过小火宜被风吹灭	(1) 火焰监视器探视镜片应干净； (2) 火焰监视器探头应对准火苗； (3) 调整燃油压力为适当值； (4) 检查点火系统； (5) 检查火嘴雾化片； (6) 清洗燃油过滤器
排烟温度高	(1) 炉管破裂； (2) 热媒预热器、积灰严重或有堵塞物； (3) 温度传感器失灵	(1) 停炉抢修； (2) 进行清灰、清除堵塞物； (3) 检查温度传感器
膨胀罐液位高	(1) 热媒中含水较多； (2) 液位传感器失灵	(1) 查明含水原因，进行脱水； (2) 检查液位传感器
膨胀罐液位低	(1) 热媒循环系统有渗漏现象； (2) 液位传感器失灵	(1) 检查渗漏处并及时处理； (2) 检查液位传感器
燃料油供油压低	(1) 燃油泵磨损； (2) 喷嘴雾化片磨损； (3) 减压阀定值不对； (4) 燃油过滤器堵塞，其压差大于0.05MPa； (5) 压力传感器故障	(1) 更换燃油泵泵头； (2) 更换喷嘴雾化片； (3) 调整减压阀定值； (4) 清理过滤器； (5) 检查压力传感器
燃料油回油压力高	(1) 回油电磁阀故障； (2) 回油流量计故障； (3) 回油管线不畅	(1) 检查电磁阀； (2) 检查回油流量计； (3) 检查回油线
燃料油温度低	(1) 回油量过大； (2) 加热器温控设置太低； (3) 加热器、电热带未投用	(1) 减少回油量； (2) 调整加热器温控设定值； (3) 投加热器、电热带
助燃风压力低	(1) 助燃风机系统故障； (2) 压力传感器故障	(1) 检查助燃风系统； (2) 检查压力传感器
冷风压力低	(1) 冷风机系统故障； (2) 压力传感器故障	(1) 检查冷风系统； (2) 检查压力传感器
热媒出炉温度高	(1) 原油换热器中原油流量过小； (2) 换热器管程堵塞； (3) 温度传感器失灵； (4) 参数设定不正确	(1) 检查原油换热器中原油流量； (2) 清换热器管程； (3) 检查温度传感器失灵； (4) 检查温控回路，调整参数

续表

故障现象	原因分析	处理方法
热媒入炉压力高	（1）炉管堵塞； （2）阀门开度不够，热媒系统相应流程不畅通； （3）压力传感器失灵； （4）膨胀罐内氮气压力过高	（1）检测炉管结焦情况； （2）检查阀门开度不够，检查热媒系统相应流程； （3）检查压力传感器； （4）降低膨胀罐内氮气压力
热媒流量低	（1）热媒泵前过滤器堵塞； （2）热媒循环系统有泄漏； （3）流量传感器失灵	（1）检查过滤器并清洗，检测热媒流量； （2）检查热媒循环系统； （3）检查流量传感器
点火故障	燃油系统故障	检查燃油系统中的手动阀和电磁阀的开启状态
	电极不打火	（1）检查点火变压器工作应正常； （2）检查点火线路及电极
	点不着火	（1）火焰监视器探视镜片应擦干净； （2）火焰监视器探头应对准火苗； （3）调整燃油压力及风油配比

五、大修现场管理

热媒炉大修现场管理应做到科学、精细施工，为确保大修工程保质完成。在大修过程中设备工程师应按下述标准要求对工程质量进行实时监督检查。

1. 炉体及附件

（1）炉管。

① 炉管应选用对炉管无腐蚀的清洗剂进行清洗，并进行5次通球，将残渣彻底排出炉管，再用高压风将炉管内液体吹去。

② 使用清洗剂后，用洗涤水将炉管冲洗干净，化验水质，pH值试纸显示中性为合格，用空气吹扫、干燥。

③ 更换的炉管壁厚及材料应满足原设计要求，可采用20#低中压锅炉用无缝钢管或性能不低于上述材料的其他优质材料。

④ 用于盘制炉管的钢管应按GB 3087《低中压锅炉用无缝钢管》对炉管的尺寸、外形和外观质量进行检验，合格后才能使用。

⑤ 炉管几何尺寸公差应符合原设计图纸及SY/T 0524《导热油加热炉系统规范》。

（2）筒体及前后墙内保温材料及喷嘴砖全部更换。

① 将筒体上下两部分的原保温材料全部去掉，采用新的保温材料。保温材料为硅酸铝耐火纤维平铺毯及折叠毯，耐温不低于1200℃。保温之前对壳体内壁进行喷砂除锈，除锈等级达到Sa2. 5级。

② 筒体的保温参照图5-3-2所示炉体保温简图。

③图5-3-2中各编号名称及要求参考表5-3-5。

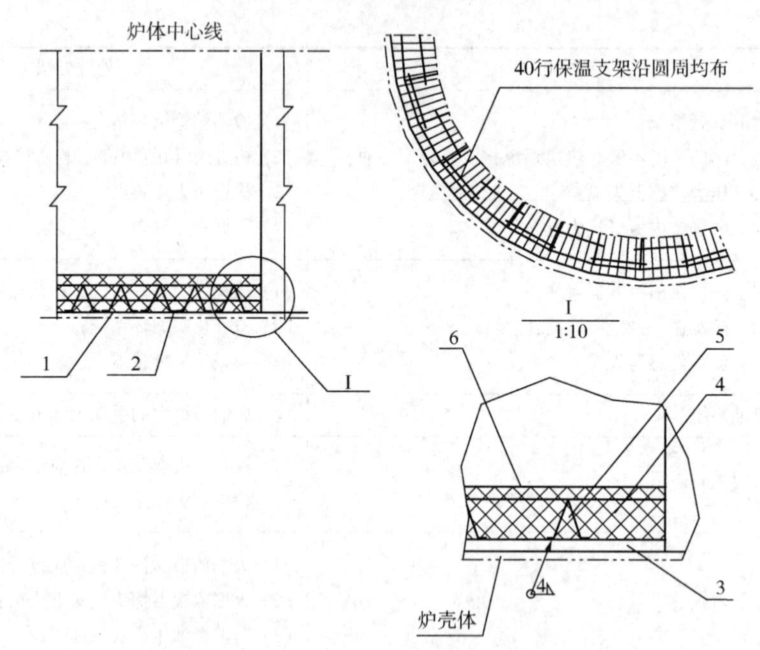

图 5-3-2　热媒炉炉体保温简图

表 5-3-5　图 5-3-2 中各部分编号名称及要求

编号	名称	材料	备注
1	高温粘接剂		耐温不低于 1200℃
2	保温支架	1Cr18Ni9Ti	不锈钢 ϕ5mm
3	平铺毯	硅酸铝耐火纤维	7800mm×365mm×25mm
4	折叠毯	硅酸铝耐火纤维	610mm×350mm×100mm
5	穿钉	ϕ5mm 1Cr18Ni9Ti	长度 L=400mm
6	高温涂料		耐温不低于 1200℃

④ 保温层外表面与炉管外表面间隙符合原设计图纸要求。

⑤ 前后墙保温采用硅酸铝耐火纤维毯结构，图 5-3-3 中编号参见表 5-3-5。

⑥ 前后墙保温方法同筒体保温类似，只是在纵向加保温支架以加固保温层。

⑦ 将起火筒内的火嘴砖全部拆掉，按原设计图纸浇注。起火筒周围的结构按图 5-3-4 制作。

⑧ 图 5-3-4 中各编号名称及数量见表 5-3-6。

表 5-3-6　图 5-3-4 中各编号名称及数量

编号	名称	材料	备注
1	浇注料	LY606-JZL	
2	筋板	钢板 6　Q235-A. F	延圆周均布
3	吊耳	钢板 12　Q235-A. F	
4	法兰	钢板 10　Q235-A. F	
5	耐火砖	NI-40　Ⅰ级	

续表

编号	名称	材料	备注
6	保温Ⅰ	平铺毯 LYGX δ20	
7	筒体Ⅰ	钢板 10　Q235-A. F	
8	保温Ⅱ	耐火纤维碎块	
9	筒体Ⅱ	钢板 6　1Cr18Ni9Ti	
10	加强筋	钢板 10　Q235-A. F	均布
11	压板	钢板 6	120mm×120mm 均布
12	保温钉	圆钢 ϕ10mm　1Cr18Ni9Ti	
13	保温Ⅲ	耐火纤维毯	
14	保温蒙皮	δ0. 5　1Cr18Ni9Ti	

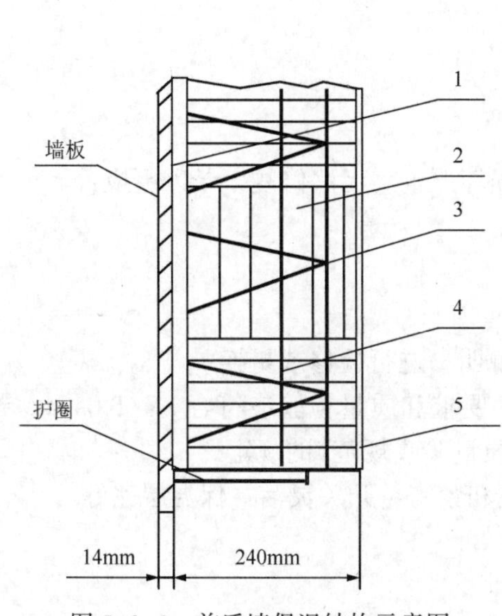

图 5-3-3　前后墙保温结构示意图

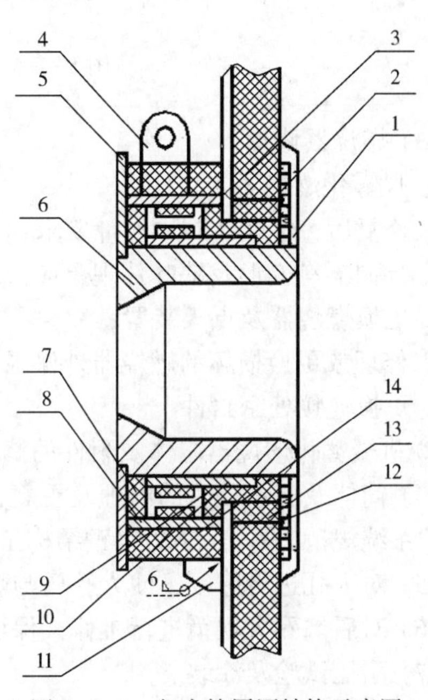

图 5-3-4　起火筒周围结构示意图

⑨ 后人孔保温拆除，人孔参照原设计重新制作。

⑩ 筒体烟道过渡段参照图 5-3-5 重新制作。

图 5-3-5 中编号见表 5-3-7。

表 5-3-7　图 5-3-5 中各编号名称及数量

序号	名称	材质及规格	备注
1	硅酸铝耐火纤维折叠毯	厚度 $\delta=80$mm	
2	保温支架	不锈钢 ϕ6mm	
3	别棍	不锈钢 ϕ6mm	
4	高温涂料		耐温不低于 1200℃
5	高温粘接剂		耐温不低于 1200℃

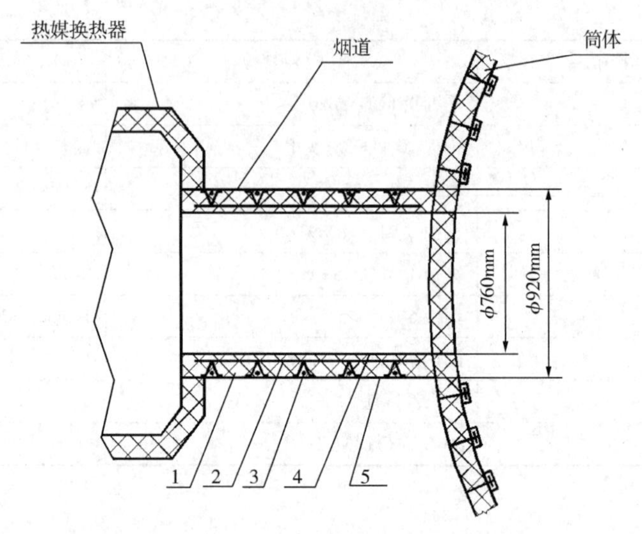

图 5-3-5　起火筒筒体结构示意图

(3) 燃烧器修理。

① 风雾化燃烧器。

a. 修复后，性能达到原设计要求；

b. 导向器有变形及缺叶片现象应修理，若损坏严重，无法修复，予以更换；

c. 更换燃烧器及点火装置；

d. 修理或更换损坏的燃烧器外保温；

e. 更换连接处密封件。

② 机械雾化燃烧器本体及附件的修理参照说明书进行检修或更换。

(4) 筒体及底盘支座的修理及更新，其施工要求和质量检验应符合 SY/T 0524《导热油加热炉系统规范》及 GB 50205《钢结构工程施工质量验收规范》的规定。

(5) 对人孔进行修复，使人孔门与炉后墙贴和紧密，开关灵活，保温层完好。

(6) 对后墙看火视镜进行维修，保证视角良好。

(7) 耐压试验及涂装。

① 热媒炉修理完毕后，开通前应进行耐压试验，试验压力为设计压力的 1. 25 倍。

② 热媒炉修理后，确认炉内无异物，方可关闭炉后墙上的人孔门。

③ 各项检验合格后，热媒炉表面应彻底除锈，按原设计要求或甲方要求涂漆，要求漆膜完整、光滑和无露底现象。

2. 热媒/烟气换热器(TL)

(1) 根据检测结果修理或更换损坏部件。

(2) 更换 TL 内外保温及衬里、内外蒙皮。更换后的保温材料的物理性能不得低于原设计要求，保温质量亦应符合原设计要求，且采取接缝错开、直角连接处成锯齿咬合。

(3) 对换热器壳体进行维修或更换。

(4) 换热器上盖密封材料更换。

(5) 维修清灰斗。

(6) 换热器底部加滑动支座，如图 5-3-6 所示。

（7）更换换热器膨胀节。

（8）修理完成后，应进行水压实验，实验压力为2.4MPa，并按原设计要求进行涂装。

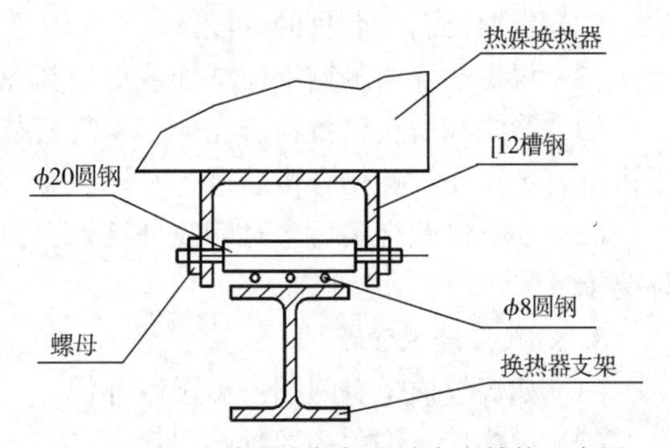

图5-3-6 换热器底部加滑动支座结构示意图

3. 空气/烟气换热器

1）列管式空气/烟气换热器

（1）将压缩空气通入换热器，检查换热器堵灰情况，并在管端做标记。利用钢棍或齿形捅头捅灰，或用压缩空气、高压水等方法清除换热管堵灰。如使用水冲法清灰，清除堵灰后，应使用有效方法干燥换热器。

（2）根据检测结果更换换热管束，管子、折流板、活动管板、固定管板和过渡环材质为1Crl8Ni9Ti或性能不低于上述材料的其他优质材料。

（3）钢架按原设计要求涂装。

2）热管式空气/烟气换热器

（1）对换热器进行彻底清灰。

（2）根据检测结果更换损坏部件。

（3）对换热器壳体进行局部维修或更换。

（4）对烟气入口补偿器和膨胀节裂纹或漏风处进行维修或更换，补焊时应用与部件相同材质等厚铁板，且不能影响膨胀。

（5）修理检验合格后将空气/烟气换热器复原，更新外保温及蒙皮。

（6）钢架按原设计要求涂装。

4. 烟囱

（1）对烟囱内表面进行清灰、外表面除锈。

（2）底座及积灰腔内进行补焊修理。

（3）烟囱外表面刷耐高温特种漆两遍，银灰色耐高温漆两遍。

5. 原油/热媒换热器、热水/热媒换热器修理

原油/热媒换热器、热水/热媒换热器修理详见Q/SY GD0041《换热器检修规程》。

6. 燃料油系统

（1）燃料油管线进行拆检、清洗。

（2）更换燃油电磁阀和燃料油流量计。

（3）更换减压阀、溢流阀。

（4）更换电热带，双向缠绕用铝胶带固定。

（5）燃油管线刷防锈漆两遍，外保温用岩棉管，外加不锈钢皮。

（6）管线和所属设备检修完毕、恢复安装后，应对修补过的焊缝进行外观检查，合格后再进行着色探伤，探伤合格后进行水压实验。

（7）水压实验合格后应对管线进行外保温。保温材料的性能、质量和厚度应不低于原设计要求。

7. 热媒系统

（1）更换管路外保温及保温蒙皮，保温蒙皮采用不锈钢，更换热媒管网金属缠绕垫片。

(2) 更换已腐蚀严重的管段。

(3) 根据热媒检测结果，增加或更换新热媒。

(4) 管线和所属设备检修完毕、恢复安装后，应对修补过的焊缝进行外观检查，合格后再进行着色探伤，探伤合格后进行水压试验。

(5) 水压试验合格后应对管线进行外保温。保温材料的性能、质量和厚度应不低于原设计要求。

8. 热风、冷风管道

(1) 如焊缝质量有问题，应予以补焊。

(2) 更换所有法兰用橡胶石棉垫片。

(3) 对修理后的管线进行除锈、刷漆。

(4) 将热风管道的外保温进行更新，保温蒙皮采用不锈钢。保温方法如下：

① 保温应在钢管表面质量检查及防腐合格后进行。

② 采用管壳预制块保温时，预制块接缝应错开，水平管的接缝应在正侧面。

③ 阀门和法兰处的管道保温应在法兰外侧预留出螺栓的长度加 20mm 间隙。

④ 管托处的管道保温，应不妨碍管道的膨胀位移，且不损坏保温层。

⑤ 保温层质量应符合以下要求：

a. 铁丝绑扎牢固，充填应密实，无严重凹凸现象，保温厚度应符合设计要求；

b. 玻璃布缠绕紧密，采用外防腐不得露出玻璃布纹；

c. 石棉水泥保护层厚度应均匀，表面应光滑；

d. 用金属薄板做保护层时，咬缝应牢固，包裹应紧凑；

e. 保温层表面和伸缩缝的允许偏差符合表 5-3-8 的规定。

表 5-3-8　保温层表面和伸缩缝的允许偏差

序号	项　目		允许偏差
1	表面平整度	涂抹	10mm
		卷材成型	5mm
		成型品	5%
2	厚度	缠绕品	8%
		填充品	10%
3	伸缩缝宽度		5%

9. 膨胀罐

(1) 需进行焊接修理时，应将罐内的热媒排放至热媒泄放罐内，且应清洗罐内壁，见金属本色。

(2) 局部实测壁厚小于 8mm 时应进行补焊。

(3) 采用焊接方法进行修补时，应符合以下要求：

① 压力容器产品施焊前，受压元件焊缝、与受压元件相焊的焊缝、熔入永久焊缝内的定位焊缝、受压元件母材表面堆焊与补焊以及上述焊缝的返修都应当进行焊接工艺评定或者有经评定合格的焊接工艺支持。

② 钢制及有色金属制压力容器的焊接工艺评定应当符合有关标准要求。

③ 临检人员应当全过程监督焊接工艺的评定过程。

④ 焊接工艺评定完成后，焊接工艺评定报告和焊接工艺指导书应当经过制造(组焊)单位焊接责任工程师审核，技术负责人批准，并且经过监检机构签章确认后存入技术档案。

⑤ 焊接工艺评定技术档案应当保存至该工艺评定失效为止，焊接工艺评定试样应当保存5年。

(4) 修补部位如为A类和B类焊缝，完成修补后应对该进行射线探伤，探伤比例不应小于20%，Ⅲ级合格。

(5) 探伤合格后应进行水压试验，试验压力为2.0MPa。

(6) 更换各垫片。

(7) 膨胀罐及钢架，梯子平台进行喷砂除锈，刷耐高温的特种漆两遍，最后刷耐高温银粉漆两遍。

(8) 检修或更换液位计，液位计应采用户外密封式磁性翻转液位计。

10. 机、泵

机、泵修理参照说明书执行。

11. 氮封系统

(1) 汇流排。

① 将汇流导管上压力表拆下送检，减压阀检修。

② 检查各阀门有无渗漏，开启是否灵活。

③ 更换氮气瓶及线路中电磁阀。

④ 更换密封件。

⑤ 按原设计要求组装汇流排。

(2) 液封罐。

① 检查各焊接部位有无开裂、脱焊现象，对有问题的部位进行补焊。

② 检查筒体内外壁有无腐蚀现象，如腐蚀严重应更换筒体。

③ 检查液位计外观有无损坏，显示板面是否清晰、无泄漏，如有问题应拆下修理或更换。

(3) 系统管线及附件。

① 将管线中的电磁阀拆下送检，具体要求见仪表部分。

② 检查阀门有无损坏，开启是否灵活。

③ 检查各支架有无损坏，是否起支承作用，如有损坏、倾斜、位移等现象，应修复，就位。

④ 更换所有法兰密封垫片。

⑤ 将液封罐内部清洗干净，充入干燥的热媒，热媒液面高度应符合原设计要求。

(4) 将检修合格的氮气覆盖组件、汇流排、氮气瓶、液封罐、系统管线按原设计组装就位。

(5) 对全系统进行气密性试验。

(6) 对管线除锈，达到Sa2.5级。按原设计要求刷漆。刷漆时应严防油漆进入液封罐内。油漆的选用及刷漆方法等应符合原设计要求。

12. 吹灰及除尘装置

(1) 将除尘器清灰，检修绞龙机、引风机、下料阀、脉冲电磁阀，更换滤灰袋。

(2) 检查修理吹灰器阀门和管线应无渗漏，电热带、电磁阀和空压机。

(3) 检查所有焊缝外观质量，有无开裂、脱焊或漏风现象，如有问题应进行修补。

(4) 对于腐蚀、损坏严重的部位应更换。

第四节　锅炉技术管理

一、预防性维护管理

维护保养周期分为日常维修保养和年维护保养。

1. 日常维护保养的内容与要求

(1) 做好锅炉房(或区域)内地面及设备卫生清理，做到无油污、无杂物，干净清洁。

(2) 做好锅炉管线、阀门及附件的清洁。

(3) 按规定做好燃烧器的调整和润滑。发现火嘴结焦应及时清理。

(4) 检查管线、阀门、法兰、辅机等应无渗漏，发现渗漏应及时处理。

(5) 检查维护控制系统及仪表系统，应灵敏、可靠。

2. 年维护保养的内容与要求

(1) 包括日常维护保养的内容与要求。

(2) 锅炉内部人工清灰。

(3) 检查炉管有无腐蚀、变形、鼓包及焊缝缺陷，并做好记录。

(4) 检查锅炉炉墙及保温，对存在问题进行处理。

(5) 检查炉体及各孔门、风道是否漏风，并对漏风处进行处理。

(6) 检查炉顶、炉体及烟囱等金属附件的腐蚀情况，必要时进行修补、除锈和防腐。

(7) 检查燃烧器，清理积灰和结焦，自动燃烧器保养按说明书进行，对不合格易损件进行更换。锅炉累计运行8000h，更换旋风器。

(8) 检查省煤器保温是否良好，有无堵塞或穿孔，并根据实际情况进行维修。

(9) 检查设备基础有无下陷、倾斜、开裂现象，如有进行维修，基础位置及尺寸允许偏差应满足表5-4-1要求。

表5-4-1　锅炉和辅助设备基础位置和尺寸的允许偏差

项　目	允许偏差(mm)	
纵轴线和横轴线的坐标位置	20	
不同平面的标高	0 -20	
柱子基础面上的预埋钢板和锅炉各部件基础平面的水平度	每米	5
	全长	10
平面外形尺寸	±20	

续表

<table>
<tr><th colspan="2">项　目</th><th>允许偏差(mm)</th></tr>
<tr><td colspan="2">凸台上平面外形尺寸</td><td>0
-20</td></tr>
<tr><td colspan="2">凹穴尺寸</td><td>+20
0</td></tr>
<tr><td rowspan="3">预留地脚螺栓孔</td><td>中心线位置</td><td>10</td></tr>
<tr><td>深度</td><td>+20
0</td></tr>
<tr><td>每米孔壁垂直度</td><td>10</td></tr>
<tr><td rowspan="2">预埋地脚螺栓</td><td>顶部标高</td><td>+20
0</td></tr>
<tr><td>中心距</td><td>±20</td></tr>
</table>

(10) 锅炉仪表自动化设备年检内容如下：

① 压力、压差仪表引压管路疏通，仪表阀门、接头防渗漏处理。

② 压力表、温度计、水位计、流量计等就地显示仪表外观检查及校准。

③ 温度仪表护套检查，压力、差压、温度、液位、流量等变送器外观检查及校准。

④ 压力、温度、液位检测开关及热电阻等现场元件检查测试。

⑤ 锅炉水位、气压自动调节及各项自动停炉保护功能试验。

⑥ 仪表自动化系统现场线缆管束检查。

⑦ 锅炉控制柜接线、电源及控制回路检查。

⑧ 锅炉数据采集系统工作画面检查及参数调整。

(11) 检查管线阀门，保温完好，不渗不漏。

(12) 检查接地装置完好。

(13) 对锅炉辅助系统机泵进行维护检修，保证完好使用。

(14) 对软化水罐、燃料油罐、水处理设备进行维护检修，确保其完好。

(15) 停用的锅炉应按停炉时间长短搞好干保养或湿保养。

二、设备日常巡回检查

1. 控制室巡检内容及标准

控制室巡检内容及标准见表 5-4-2。

表 5-4-2　控制室巡检内容及标准

序号	检查项目	控制范围　检查标准	检查方法
1	水位	50%~80%	看
2	蒸汽压力	≤0.60MPa	看
3	燃料油温度	35~95℃	看
4	燃料油入炉压力	2.2~3.0MPa	看

续表

序号	检查项目	控制范围　检查标准	检查方法
5	除氧器水位	50%~90%	看
6	除氧器除氧温度	≤104.5℃	看
7	除氧器除氧压力	0.3~0.5MPa	看
8	燃料油来油压力	0.25~0.4MPa	看
9	排烟温度	≤220℃	看
10	含氧量	4%~6%	看
11	凝结水罐液位	2.0~2.2m	看
12	燃料油罐液位	1.5~4.0m	看

2. 低压室巡检内容及标准

低压室巡检内容及标准见表5-4-3。

表5-4-3　低压室巡检内容及标准

序号	检查项目	控制范围检查标准	检查方法
1	配电盘	检查盘面仪表显示正常、无异味、无杂音	看、听

3. 凝结水罐巡检内容及标准

凝结水罐巡检内容及标准见表5-4-4。

表5-4-4　凝结水罐巡检内容及标准

序号	检查项目	检查标准	检查方法
1	水位	浮漂指示准确(2~2.2m)	看
2	阀门	开关正确、灵活、无渗漏	看
3	管线	无腐蚀、无渗漏	看

4. 软化间巡检内容及标准

软化间巡检内容及标准见表5-4-5。

表5-4-5　软化间巡检内容及标准

序号	检查项目	检查标准	检查方法
1	软化器控制盘	“∪”为正洗、“∩”为反洗、“□”为备用，“1∪2∩”为1#正洗2#反洗，“1∩2∪”为1#反洗2#正洗，“1∪2□”为1#正洗2#备用；正常运行时控制器自动转换状态	看
2	来水压力	冷水0.2~0.4MPa，热水0.3~0.4MPa	看
3	盐箱	填充高度达到指定刻度线	看
4	换热器出水温度	≤95℃	看
5	换热器蒸汽压力	≤0.5MPa	看

续表

序号	检查项目	检查标准	检查方法
6	阀门	开关正确、灵活、无渗漏	看
7	管线	无水击声，无渗漏	听、看
8	排水沟	无杂物、不堵塞	看
9	灭火器	压力正常、无腐蚀	看

5. 水泵间巡检内容及标准

水泵间巡检内容及标准见表5-4-6。

表5-4-6　水泵间巡检内容及标准

序号	检查项目	检查标准	检查方法
1	机泵	运行无杂音，不渗漏	听、看
2	压力表	给水泵：0~0.4MPa 除氧泵：0.2~0.5MPa 补水泵：0~0.2MPa 循环泵：0.3~0.4MPa	看
3	阀门	开关正确、灵活、无渗漏	看
4	安全阀	无腐蚀、检定时间不过期	看
5	管线	无腐蚀、不渗漏	看
6	操作柱	固定牢固、接地完好、绝缘无破损	看
7	消防栓	器具齐全、无腐蚀	看

6. 除氧器间巡检内容及标准

除氧器间巡检内容及标准见表5-4-7。

表5-4-7　除氧器间巡检内容及标准

序号	检查项目	检查标准	检查方法
1	除氧泵	运行无杂音，不渗漏	听
2	除氧器水温度	≤104.5℃	看
3	除氧器蒸汽压力	0.3~0.5MPa	看
4	电磁阀	开关灵活、不渗漏	看
5	除氧水箱液位	50%~90%	看
6	平台	无腐蚀及变形，连接部分无开裂	看
7	阀门	转换开关位置正确，电器装置完好，不渗漏、开关灵活正确	看
8	管线	无腐蚀、不渗漏	看
9	灭火器	指针在绿色区域、无腐蚀	看

7. 锅炉间巡检内容及标准

锅炉间巡检内容及标准见表5-4-8。

表 5-4-8 锅炉间巡检内容及标准

序号	检查项目	检查标准	检查方法
1	锅炉燃烧状况	火焰明亮无杂色，燃烧完全烟囱不冒黑烟	看
2	燃油温度	原油温度：35~95℃	看
3	燃油压力	0.25~0.4MPa	看
4	燃油流量计	无渗漏	看
5	燃油电伴热	运行正常	摸
6	锅炉水位	50%~80%	看
7	锅炉蒸汽压力	≤0.60MPa	看
8	燃烧器	运行正常无杂音，无渗漏	听看
9	油气味	无异常油气味	闻
10	管线、管沟	无渗漏，伴热保温完好，清洁	看
11	分汽缸压力	≤0.7MPa	看
12	新罐区用汽	≥0.3MPa	看
13	原罐区用汽	≥0.3MPa	看
14	阀门、管线	开关正确，不渗不漏，无锈蚀	看
15	膨胀器温度	≤151℃	看
16	膨胀器压力	≤0.35MPa	看
17	灭火器	指针在绿色区域、无腐蚀	看

8. 风机间巡检内容及标准

风机间巡检内容及标准见表 5-4-9。

表 5-4-9 风机间巡检内容及标准

序号	检查项目	检查标准	检查方法
1	风机	运行正常无杂音，进风口无杂物	听
2	风机电动机温度	≤70℃	摸
3	灭火器	压力正常、无腐蚀	看

9. 燃料油泵房巡检内容及标准

燃料油泵房巡检内容及标准见表 5-4-10。

表 5-4-10 燃料油泵房巡检内容及标准

序号	检查项目	检查标准	检查方法
1	燃油泵	泄漏量≤30 滴/min	看
2	阀门、管线	开关正确，不渗漏，无锈蚀，保温完好	看
3	灭火器	指针在绿色区域、无腐蚀	看

10. 燃料油罐巡检内容及标准

燃料油罐巡检内容及标准见表 5-4-11。

表 5-4-11 燃料油罐巡检内容及标准

序号	检查项目	检查标准	检查方法
1	燃油罐罐位	1.5~4.0m	看
2	燃油罐温度	35~65℃	看
3	呼吸阀	无腐蚀、灵活好用	看
4	油罐外保温	外保温铁皮完整、螺栓无松动	看
5	蒸汽伴热	保温良好、无锈蚀；阀门完整、连接螺栓紧固无松动	看
6	接地极	完好无锈蚀	看
7	盘梯	无腐蚀及变形，连接处无开裂；静电导出线连接紧固、完好	看
8	安全阀	无锈蚀，检定日期不过期	看
9	跨接线	无锈蚀，连接紧固、完好	看

第六章　辅助系统设备技术管理

第一节　含油污水处理装置技术管理

一、预防性维护

由于含油污水处理装置主要用于罐区污水处理，参照储油罐的维护保养规定，对此装置的维护保养分为日常维护保养、季维护保养和年维护保养。

1. 日常维护保养内容

(1) 设备外观油漆无脱落，阀门、管线、法兰、过滤器、中间水池等设备无渗漏。

(2) 电气柜完好，电源备用，无报警。

(3) 设备完整，刮油板，链条等无脱落。

(4) 压力表显示正确。

(5) 运行时，电动机和水泵等运行正常，无异响、无渗漏。

2. 季维护保养内容

(1) 包括日常维护保养的全部内容。

(2) 试运行设备，各水泵转动灵活。

(3) 旋流除油器旋流良好、分离良好。

(4) 加药装置设备完好、电动搅拌机搅拌均匀。

(5) 过滤器滤料完好，过滤效果达标。

(6) 开关各阀门，保证阀门的可靠性，有关闭不严或无法关闭的应更换。

3. 年维护保养内容

(1) 包括季维护保养的全部内容。

(2) 检定压力表。

(3) 各泵润滑，保证泵的可靠性。

(4) 电气设备的接地检查。

(5) 设备基础观察，无明显下沉。

(6) 对中间水池等易锈蚀设备防腐刷漆。

二、设备日常巡回检查

含油污水日常巡检要求见表 6-1-1。

表 6-1-1　含油污水日常巡检要求

序号	检查项目	控制范围　检查标准	检查方法
1	附属阀门	阀门无渗漏，开关位置正确，与当前运行的工艺流程相符合	看
2	环境卫生	清洁、无杂物、无油污	看

续表

序号	检查项目	控制范围 检查标准	检查方法
3	压力表	压力正常	看
4	设备外观	无锈蚀，无渗漏，设备完整	看
5	电气柜	带电，无报警	看

第二节 除尘装置技术管理

一、预防性维护

除尘装置主要用于热媒炉的烟气处理，参照热媒炉的维护保养规定，对此装置的维护保养分为日常维护保养、季维护保养和年维护保养。

1. 日常维护保养内容

(1) 设备外观油漆无脱落，直梯完好。

(2) 电气控制柜完好，电源备用，无报警。

(3) 除尘器主体无冷凝水。

(4) 各阀门开关状态正确、无漏气。

(5) 运行时，引风机、下灰器和螺旋输送机等运行正常，无异响。

(6) 运行时，脉冲阀喷气正常、无漏气。

(7) 运行时，各阀门开关正常，主体过滤袋过滤干净。

(8) 储灰池或接灰袋无大量积灰，如有，则清理。

2. 季维护保养内容

(1) 包括日常维护保养的全部内容。

(2) 单机试用各部件，引风机、下灰器和螺旋输送机等运行正常，无异响。阀门单独手动操作开关灵活。

(3) 检查配套使用的空压机、空气罐等，保证可靠好用。

(4) 每台热媒炉吹灰除尘运行，保证配套吹灰器的可靠好用。

3. 年维护保养内容

(1) 包括季维护保养的全部内容。

(2) 各部件，引风机、下灰器和螺旋输送机等润滑保养。

(3) 检查各电气设备的接地。

(4) 除尘器主体上部打开，观察过滤袋情况，有腐蚀或脱离的应更换或维修。

(5) 设备基础观察，无明显下沉。

(6) 对易锈蚀设备进行防腐刷漆。

二、设备日常巡回检查

除尘装置巡检内容及标准见表 6-2-1。

表 6-2-1 除尘装置巡检内容及标准

序号	检查项目	控制范围 检查标准	检查方法
1	设备外观	无锈蚀，无冷凝水，设备完整	看
2	环境卫生	清洁、无杂物、无油污	看
3	各阀门	开关状态正确、无漏气	看
4	脉冲阀	喷气正常、无漏气	听
5	电气柜	带电，无报警	看
6	储灰池或接灰袋	无大量积灰	看

第三节 清管器接收(发送)筒技术管理

一、预防性维护

清管器接收(发送)筒是管道的清管、扫线、除垢等作业的专用设备，清管器接收(发送)筒一般认为是管道的延伸部分，不作为单独的压力容器设备，但设备上安装有安全阀、压力检测仪表等附件。对此装置的维护保养可分为日常维护保养、季维护保养和年维护保养。

1. 日常维护保养内容

(1) 设备外观保温完好，附件齐全。

(2) 各阀门开关状态正确、无渗漏。

(3) 各连接管线，法兰处等无渗漏。

(4) 压力检测仪表显示正确。

(5) 有伴热的检查伴热，伴热温度合适。

(6) 快开盲板的日常维护：每次开启盲板，均要对盲板进行检查、维护和保养。最长建议每半年要进行一次维护。盲板维护步骤如下：

① 打开盲板从门上取下密封，取密封时，可用扁平的但圆滑的有硬度的工具轻轻翘起然后用手拿下。

② 检查密封有无机械损坏，如有，请务必更换，如没有，请用一块干净的布沾上脱脂剂清洗或用水，加洗涤灵清洗，上边的油污及其他脏物必须彻底清洁掉，然后用干净的布擦干暂放在干净的地方保管。建议：假如每月开启一次盲板，建议每年更换一次门的密封。如果一年才开启一次盲板，到第三年更换密封即可。

③ 检查密封凹槽内有无锈蚀和污物，如有，用优质砂纸或金刚砂布彻底清理干净，用一块干净棉布擦干。砂纸等级为 100，120 或 180。

④ 检查盲板门在关闭后和法兰接触的部分，包括锁带凹槽，通常有脏物或锈蚀(特别是底部)，同样需要用砂纸清理干净，用干净棉布擦干。

⑤ 上述几个地方都清洁干净后，就开始涂硅油脂、黄油或其他类似的油脂，需要涂油脂的地方包括：密封凹槽(涂完后，安装密封，密封向外的一面也要涂油脂)；锁带凹槽，门关闭后和颈内部的接触面；锁带和门的接触面，琐环本身不需要涂油脂。

⑥ 盲板下方有一个小孔，要保持通畅，冷凝水等可以顺着从小孔流到地面。

⑦ 安装回密封时，要注意不要放反，即密封的唇应该向外。

⑧ 活动部件如门轴的螺栓，用于锁环回缩的马蹄形装置等，如需要，用润滑油润滑。

2. 季维护保养内容

(1) 包括日常维护保养的全部内容。

(2) 在条件允许的情况下，检查阀门，阀门单独手动操作开关灵活。

(3) 检查配套使用的污油泵、污油罐等，保证可靠好用。

3. 年维护保养内容

(1) 包括季维护保养的全部内容。

(2) 检定压力表、安全阀。

(3) 检查各电气设备的接地。

(4) 设备基础观察，无明显下沉。

(5) 对易锈蚀设备防腐刷漆。

二、设备日常巡回检查

收发球装置巡检内容及标准见表6-3-1。

表6-3-1 收发球装置巡检内容及标准

序号	检查项目	控制范围 检查标准	检查方法
1	设备外观	无锈蚀，无冷凝水，设备完整	看
2	环境卫生	清洁、无杂物、无油污	看
3	各阀门	开关状态正确、无渗漏	看
4	压力检测仪表	显示正确	看
5	快开盲板	无渗漏、无腐蚀，泄压螺栓、锁带等齐全完整，位置正确	看

第四节 混油处理装置技术管理

混油处理装置是成品油管道输送特有的系统，它的主要功能是将顺序输送的成品油形成的混油段分离成为达标的汽油和柴油。

它主要由以下设备构成：分馏塔、加热系统(热媒炉或直接炉)、机泵系统、冷却水系统、油罐。其中加热炉、机泵系统、油罐在前面的文章中已经做过介绍，本节重点介绍塔类设备的技术管理。

塔设备是混油处理生产中实现气相和液相或液相和液相间传质的最重要设备之一。塔设备主要结构由塔体、塔支座、除沫器、冷凝器、塔体附体(接管、手孔和人孔、吊耳及平台)及塔内件(如喷淋装置、塔板装置、填料、支承装置等气液接触元件)等部件组成。

一、完好标准及检查要求

1. 零部件

(1) 塔的零部件如塔顶分离装置、喷淋装置、溢流装置塔釜、塔节、塔板应符合设计图样要求。

(2) 塔上各类仪表、温度计、液面计和压力表应灵敏、准确，各种阀门包括安全阀、逆止阀启闭灵活，紧急放空设施齐全、畅通。

(3) 塔体基础无不均匀下沉，机座稳固可靠，各部连接螺栓紧固齐整，符合技术要求。塔体保温、防冻设施有效。

(4) 塔上梯子、平台栏杆等安全设施完整牢固。

2. 运行性能

(1) 整体无异常振动、松动、晃动等现象。

(2) 压力、温度、液面、流量平稳，波动在允许范围内。

(3) 各进出口、放空口及管路无堵塞现象。塔内物件，衬里无裂纹，鼓泡和脱落现象。塔壁和物件的腐蚀、冲蚀情况应在允许范围内。

(4) 生产能力达到铭牌设计能力或查定生产能力。

二、预防性维护保养管理

1. 日常维护

设备工程师应督促操作人员严格按操作规程进行启动、运行及停车，严禁超温、超压，并做到：

(1) 坚持定时定点进行巡回检查，重点检查：温度、压力、流量、仪表灵敏度、设备及附属管线密封性、整体振动情况。

(2) 发现异常情况，应立即查明原因，及时上报，并由有关单位组织处理，当班能消除的缺陷要及时消除。

(3) 经常保持设备清洁，清扫周围环境，及时消除跑、冒、滴、漏。

2. 定期检查内容

(1) 按生产工艺及介质不同对塔进行定期清洗，如采用化学清洗方法。但需做好中和、清洗工作。

(2) 每季对塔外部进行一次表面检查，检查内容：

① 焊缝有无裂纹、渗漏，特别应注意转角、人孔及接管焊缝。

② 各紧固件是否齐全有无松动；安全栏杆、平台是否牢固。

③ 基础有无下沉倾斜、开裂；基础螺栓腐蚀情况。

④ 防腐层、保温层是否完好。

三、故障处理

1. 分馏塔常见故障及处理方法

分馏塔常见故障及处理方法见表 6-4-1。

表 6-4-1 分馏塔常见故障及处理方法

现象	原因	处理方法
传质效率太低	(1) 塔盘及填料堵塞； (2) 喷淋液管及进液管堵塞	(1) 清洗塔盘及填料； (2) 清理进液管及喷淋管

续表

现象	原因	处理方法
塔内压力降增大	(1) 塔盘及填料堵塞； (2) 塔节设备零部件垫片渗漏	(1) 清洗塔盘及填料； (2) 更换垫片
流量、压力突然变大或变小	(1) 进出管结垢堵塞； (2) 附属设施故障	(1) 清理进出液管； (2) 检查油泵、换热器是否有故障
工作表面结垢	(1) 介质中含机械杂质； (2) 介质中有结晶物和沉淀物； (3) 有设备腐蚀产物	(1) 增加过滤设备； (2) 清理和清洗； (3) 清除后重新防腐
连接部位密封失效	(1) 法兰螺栓松动； (2) 密封垫腐蚀或老化； (3) 法兰表面腐蚀； (4) 操作压力过大	(1) 紧固螺栓； (2) 更换垫片； (3) 处理法兰腐蚀面； (4) 调整压力

2. 紧急情况停车

当发生下列情况之一时应紧急停车，并立即报告上级有关部门：

(1) 操作压力、介质温度或壁温超过许用值，采取措施后仍不能得到有效控制时。

(2) 设备及连接管线、视镜等密封失效，难以保证安全运行，或严重影响人身健康和污染环境卫生时。

(3) 设备发生严重振动、晃动危及安全运行。

四、分馏塔大修现场管理

分馏塔的大修周期一般为3~6年。

(1) 检查、清理或更换部分塔盘及支承结构。调整塔盘各部尺寸及水平度，更换密封填料。

(2) 测量塔体垂直度和弯曲度，测量壁厚。

(3) 检查、修理、校验各类仪表，检查校验安全阀。

(4) 清理、检查、修理塔顶分离器、冷凝器、喷淋装置。

(5) 塔体、栏栅、梯子及平台修理。

(6) 检查塔壁的腐蚀情况。检查修补防腐层、保温层。

(7) 做密封性试验。

(8) 检查修理附属管线和阀门。

(9) 拆除全部塔盘，进行检查、修理或更换。

(10) 塔釜及塔支座修理更换、塔节局部更换。

(11) 塔顶分离器、冷凝器、喷淋装置修理或更换。

(12) 塔体进行修理、检查、测量壁厚、调整垂直度。

(13) 检查塔基础下沉和裂纹情况，修理塔基础，修理或更换梯子、栏杆和操作平台。

(14) 气密试验或按规定作水压试验。

(15) 塔体内外除锈、防腐、保温。

(16) 更换填料式分馏塔内颗粒填料，颗粒填料(环形、鞍形、鞍环形及其他)回装后应符合下列规定：

① 颗粒填料应干净，不得含有泥沙、油污和污物。

② 颗粒填料在安装过程中应避免破碎或变形，破碎变形者应拣出。塑料环应防止日晒老化。

③ 颗粒填料在规则排列部分应靠塔壁逐圈整齐正确排列，排列位置允许偏差为其外径的 1/4。

④ 散堆颗粒填料也应从塔壁开始向塔中心均匀填平。鞍形及鞍环形填料填充的松紧度要适当，避免架桥和变形，杂物应拣出，填料层表面应平整。

⑤ 颗粒填料的质量、高度和填充体积应符合设计要求。

第七章　ERP 系统管理

第一节　站内自行维修

一、技术员创建自行处理维修工单

（1）站员进入技术员待办工作平台（图 7-1-1）。可以输入事务代码 ZR8PMDG005E；也可以在 SAP 菜单中找到管道公司目录—设备维护—功能—工单审批平台—创建人处理平台，双击进入。

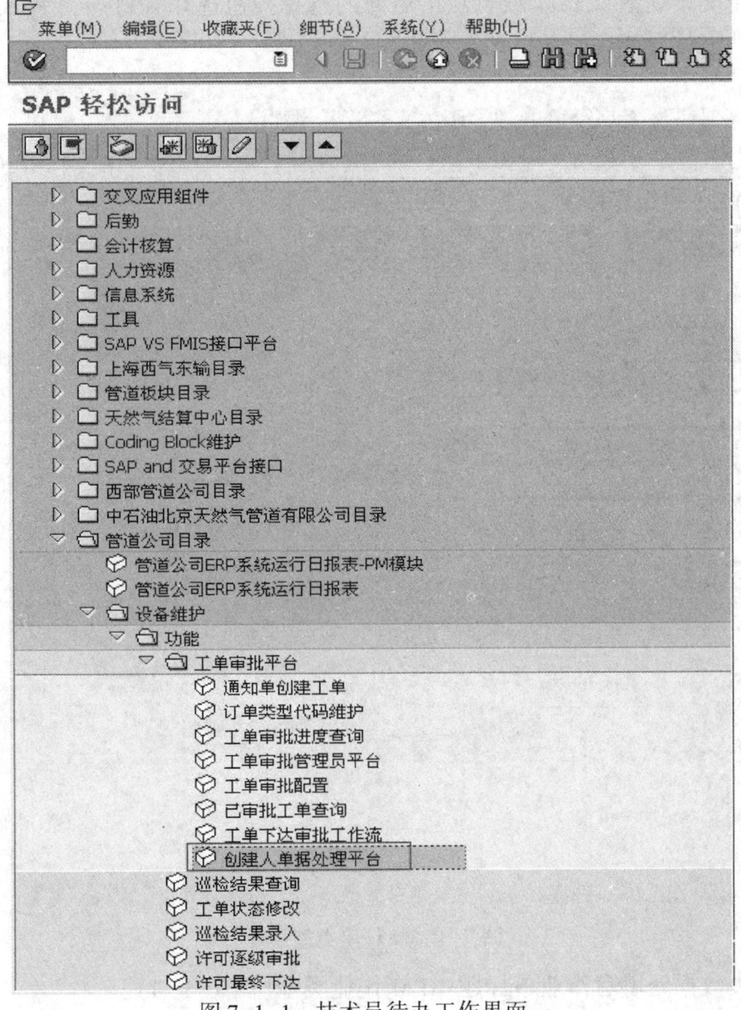

图 7-1-1　技术员待办工作界面一

(2) 在待办工作平台界面点击“工单创建”(图 7-1-2)。

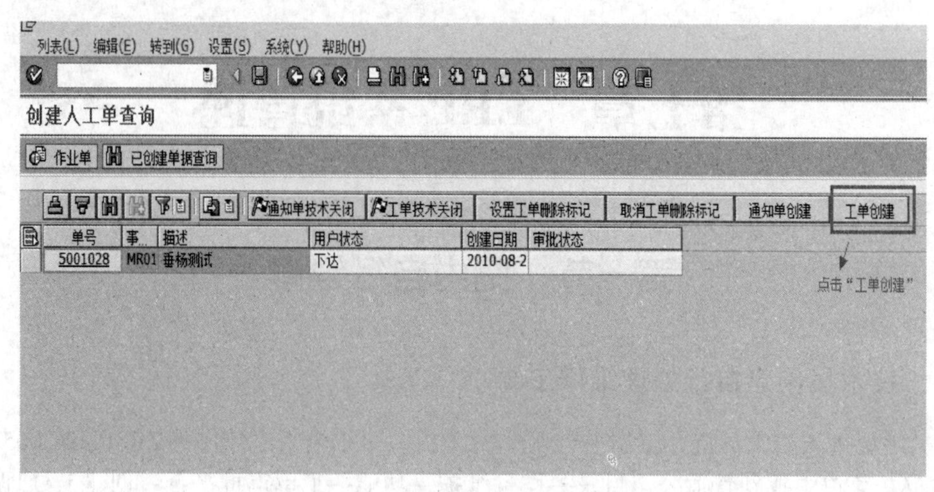

图 7-1-2　技术员待办工作界面二

(3) 在订单类型处输入 zc11 或者点击后面的选择按钮选择 zc11 非线路类自行处理作业单，选择一个功能位置或者设备，回车(图 7-1-3)。

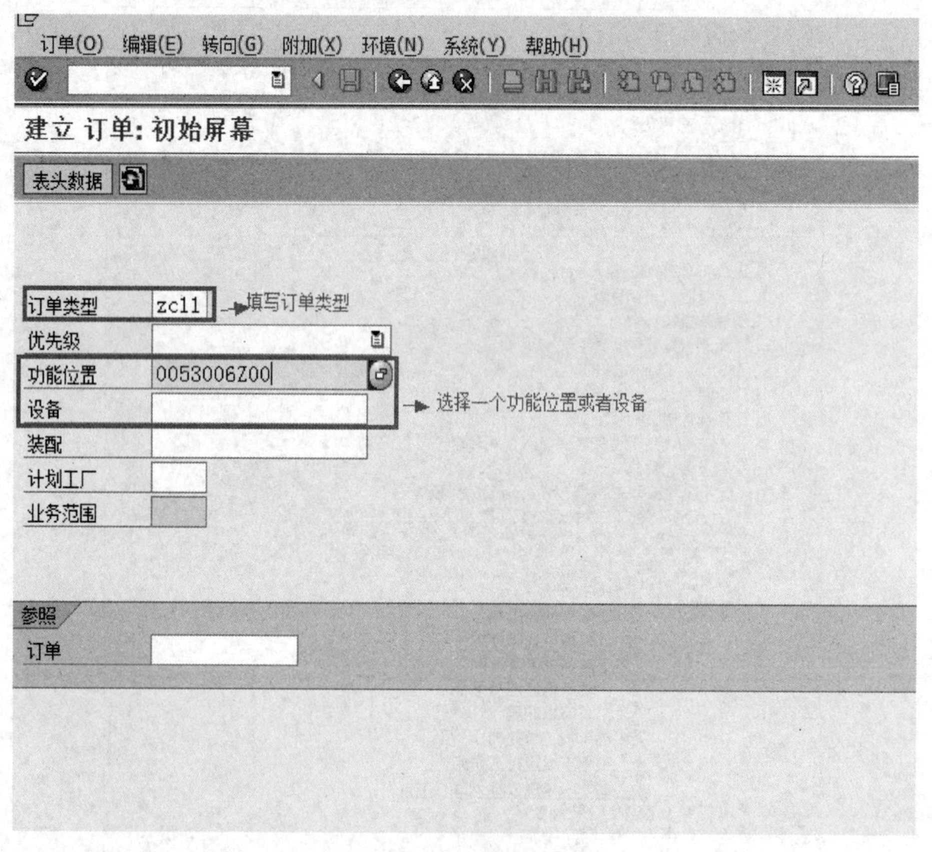

图 7-1-3　订单类型选择

(4) 在抬头数据处填写作业单标题、PM 作业类型(图 7-1-4)。

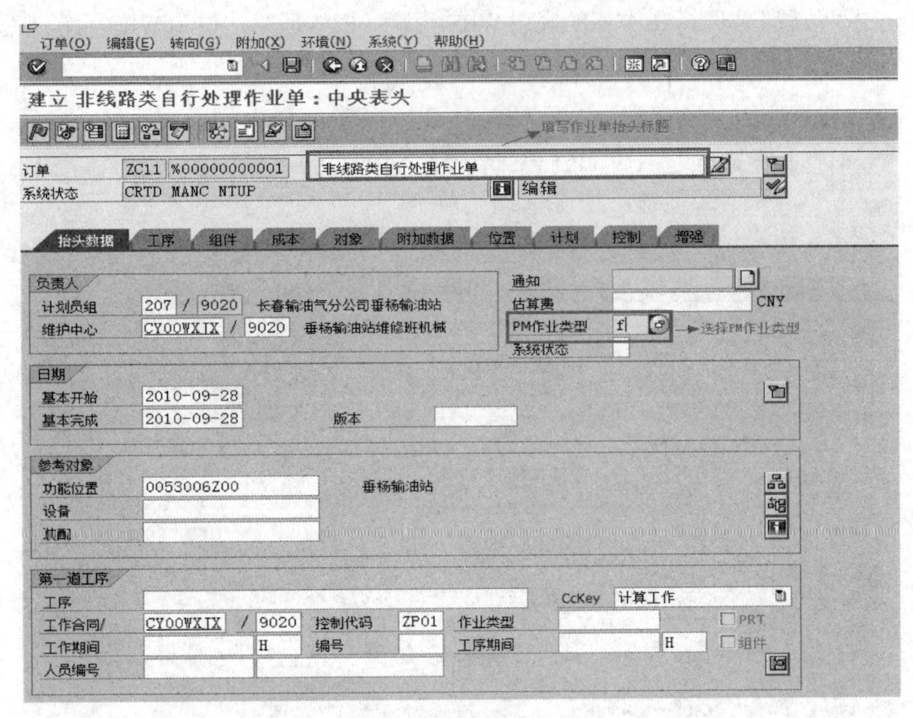

图 7-1-4　填写作业单标题和 PM 作业类型

(5) 填写工序即每一步维修操作，如果涉及领料那么需在组件处填选物料信息(物料号、数量、IC 处填写 L、对应的库位和工序)(图 7-1-5)。

建立 非线路类自行处理作业单：工序总览

订单　ZC11　%00000000001　非线路类自行处理作业单

系统状态　CRTD MANC NTUP　编辑

点击工序和组件 填写相应内容

抬头数据　工序　组件　成本　对象　附加数据　位置　计划　控制　增强

OpAc	SOp	工作中心	工厂	控制	标文本	系	工序短文本	LT	工作
0010		CY00WXJX	9020	ZP01			非线路类自行处理作业单		
0020		CY00WXJX	9020	ZP01			拆卸		
0030		CY00WXJX	9020	ZP01			维修		
0040		CY00WXJX	9020	ZP01			安装		
0050		CY00WXJX	9020	ZP01			检测		
0060		CY00WXJX	9020	ZP01					
0070		CY00WXJX	9020	ZP01					
0080		CY00WXJX	9020	ZP01					
0090		CY00WXJX	9020	ZP01					
0100		CY00WXJX	9020	ZP01					
0110		CY00WXJX	9020	ZP01					
0120		CY00WXJX	9020	ZP01					
0130		CY00WXJX	9020	ZP01					
0140		CY00WXJX	9020	ZP01					
0150		CY00WXJX	9020	ZP01					
0160		CY00WXJX	9020	ZP01					
0170		CY00WXJX	9020	ZP01					
0180		CY00WXJX	9020	ZP01					

图 7-1-5　填写工序

(6) 点击“位置”处选择R类型的底层WBS元素。横线后第三位为WBS元素类型(图7-1-6)。

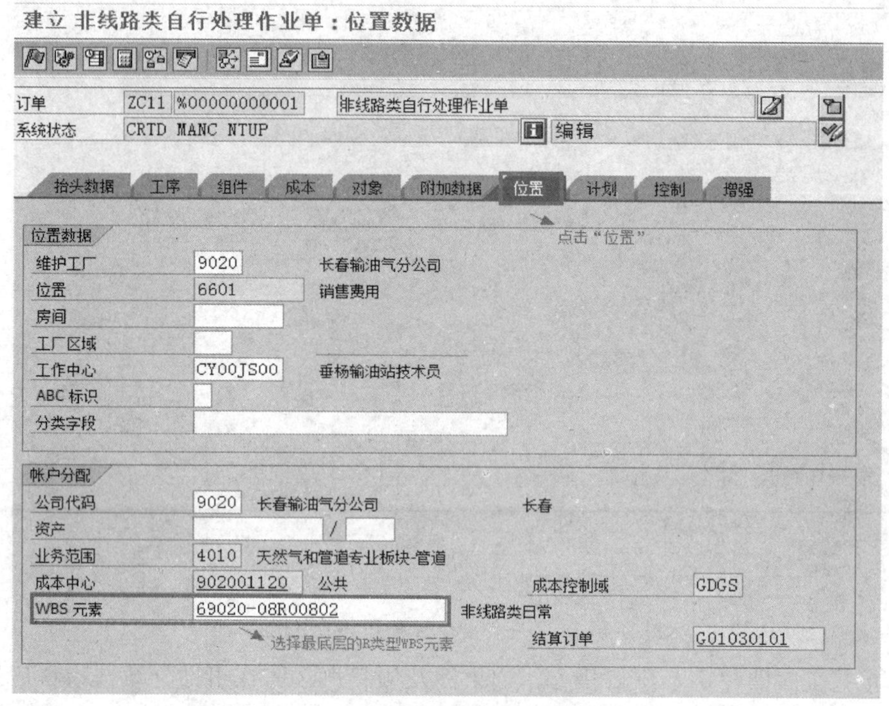

图7-1-6 位置数据选择

(7) 回到“抬头数据”一栏，关联创建作业记录单(图7-1-7和图7-1-8)。

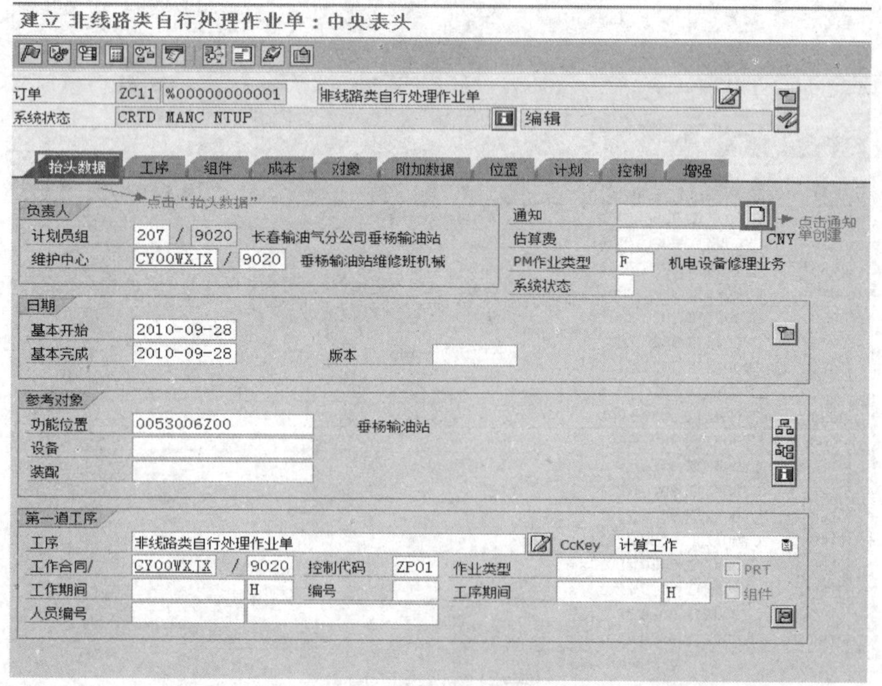

图7-1-7 关联创建作业记录单一

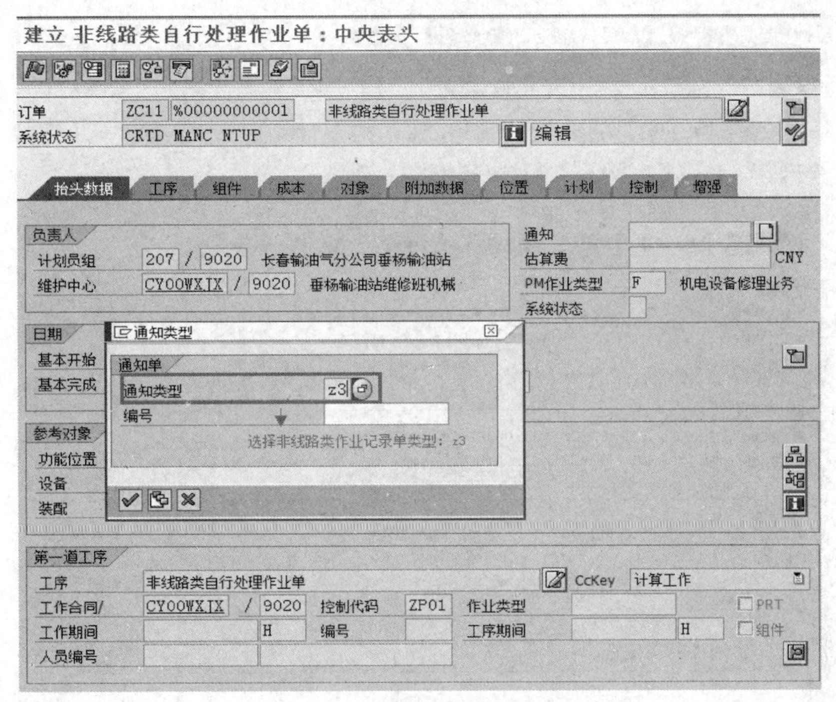

图 7-1-8　关联创建作业记录单二

（8）填写作业记录单的报告者，优先级，然后返回到作业单，点击保存(图 7-1-9 至图 7-1-11)。

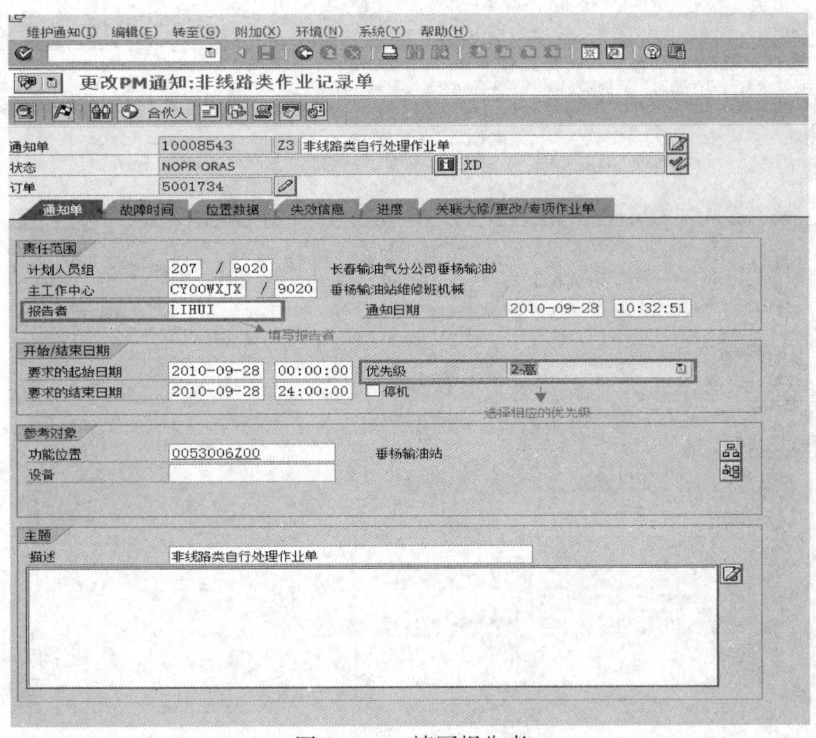

图 7-1-9　填写报告者

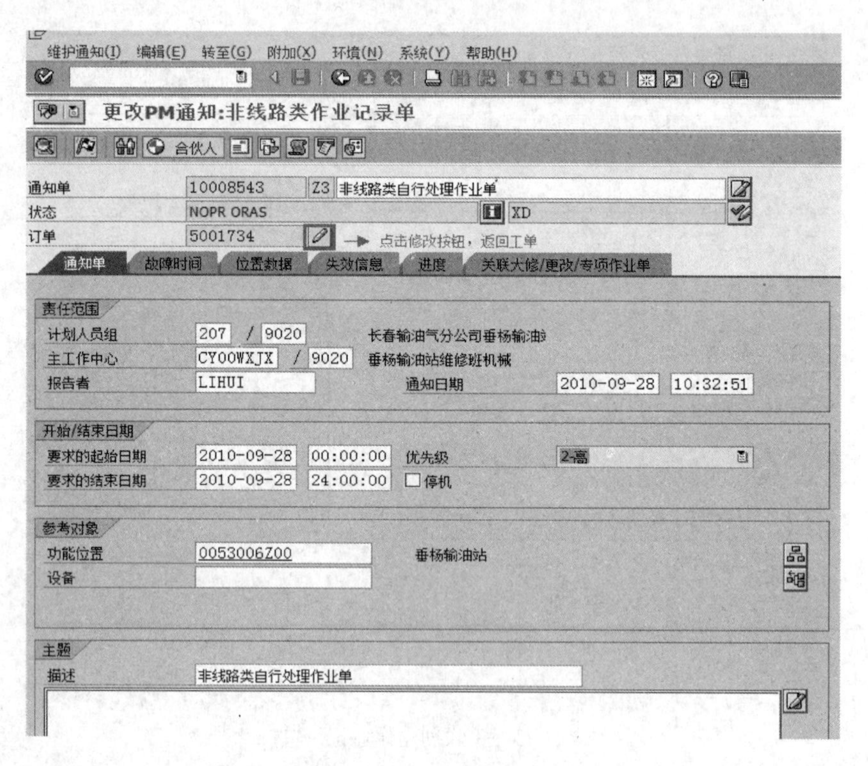

图 7-1-10　返回工单

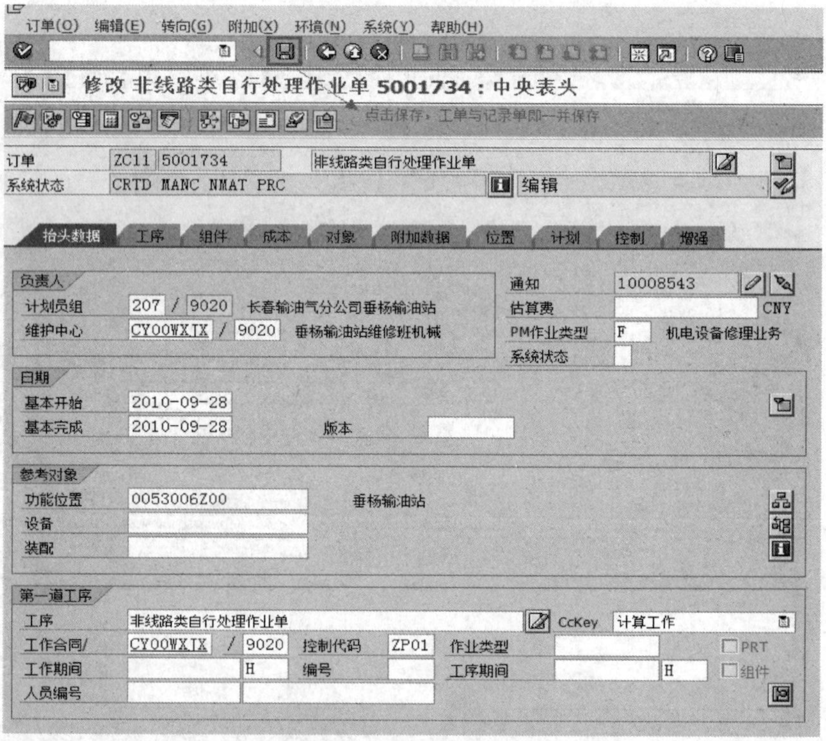

订单(O) 编辑(E) 转向(G) 附加(X) 环境(N) 系统(Y) 帮助(H)

修改 非线路类自行处理作业单 5001734：中央表头

点击保存，工单与记录单即一并保存

订单 ZC11 5001734 非线路类自行处理作业单

系统状态 CRTD MANC NMAT PRC 编辑

抬头数据 工序 组件 成本 对象 附加数据 位置 计划 控制 增强

负责人

计划员组 207 / 9020 长春输油气分公司垂杨输油站

维护中心 CYOOWXJX / 9020 垂杨输油站维修班机械

通知 10008543

估算费 CNY

PM作业类型 F 机电设备修理业务

系统状态

日期

基本开始 2010-09-28

基本完成 2010-09-28 版本

参考对象

功能位置 0053006Z00 垂杨输油站

设备

装配

第一道工序

工序 非线路类自行处理作业单 CcKey 计算工作

工作合同/ CYOOWXJX / 9020 控制代码 ZP01 作业类型 PRT

工作期间 H 编号 工序期间 H 组件

人员编号

图 7-1-11　保存工单

(9) 退出待办平台重新进入的时候，工单即显示在待办工作平台，用户状态为“编辑”，审批状态为“待审批”，点击单号进入工单(图 7-1-12)。

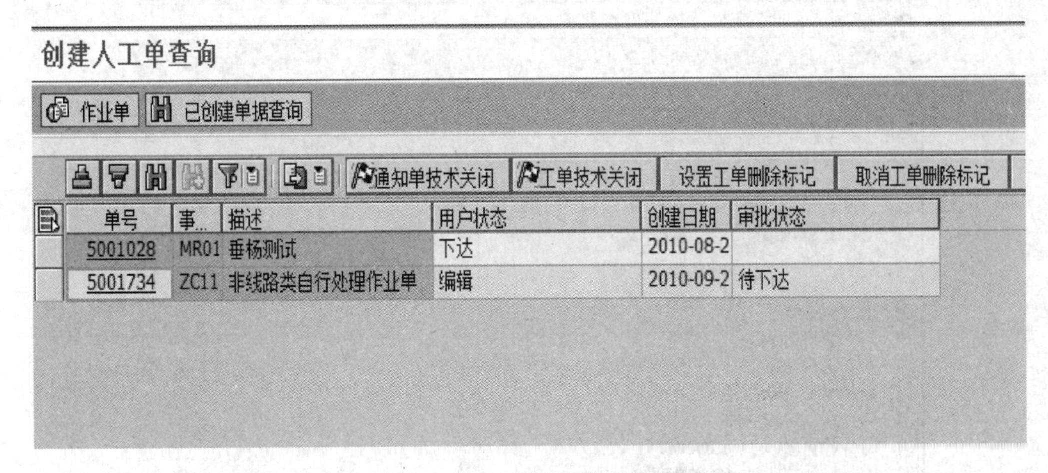

图 7-1-12　重新进入工单界面

(10) 检查信息填写没有问题后点击用户状态修改按钮，将状态改成“待审”，点击“保存”后系统自动将工单推送到站长待办工作平台(图 7-1-13 至图 7-1-15)。

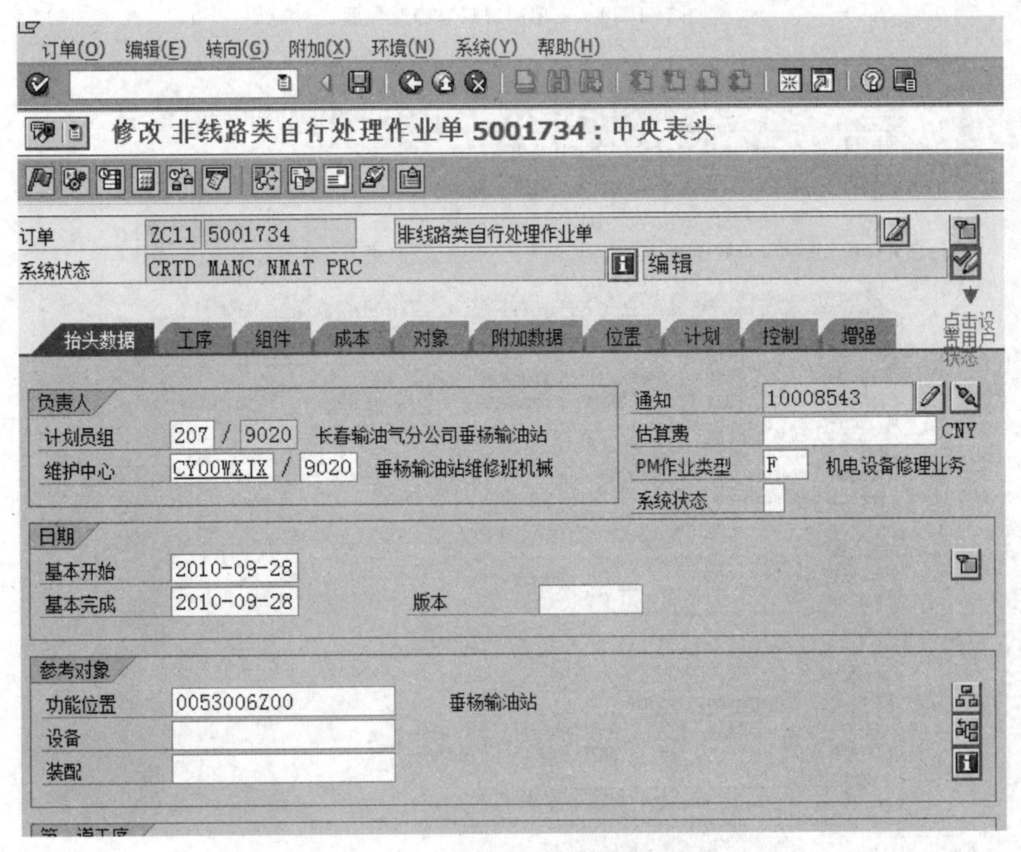

图 7-1-13　工单用户状态修改界面一

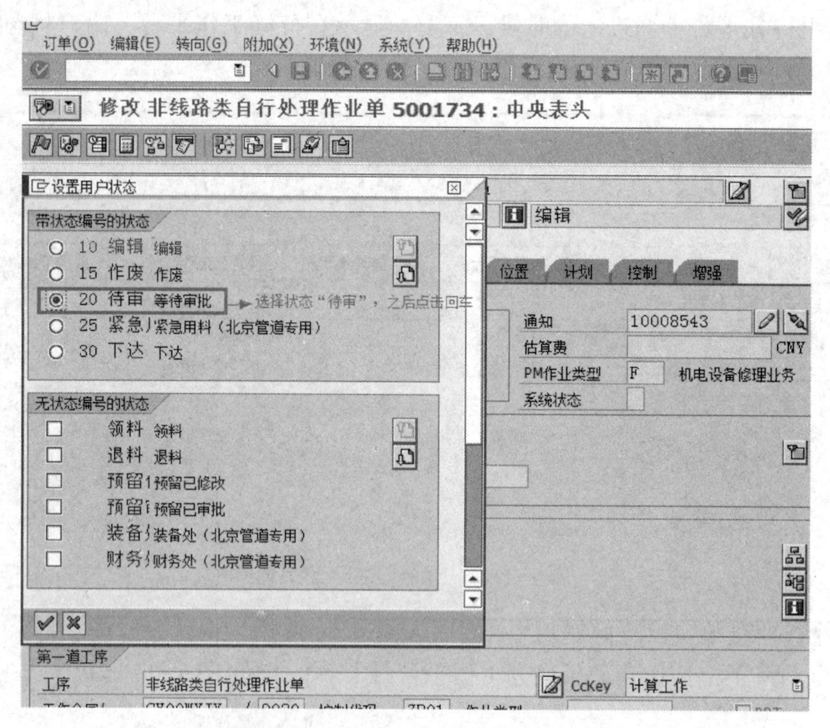

图 7-1-14 工单用户状态修改界面二

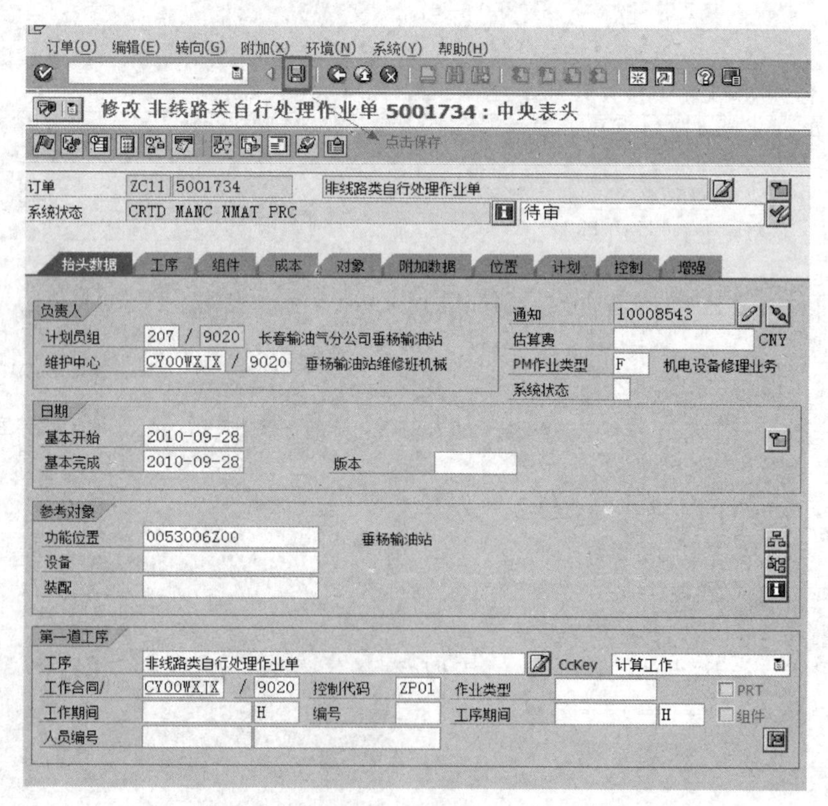

图 7-1-15 保存工单用户状态修改界面

二、自行处理故障维修工单审批

(1) 站长登录后进入待办工作平台。输入事务代码 ZR8PMDG005 或者在 SAP 菜单中找到管道公司目录—设备维护—功能—工单审批平台—工单下达审批工作流，双击进入(图 7-1-16)。

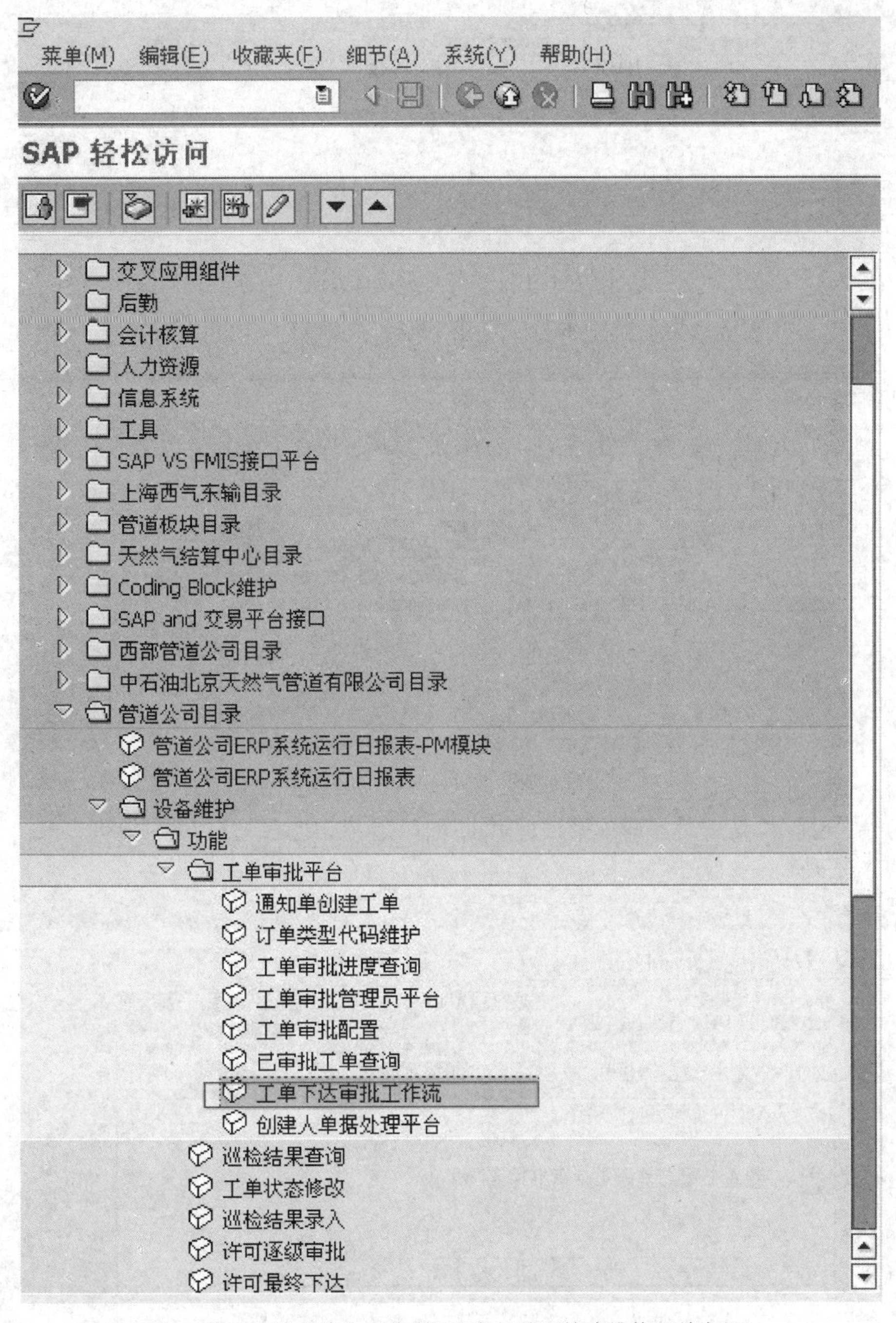

图 7-1-16　站长待办工作界面(自行处理故障维修工单审批)

(2) 看到有待审单据后可点击单号查看信息，如果进行审批，首先点击后面“操作选项”处的下拉菜单，选择“同意”(图 7-1-17)。

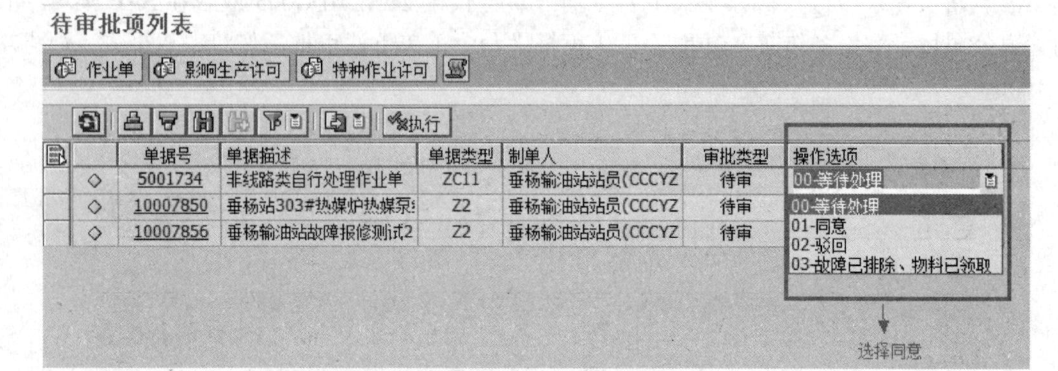
待审批项列表

作业单 影响生产许可 特种作业许可

执行

	单据号	单据描述	单据类型	制单人	审批类型	操作选项
◇	5001734	非线路类自行处理作业单	ZC11	垂杨输油站站员(CCCYZ	待审	00-等待处理
◇	10007850	垂杨站303#热媒炉热媒泵	Z2	垂杨输油站站员(CCCYZ	待审	
◇	10007856	垂杨输油站故障报修测试2	Z2	垂杨输油站站员(CCCYZ	待审	

图 7-1-17 待审单据审批界面一

(3) 点击最左侧空白按钮选中本行，点击“执行”(图 7-1-18)。

待审批项列表

作业单 影响生产许可 特种作业许可

执行 → 点击执行

	单据号	单据描述	单据类型	制单人	审批类型	操作选项
◇	5001734	非线路类自行处理作业单	ZC11	垂杨输油站站员(CCCYZ	待审	01-同意
◇	10007850	垂杨站303#热媒炉热媒泵	Z2	垂杨输油站站员(CCCYZ	待审	00-等待处理
◇	10007856	垂杨输油站故障报修测试2	Z2	垂杨输油站站员(CCCYZ	待审	00-等待处理

图 7-1-18 待审单据审批界面二

(4) 系统提示“是否对已选单据进行审批操作”，点击“是”(图 7-1-19)。

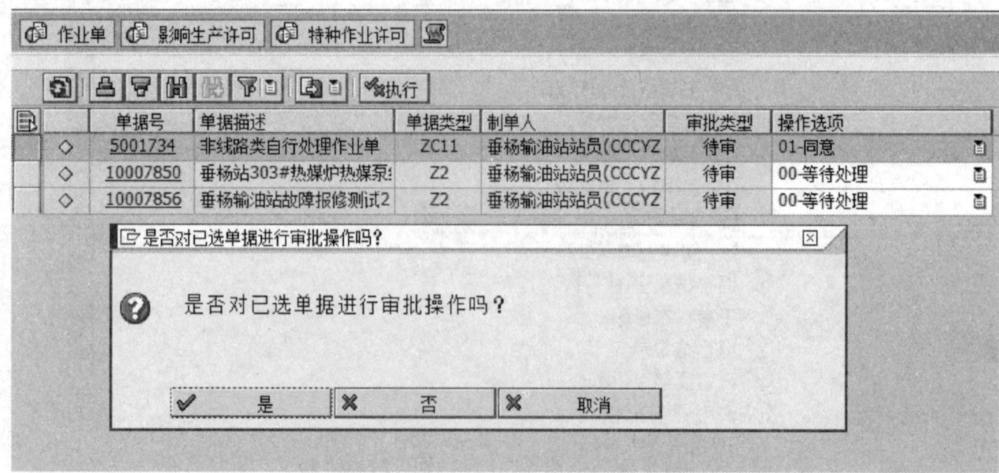
待审批项列表

作业单 影响生产许可 特种作业许可

执行

	单据号	单据描述	单据类型	制单人	审批类型	操作选项
◇	5001734	非线路类自行处理作业单	ZC11	垂杨输油站站员(CCCYZ	待审	01-同意
◇	10007850	垂杨站303#热媒炉热媒泵	Z2	垂杨输油站站员(CCCYZ	待审	00-等待处理
◇	10007856	垂杨输油站故障报修测试2	Z2	垂杨输油站站员(CCCYZ	待审	00-等待处理

图 7-1-19 待审单据审批界面三

(5) 退出。

三、站队技术员填写失效信息并完工确认

(1) 站队技术员进入待办平台，点击单号进入工单界面，如图 7-1-20 所示。

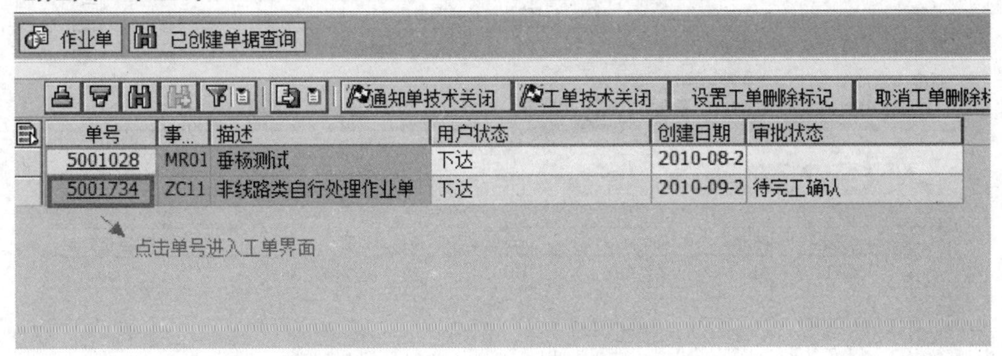

图 7-1-20　点击单号进入工单界面

(2) 点击通知单修改的界面，如图 7-1-21 所示。

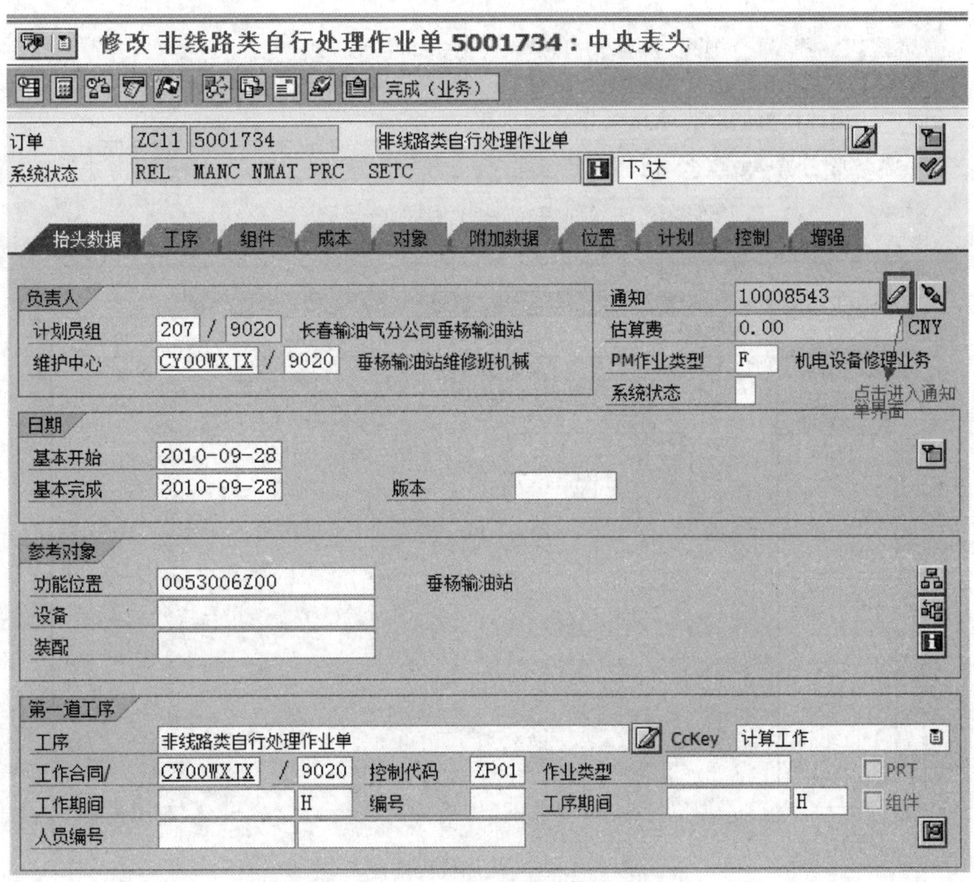

图 7-1-21　点击通知单修改界面

(3) 在失效信息里，选择相应的代码组进行故障分类、故障现象、故障原因和采取措施的填写，并且可以在后面文本处进行补充说明(图 7-1-22 和图 7-1-23)。

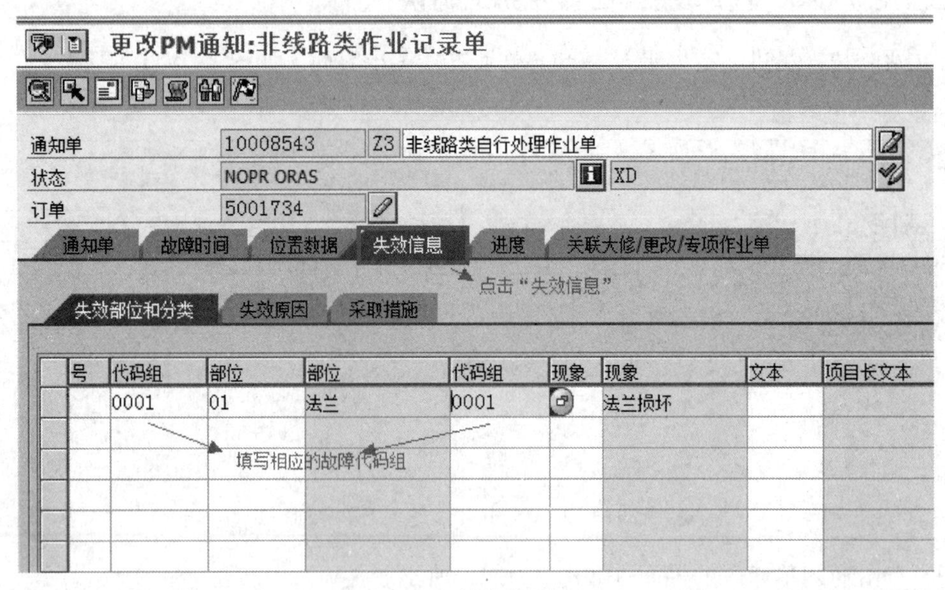

图 7-1-22　故障代码选择一

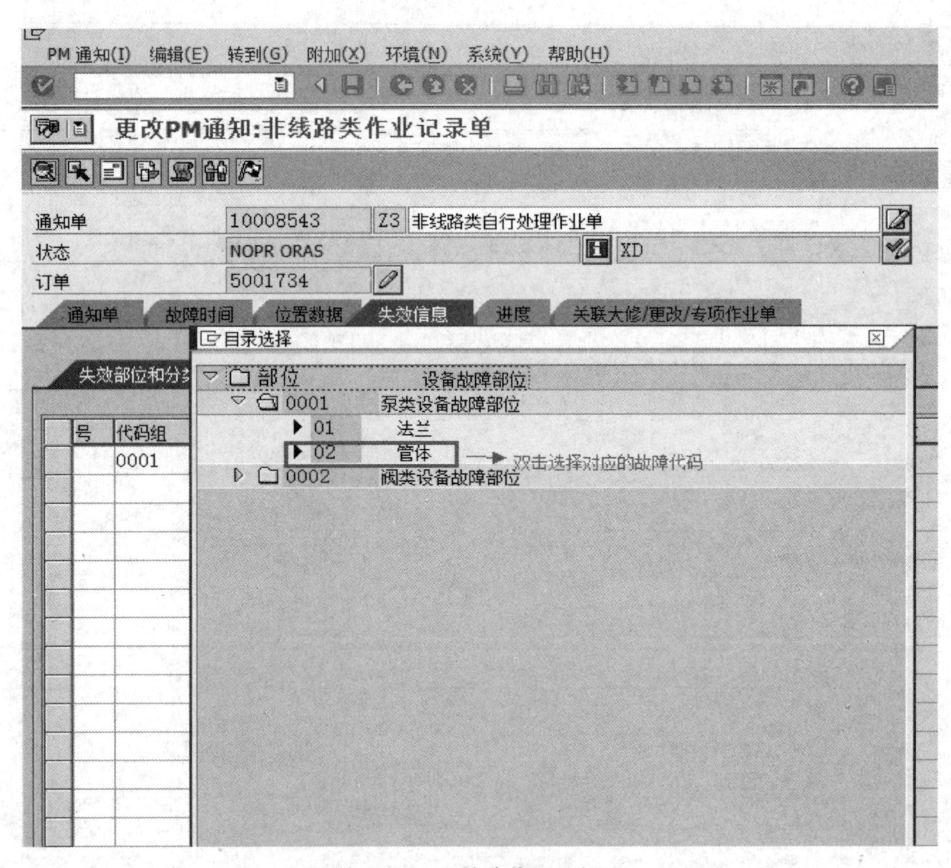

图 7-1-23　故障代码选择二

（4）填写完失效信息后点击返回按钮进入工单界面（图 7-1-24）。

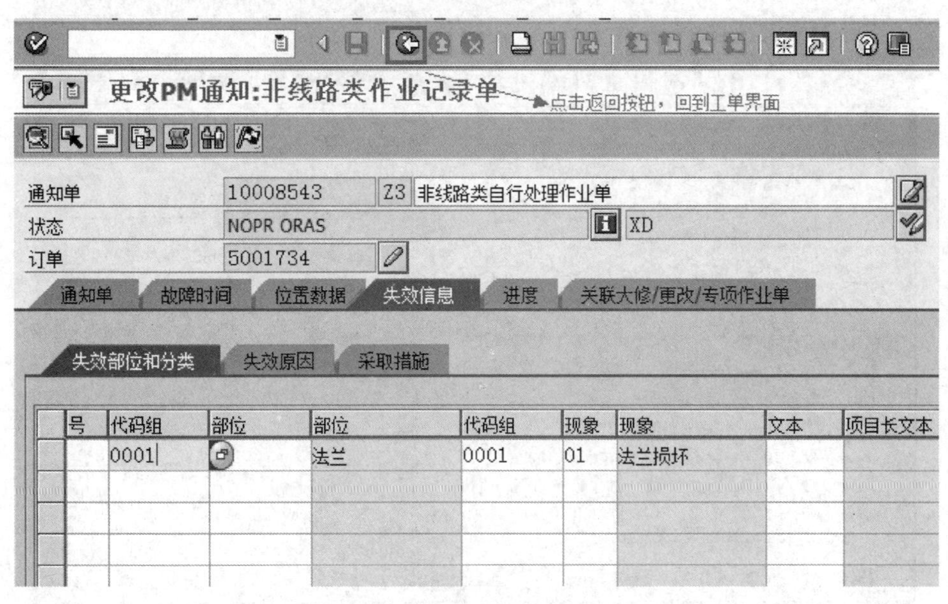

图 7-1-24　返回工单界面

（5）在设置用户状态处，选择“完工确认”（图 7-1-25 和图 7-1-26）。

修改 非线路类自行处理作业单 5001734：中央表头
完成（业务）
订单 ZC11 5001734 非线路类自行处理作业单
系统状态 REL MANC NMAT PRC SETC 下达
点击“设置用户状态”
抬头数据 工序 组件 成本 对象 附加数据 位置 计划 控制 增强
负责人
计划员组 207 / 9020 长春输油气分公司垂杨输油站
维护中心 CY00WXJX / 9020 垂杨输油站维修班机械
通知 10008543
估算费 0.00 CNY
PM作业类型 F 机电设备修理业务
系统状态
日期
基本开始 2010-09-28
基本完成 2010-09-28 版本
参考对象
功能位置 0053006Z00 垂杨输油站
设备
装配
第一道工序
工序 非线路类自行处理作业单 CcKey 计算工作
工作合同/ CY00WXJX / 9020 控制代码 ZP01 作业类型 PRT
工作期间 H 编号 工序期间 H 组件
人员编号

图 7-1-25　完工确认界面一

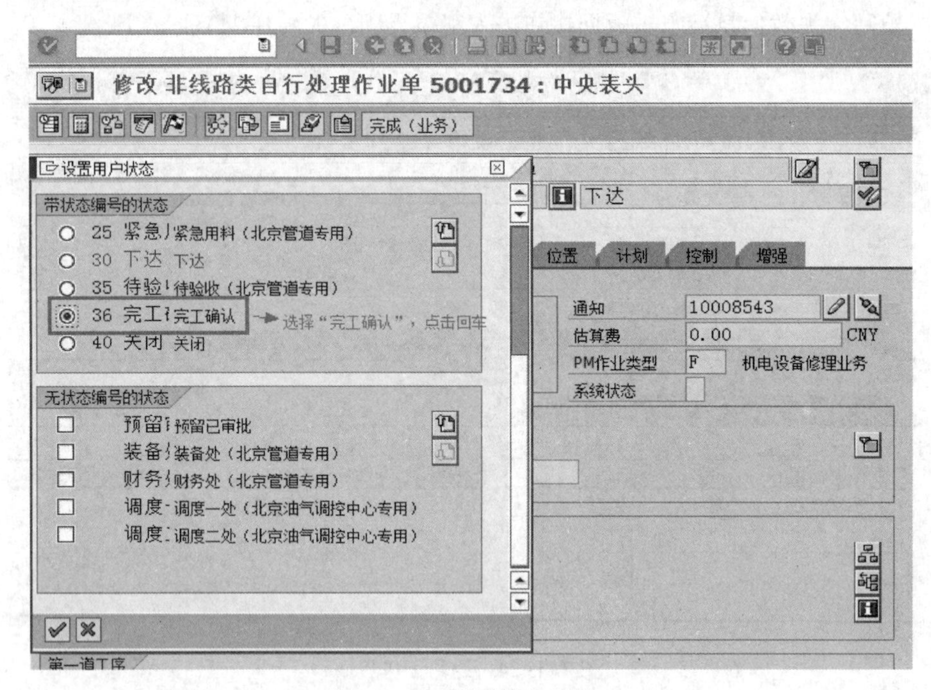

图 7-1-26　完工确认界面二

(6) 点击保存(图 7-1-27)。

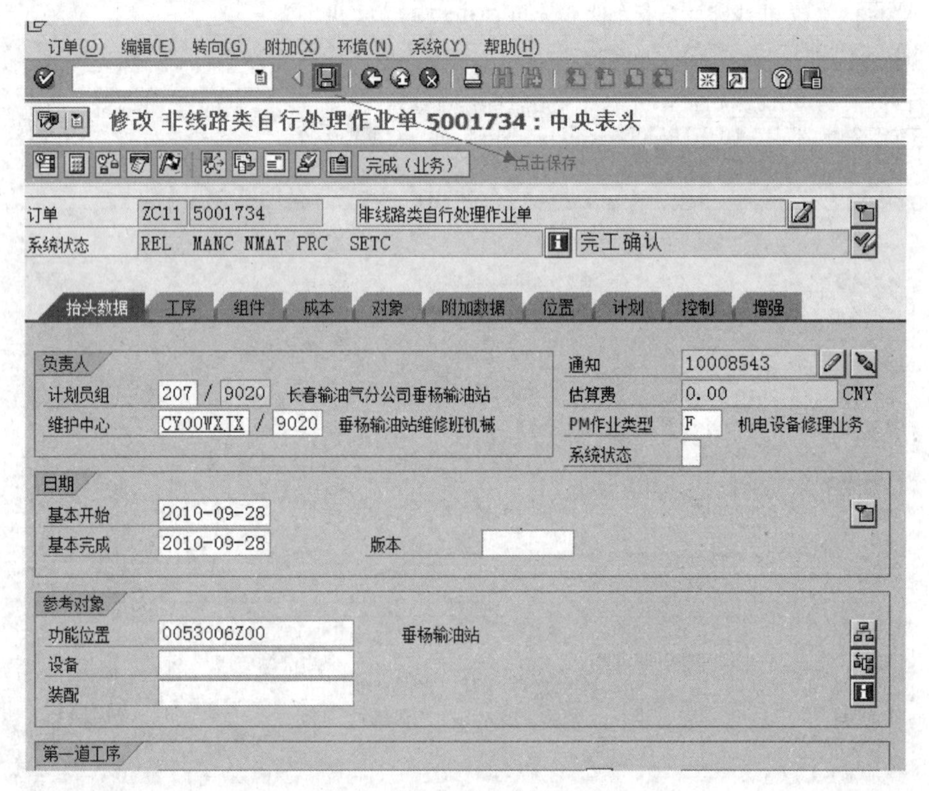

图 7-1-27　完工确认保存界面

四、技术员关闭通知单

(1) 技术员进入待办工作平台，点击待关闭通知单最左侧按钮选中本行，点击“通知单技术关闭”(图 7-1-28)。

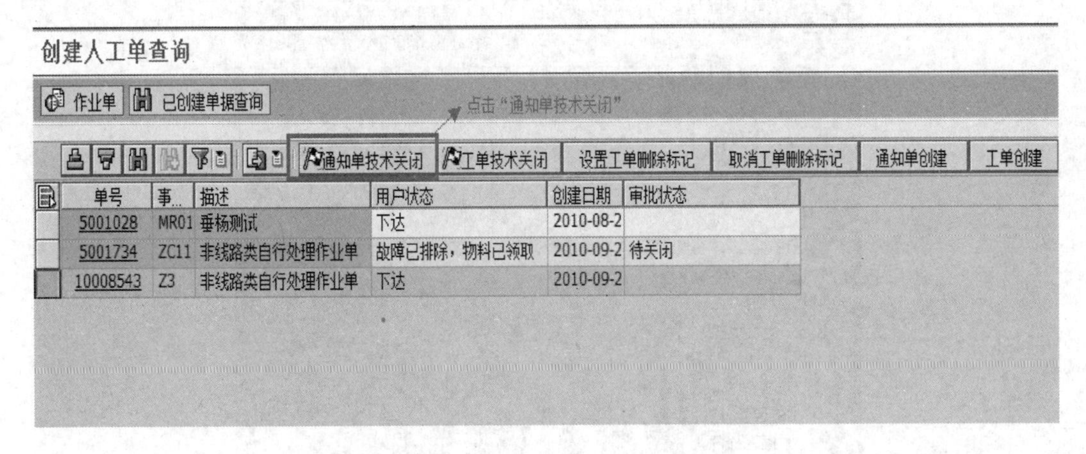

图 7-1-28　通知单技术关闭

(2) 点击待关闭工单最左侧按钮选中本行，点击“工单技术关闭”(图 7-1-29)。

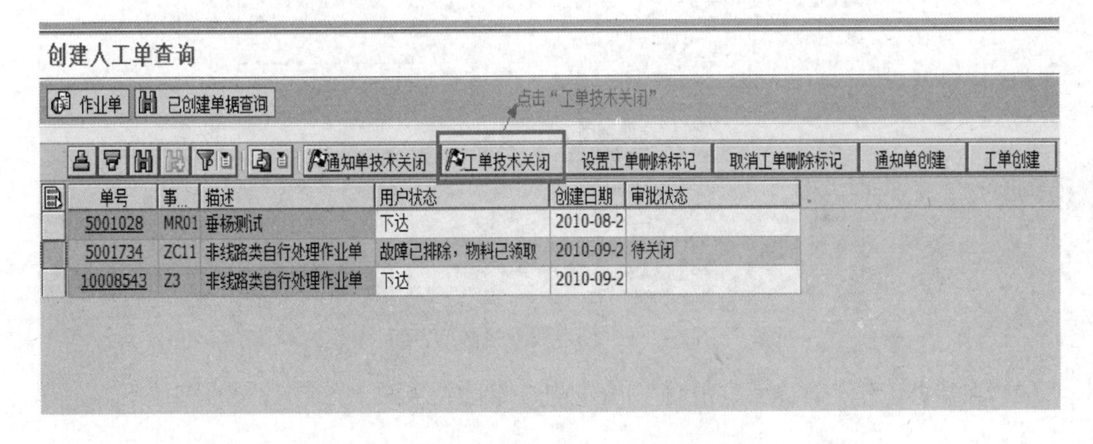

图 7-1-29　工单技术关闭

第二节　一般故障维修流程报修

一、技术员创建故障报修单

(1) 站员进入技术员待办工作平台。可以输入事务代码 ZR8PMDG005E；也可以在 SAP 菜单中找到管道公司目录—设备维护—功能—工单审批平台—创建人处理平台，双击进入(图 7-2-1)。

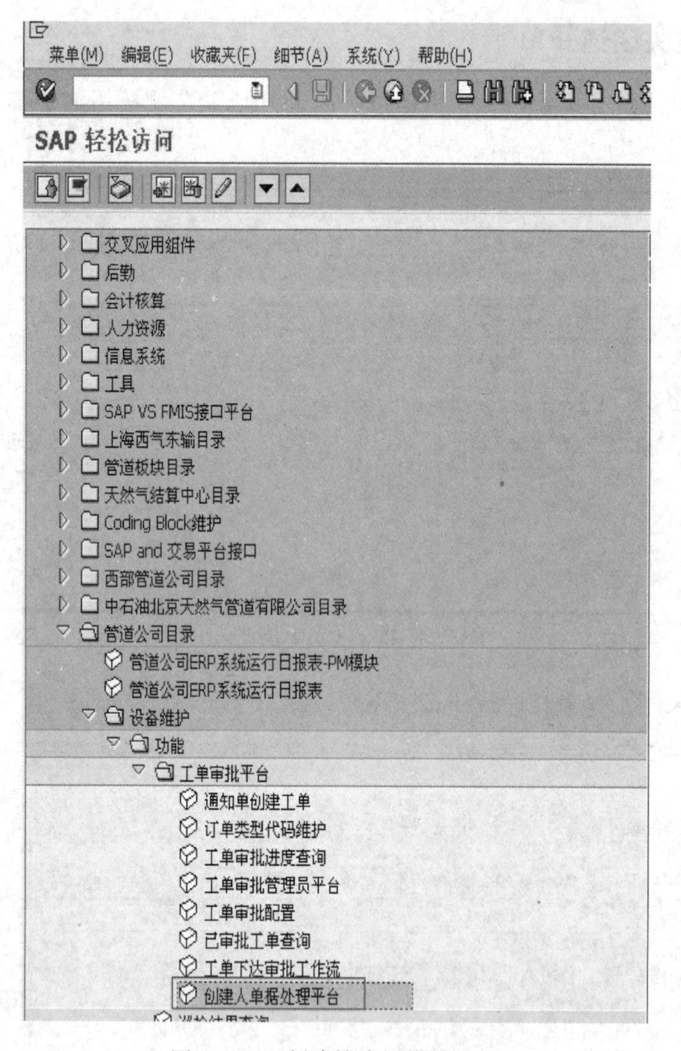

图 7-2-1　创建故障报修单界面

(2) 在待办工作平台界面点击“通知单创建”(图 7-2-2)。

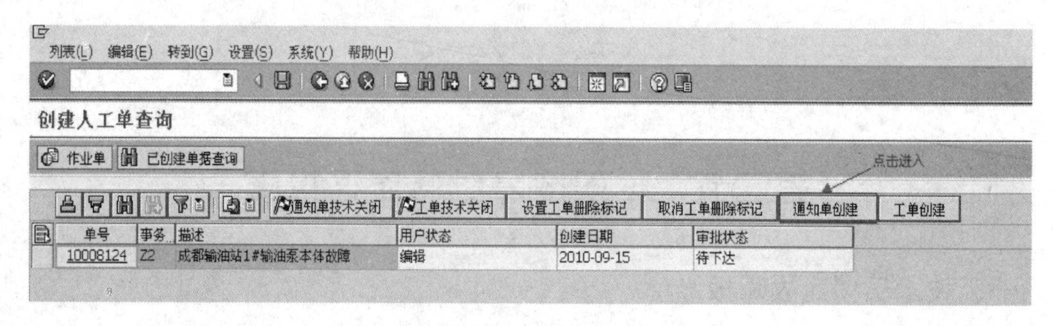

图 7-2-2　通知单创建界面

(3) 在通知类型处输入 Z2 或者点击后面的选择按钮选择 Z2 非线路类报修单，回车(图 7-2-3)。

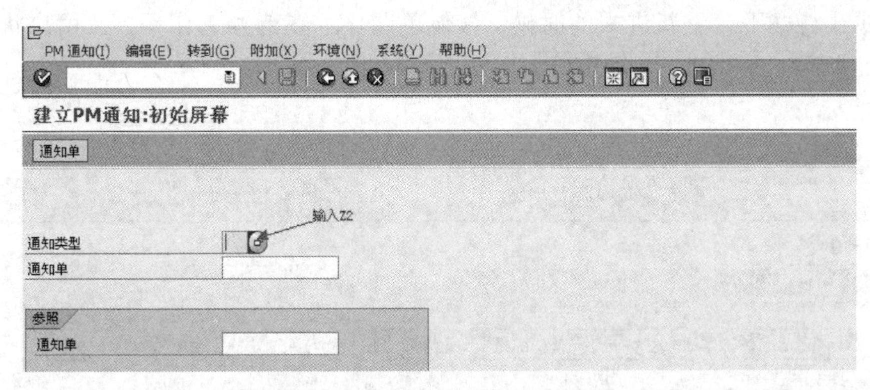

图 7-2-3　报修单类型选择界面

（4）依次填写报修单标题、报告者姓名、选择发生故障的设备或是功能位置、在“描述”处填写故障现象描述。点击回车，最后点击“保存”(图 7-2-4)。

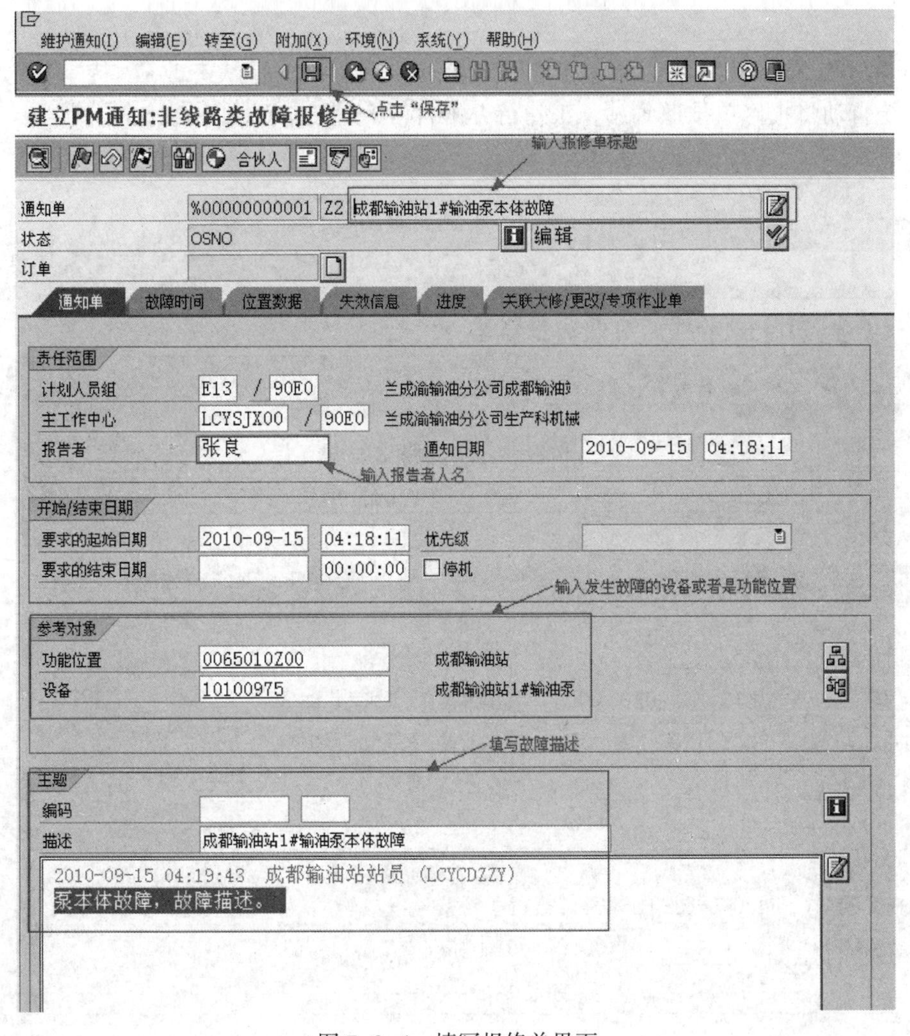

图 7-2-4　填写报修单界面

(5) 退出待办平台重新进入的时候，报修单即显示在待办工作平台，用户状态为“编辑”，审批状态为“待审批”，点击单号进入报修单(图7-2-5)。

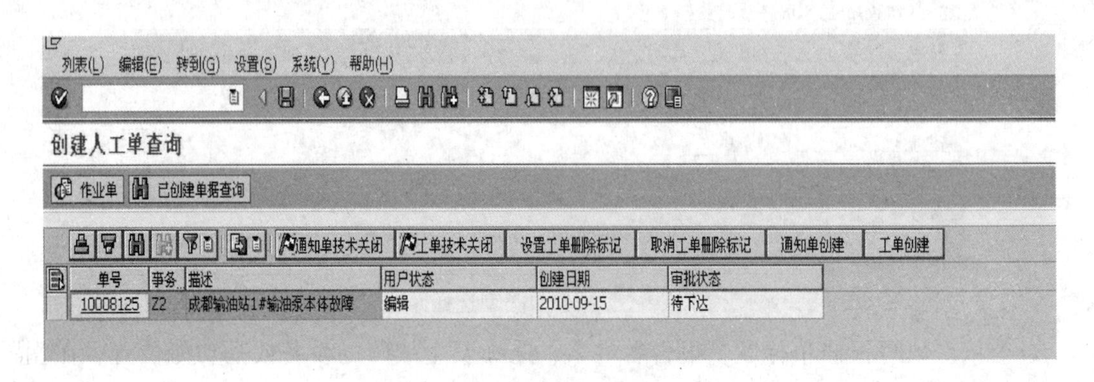

图7-2-5　点击单号进入已创建的报修单

(6) 检查信息填写没有问题后点击用户状态修改按钮，将状态改成“待审”，点击“保存”后系统自动将报修单推送到站长工作待办平台(图7-2-6至图7-2-8)。

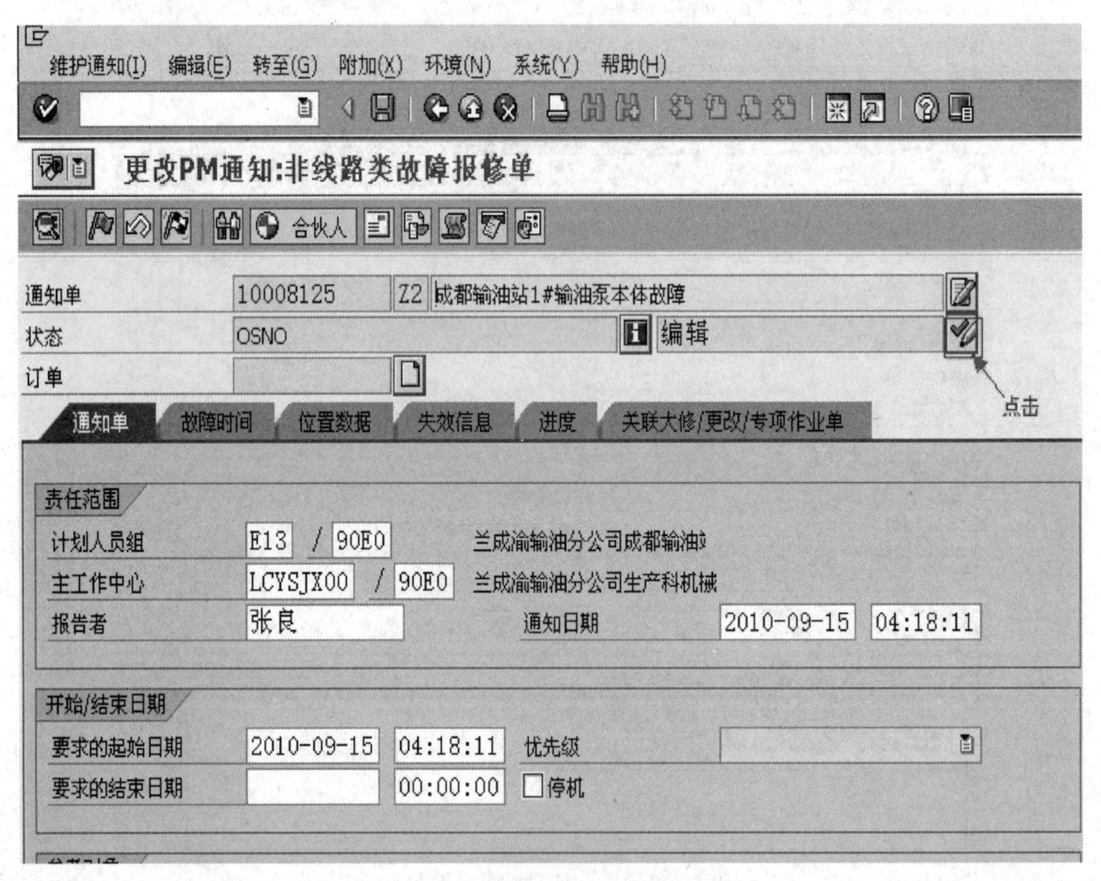

图7-2-6　报修单用户状态修改界面一

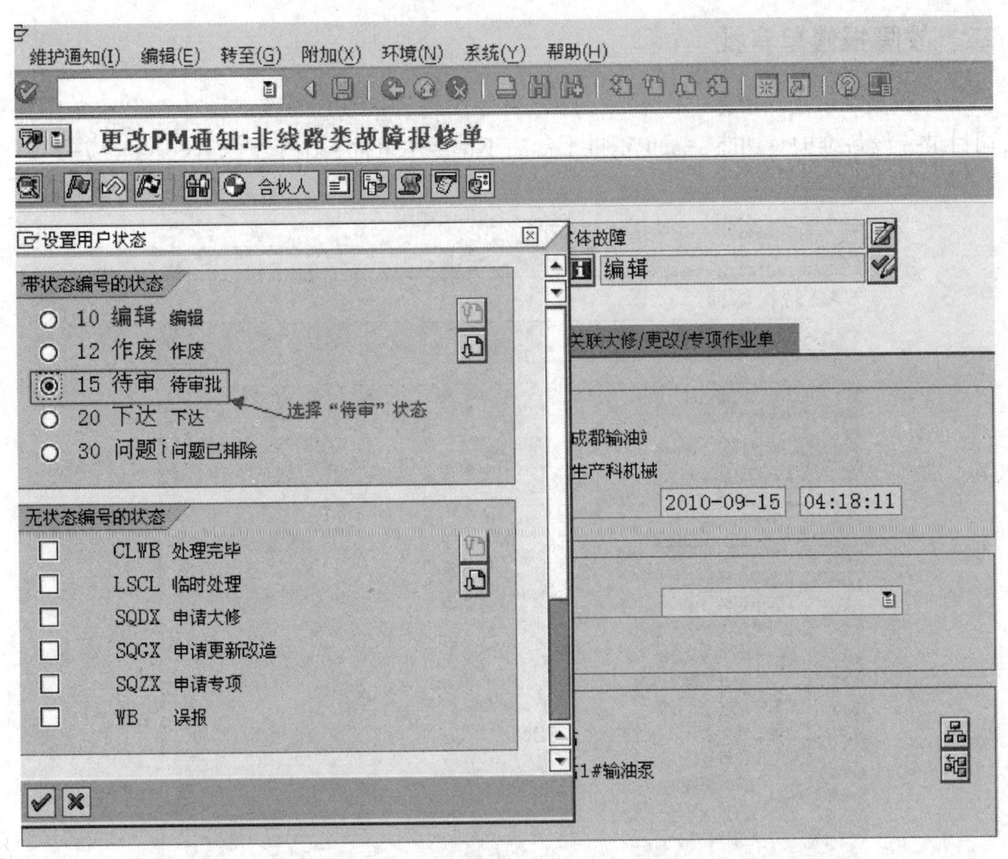

图 7-2-7　报修单用户状态修改界面二

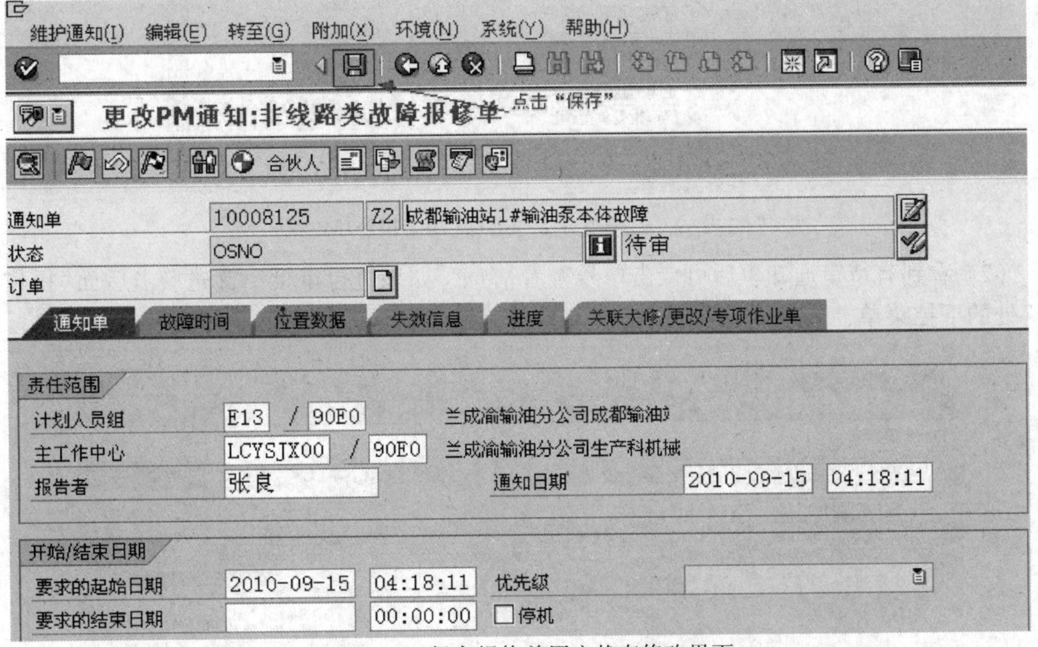

图 7-2-8　保存报修单用户状态修改界面

二、故障报修单审批

(1) 站长登录后进入待办工作平台。输入事务代码 ZR8PMDG005 或者在 SAP 菜单中找到管道公司目录—设备维护—功能—工单审批平台—工单下达审批工作流，双击进入(图 7-2-9)。

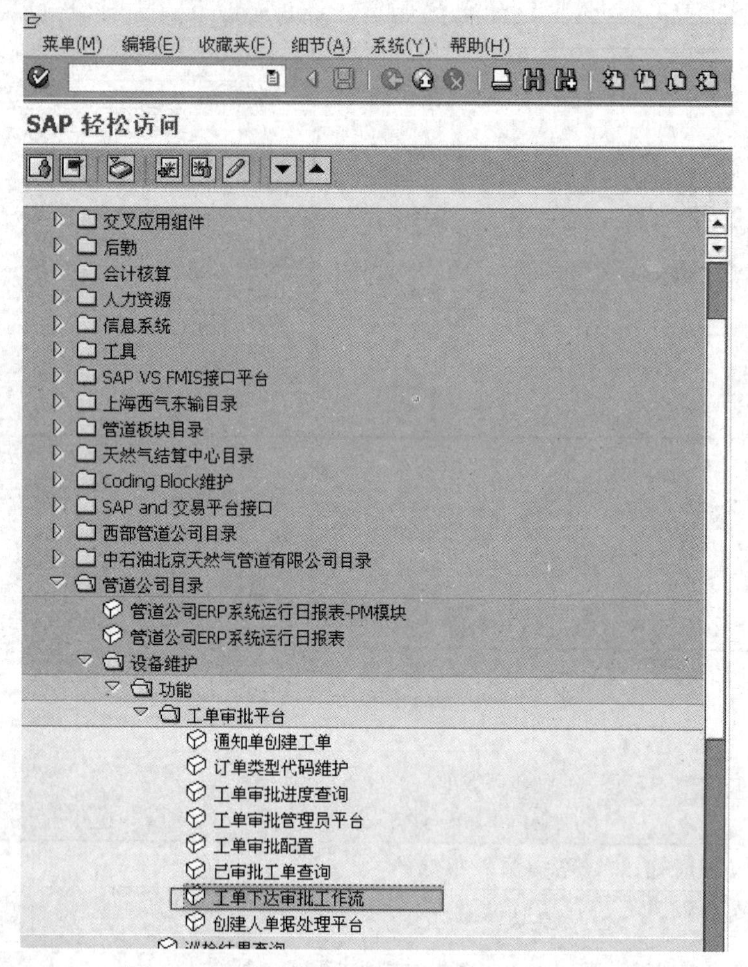

图 7-2-9　站长待办工作界面(故障报修单审批)

(2) 看到有待审通知单后可点击单号查看信息，如果进行审批，首先点击后面“操作选项”处的下拉菜单，选择“同意”(图 2-7-10)。

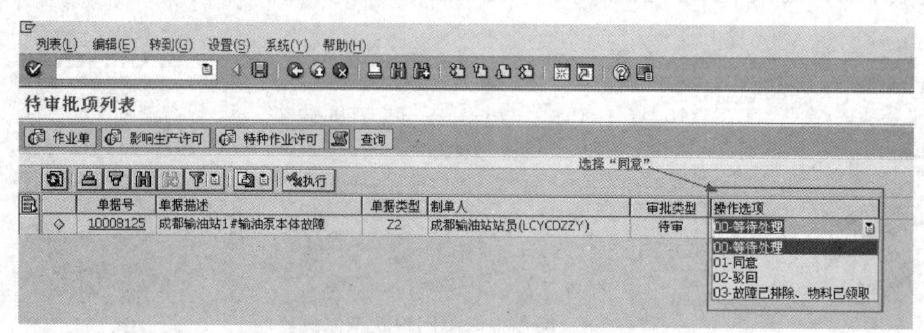

图 7-2-10　故障报修单审批界面一

(3) 点击最左侧空白按钮选中本行，点击“执行”(图 7-2-11)。

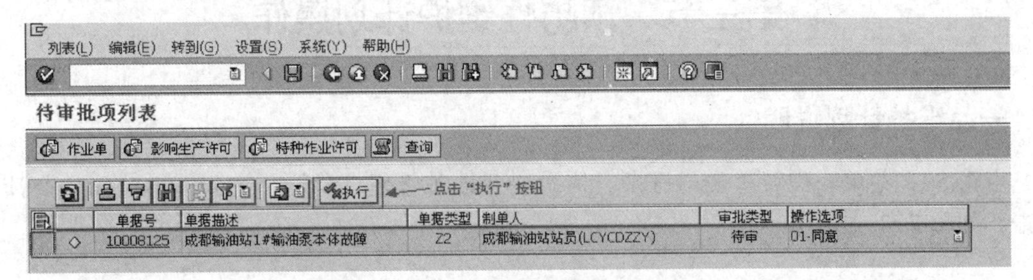

图 7-2-11　故障报修审批界面二

(4) 系统提示“是否对已选单据进行审批操作”，点击“是”(图 7-2-12)。

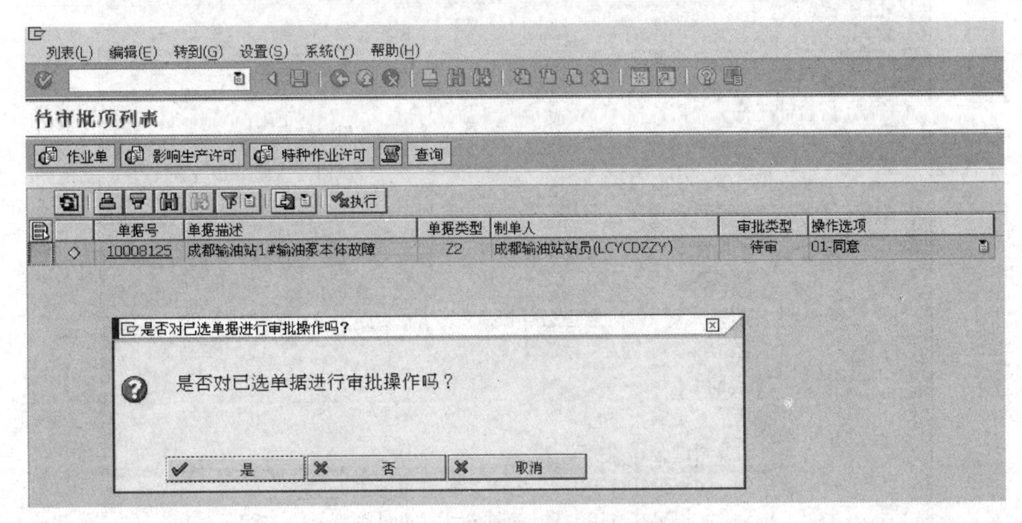

图 7-2-12　故障报修审批界面三

(5) 退出。

三、技术员填写失效信息并关闭通知单

技术员进入待办工作平台，点击待关闭通知单单号进入确认失效信息已经填写，如果没有填写需补充填写，之后返回待办平台界面，点击待关闭通知单最左侧按钮选中本行，点击“通知单技术关闭”(图 7-2-13)。

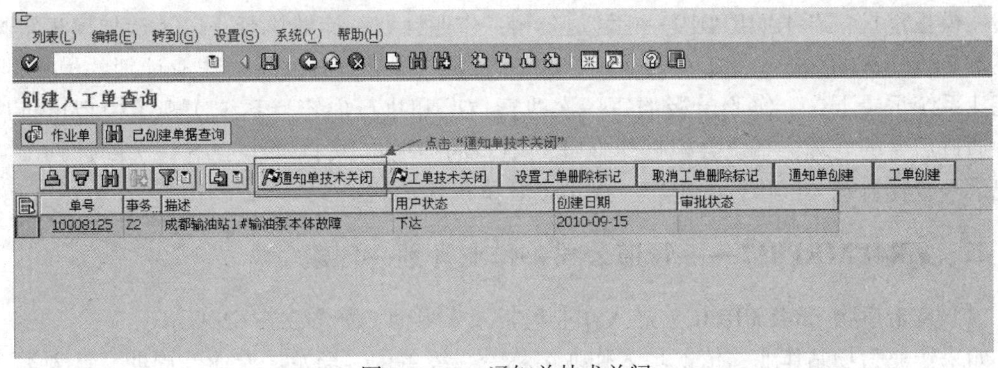

图 7-2-13　通知单技术关闭

第三节　预防性维护计划操作

一、维护计划说明

点击 SAP 菜单找到管道公司目录，依次展开设备管理、功能，找到管道公司生产计划点击，如图 7-3-1 所示。

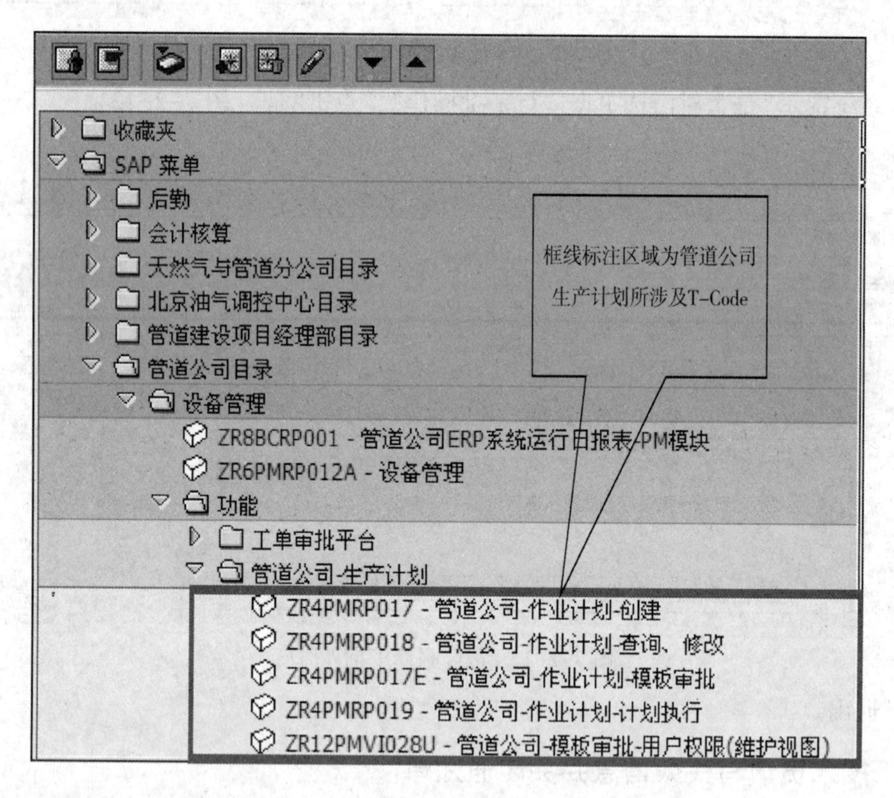

图 7-3-1　创建管道公司生产计划界面

管道公司维修维护计划大体功能分为：ZR4PMRP017——管道公司—作业计划—创建，ZR4PMRP018——管道公司—作业计划—查询、修改，ZR4PMRP017E——管道公司—作业计划—模板审批，ZR4PMRP019——管道公司—作业计划—计划执行，以及计划模板审批人员配置 ZR12PMVI028U。能够满足管道公司日常维护需要，通过一次作业计划的模板创建，就能让系统记录下这个作业模板的每一次执行情况和执行内容。系统实现了模板审批后生效，通过后台的处理，系统会根据作业计划填写的“周期”来自动生成下一次的计划，并实时记录一个作业每一次执行的内容、成本以及执行状态。

二、ZR4PMRP017——管道公司—作业计划—创建

（1）点击事物 ZR4PMRP017 进入作业模板录入界面，如图 7-3-2 所示。

如果作业为场站作业，依次填入作业名称、二级单位、场站、专业、周期、计划类型。

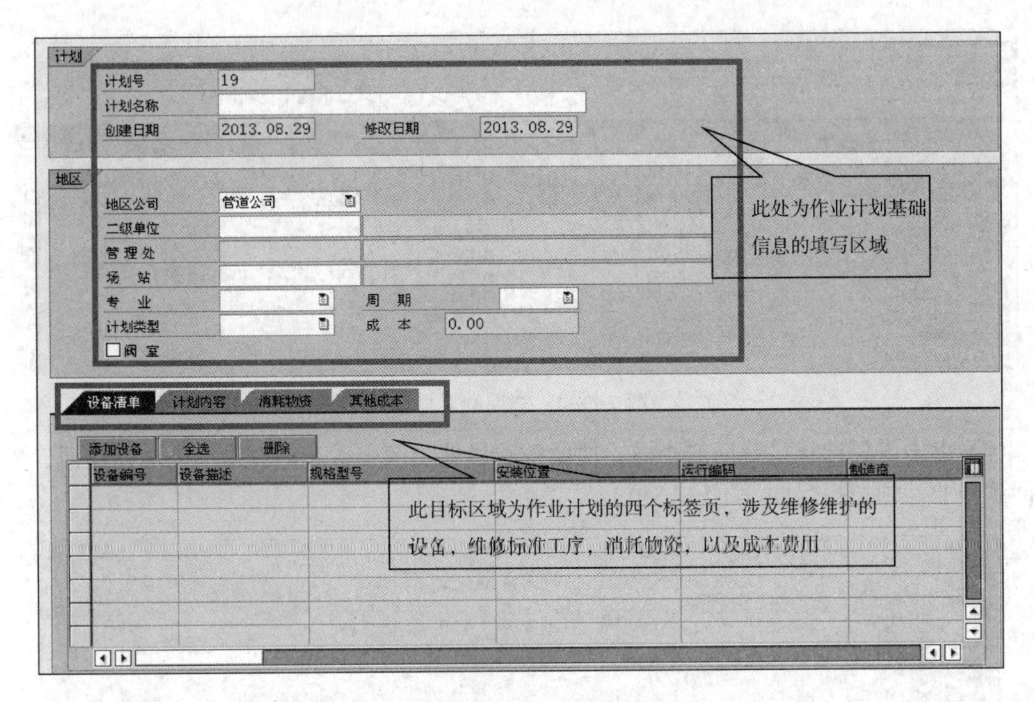

图 7-3-2　作业模板录入界面(ZR4PMRP017)

(2) 设备清单设备添加如图 7-3-3 所示，点击按钮，进入设备查询调价选择界面，如图所示。

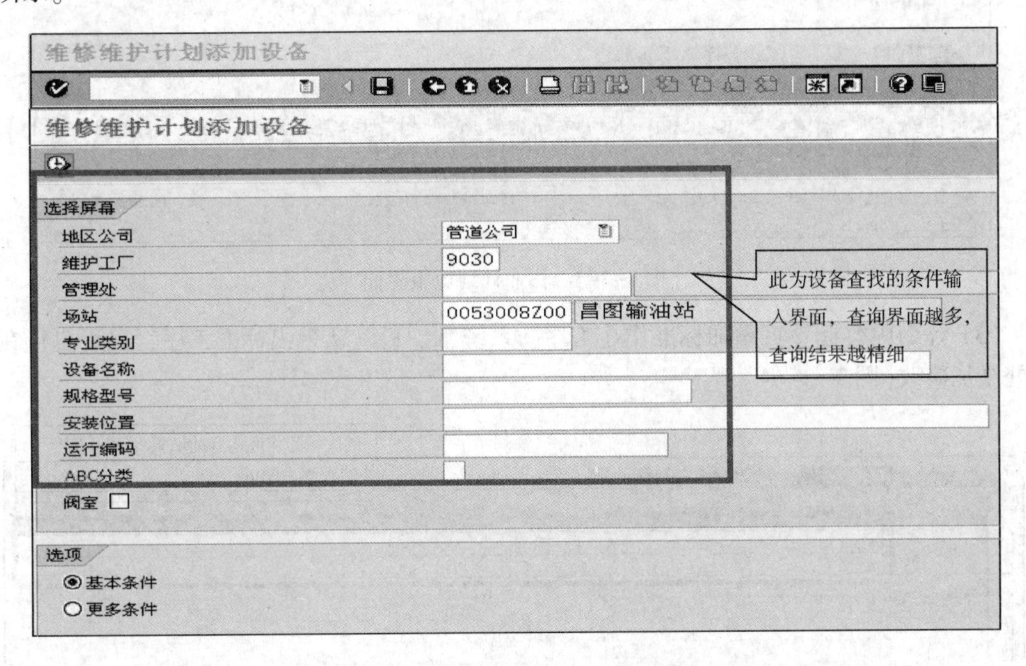

图 7-3-3　设备清单设备添加及设备调价选择界面

(3) 条件选择完成确认后 F8 或点击执行，显示查询结果(图 7-3-4)。

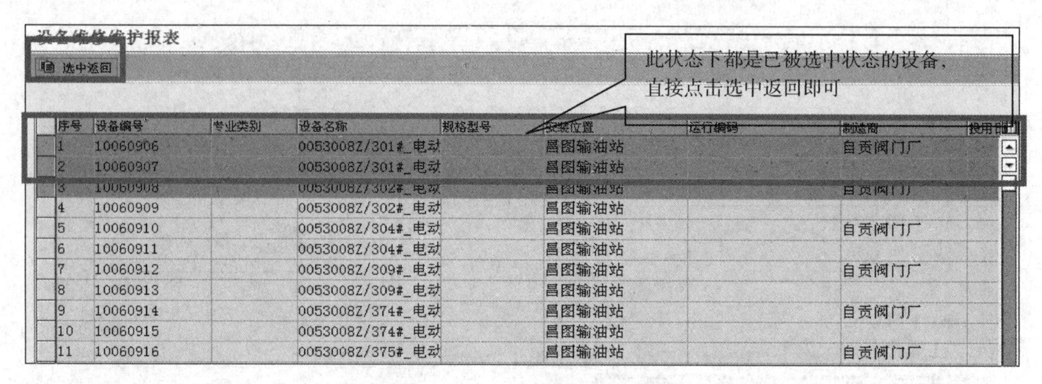

图 7-3-4　查询结果显示

(4) 点击需要选择设备前的小框，使设备条目处于选中状态，点击选中返回按钮，可继续回到作业计划填报界面(图 7-3-5)。

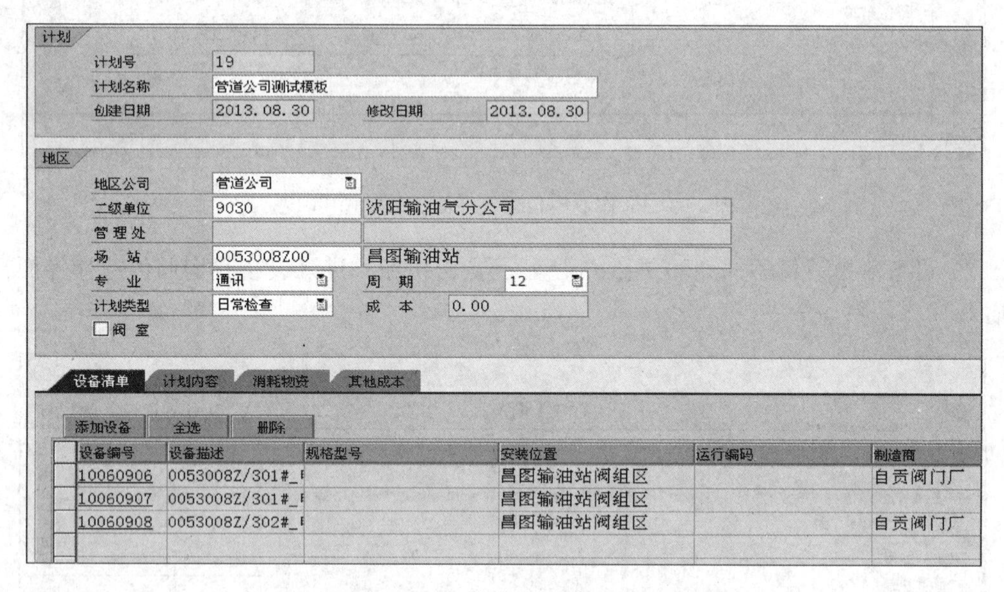

图 7-3-5　作业计划填报界面

(5) 计划内容标签页添加标准作业工序，系统维护科默认带出标准工序，也可自行在文本处添加修改(图 7-3-6)。

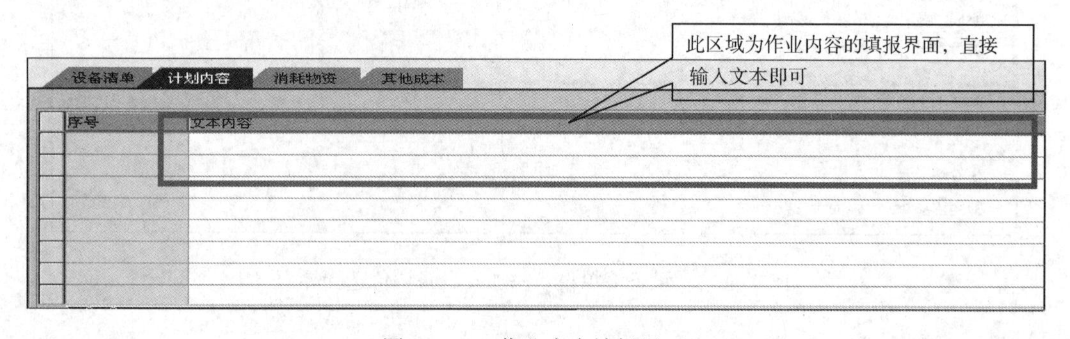

图 7-3-6　作业内容填报界面

（6）物资消耗标签页，需要查找实际系统消耗和用到的物料，需要选取编码，物料编码查找的方式如图 7-3-7 所示。

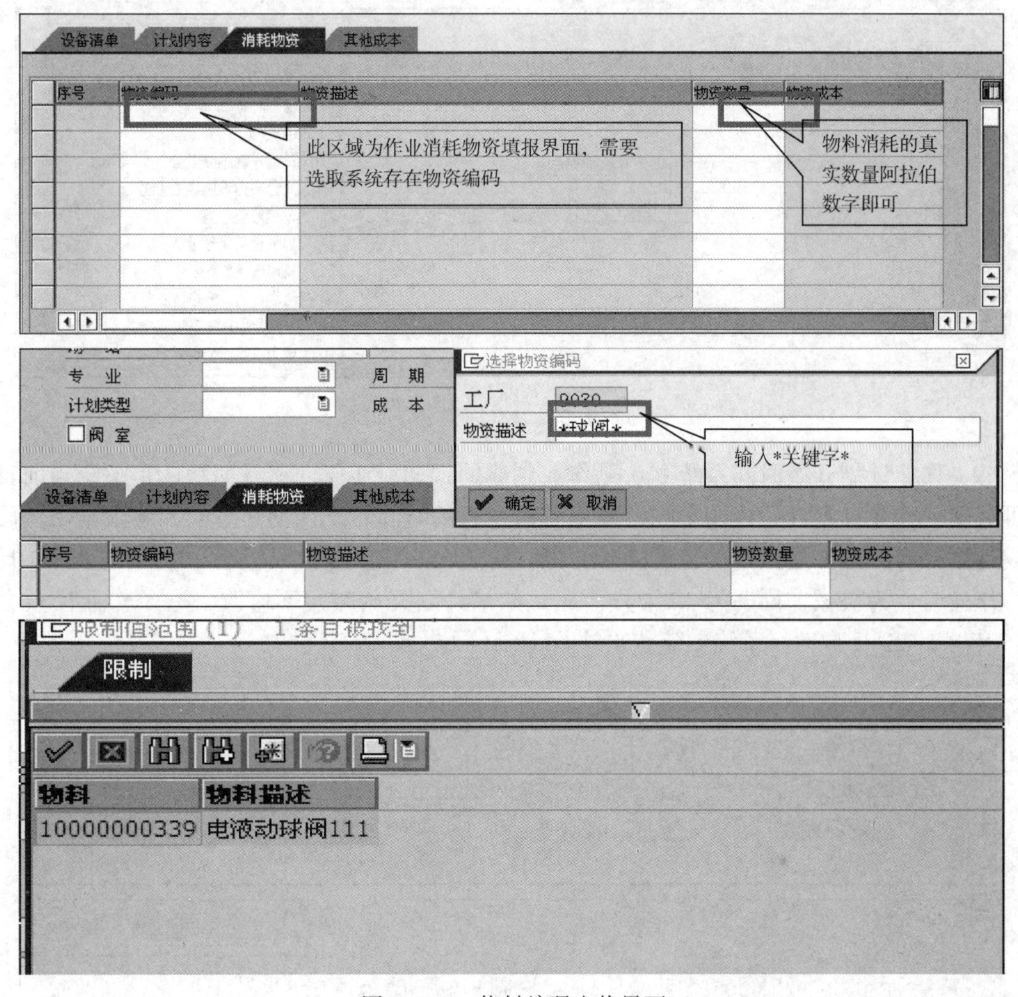

图 7-3-7　物料编码查找界面

（7）物料描述处输入“物料名称关键字”，点击确定，即可查询系统满足查询条件的物料，在查询界面点击该物料，即可将将选中结果返回物料添加界面，输入消耗数量，系统可自动计算计划成本，如图 7-3-8 所示。

设备清单　计划内容　消耗物资　其他成本

序号	物资编码	物资描述	物资数量	物资成本
1	10000000339	电液动球阀111	11	44.00

图 7-3-8　物资成本自动计算

（8）成本标签页用来填写作业计划涉及的委外和自行维修产生的合同及成本，如图 7-3-9所示。

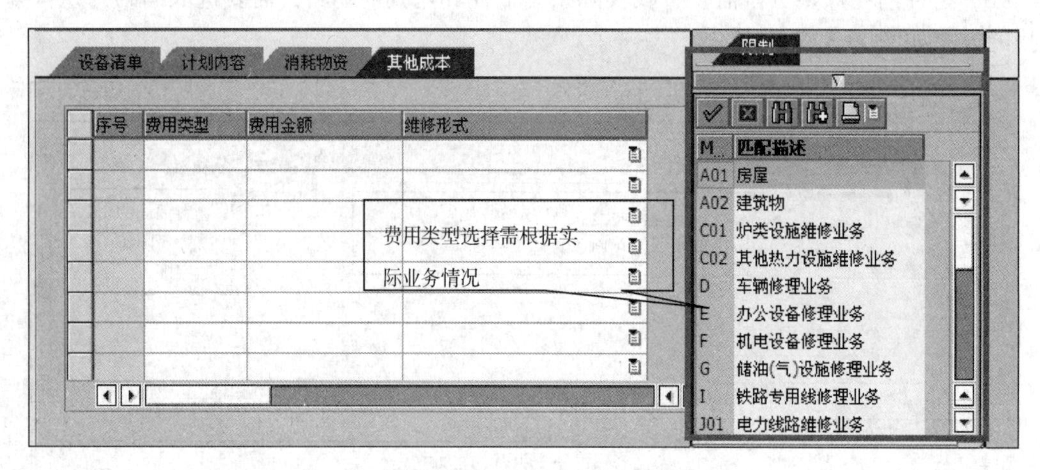

图 7-3-9 成本标签页界面

(9) 作业计划开始时间系统默认是作业创建的日期，作业创建日期默认是系统当前日期不可编辑，作业计划开始日期影响计划下一次执行的时间，默认创建时间，会根据周期反复生成计划，修改可推迟执行，也可补录。例：管道公司作业测试模板于 2013 年 8 月 29 日创建，作业专业为机械，周期为 48 个月，那么如果计划开始时间不修改，这条作业模板会在 2015 年 8 月 29 日自动在系统创建依次执行记录(图 7-3-10)。

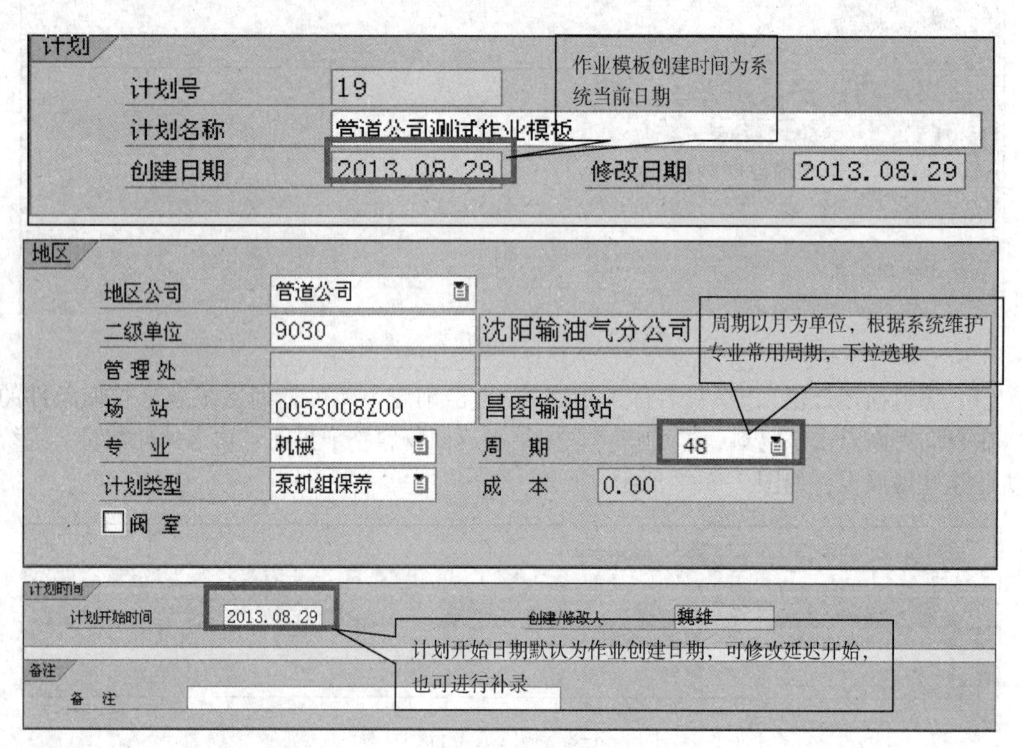

图 7-3-10 作业模板创建界面

(10) 填写完毕界面信息后，点击保存按钮，系统弹出如图 7-3-11 所示界面。

图 7-3-11　保存信息界面一

（11）点击“是”即可将作业模板保存下来，生成新作业计划编码。如图 7-3-12 所示。

图 7-3-12　保存信息界面二

三、ZR4PMRP018——管道公司—作业计划—查询、修改

（1）点击事物 ZR4PMRP018 进入作业模板查询界面，如图 7-3-13 所示。

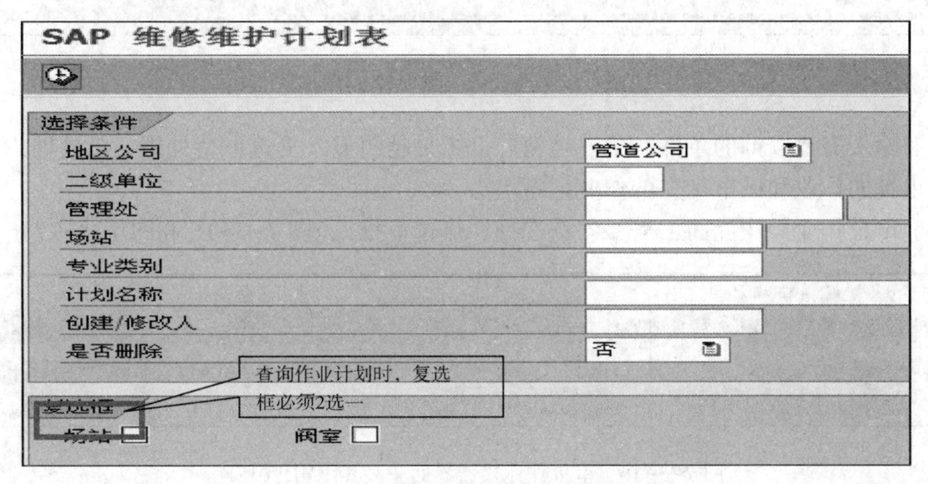

图 7-3-13　作业模板查询界面一(ZR4PMRP018)

（2）查询根据前台输入的条件进行查找时，场站、阀室必须输入，条件越多，查询结果越精确(图 7-3-14)。

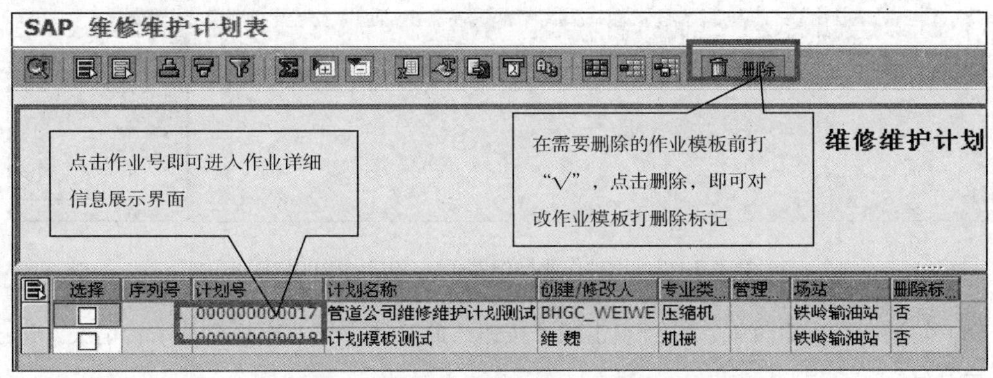

图 7-3-14　作业模板查询界面二(ZR4PMRP018)

(3) 查询展示界面，点击作业号可进入作业模板修改界面，选择按钮打勾，点击删除可将作业计划删除。

四、ZR4PMRP017E——管道公司—作业计划—模板审批

(1) 模板保存完毕，需要创建人将改模板推送到所属科长的桌面，通过事物ZR4PMRP017E，进入审批推送平台。

(2) 点击事务ZR4PMRP017E进入作业模板录入界面，如图7-3-15所示。

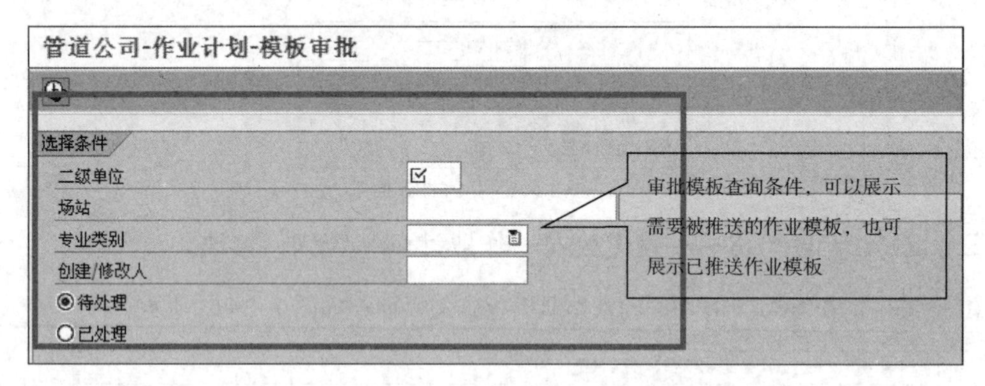

图7-3-15　作业模板录入界面(ZR4PMRP017E)

(3) 输入需要查询的条件，条件越精确，结果越明显，复选框待处理、已处理，分别显示需要审批的作业和已审批完的作业记录。

(4) 审批作业操作界面，需要勾选选择，点选审批人(图7-3-16和图7-3-17)。

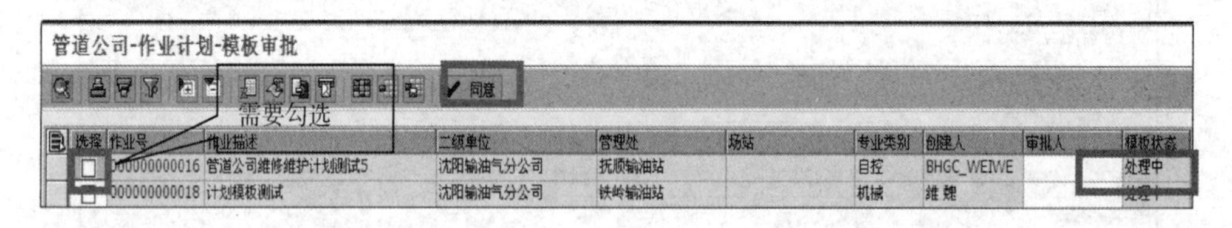

图7-3-16　审批作业操作界面一(ZR4PMRP017E)

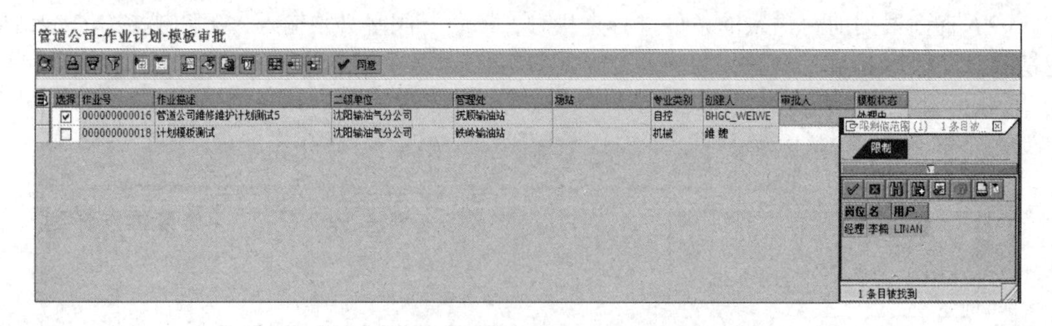

图7-3-17　审批作业操作界面二(ZR4PMRP017E)

(5) 勾选和选完审批人，即可点击同意按钮，此时选中作业模板会从平台消失，进入流程下一节点。

（6）因为管道公司业务要求，模板确认过程需要通过科长及经理，所以系统作业模板审批也需要两级进行，通过 ZR12PMVI028U——管道公司—模板审批—用户权限(维护视图)进行人员岗位维护如图 7-3-18 所示。

显示视图"管道公司-模板审批-用户权限"：总览

管道公司-模板审批-用户权限

工厂	岗位	用户
9030	员工	WANGSHIPENG
9030	科长	BHGC_WEIWEI
9030	经理	LINAN

图 7-3-18　人员岗位维护界面

维护信息需要根据二级单位岗位级别分别维护系统账户。

第四节　报表查看及填报操作

一、设备专业表单查看(事物代码 ZR8PMDG021)

1. 填写事务代码

操作或检查说明：

在处输入事物代码 ZR8PMDG021 回车或点进入下一个界面，如图 7-4-1 所示；也可以：SAP 菜单→管道公司目录→设备管理→报表，双击“ZR8PMDG021-生产处设备专业表单”(图 7-4-2)。

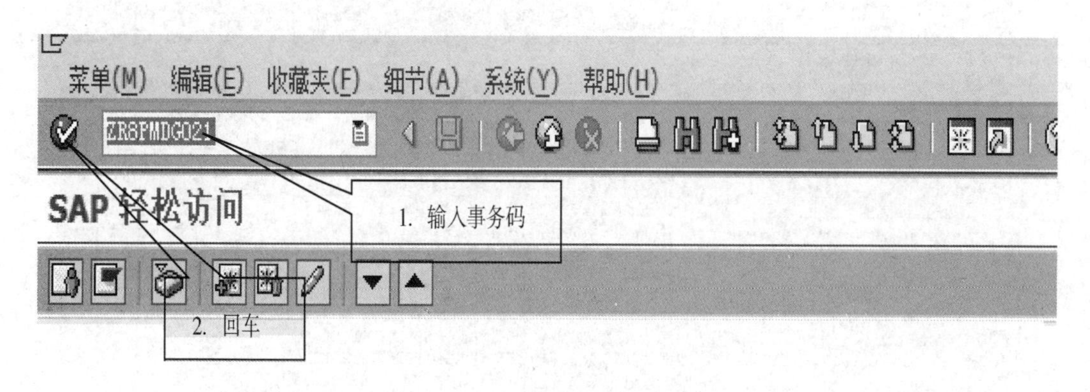

图 7-4-1　填写事物代码界面一(ZR8PMDG021)

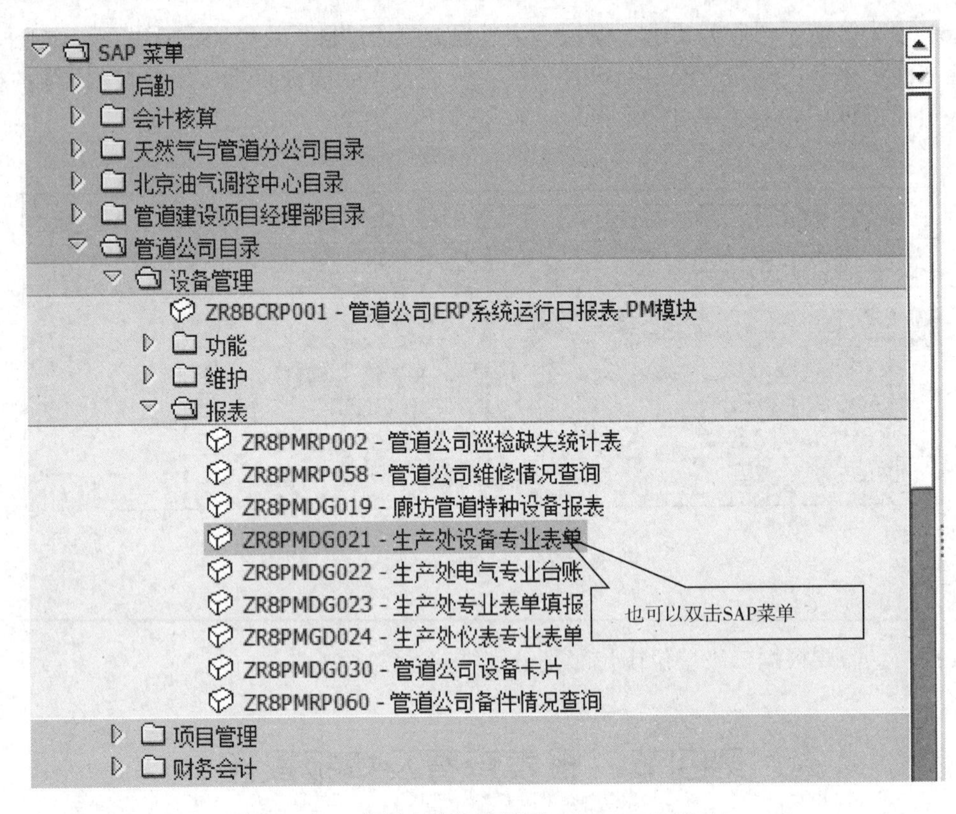

图 7-4-2　填写事物代码界面二(ZR8PMDG021)

2. 填写所要查看表单的参数

操作或检查说明：

(1) 在“选择表”栏点击下拉选项，选择下拉菜单选择任意一条数据(图 7-4-3)。

(2) 在“地区公司”栏点击下拉选项，选择“管道公司”(图 7-4-4)。

(3) 在“维修工厂”栏点击下拉选项，双击任意一家公司(图 7-4-5)。

(4) 在“站场”栏点击下拉选项，双击任意一个场站(图 7-4-6)。

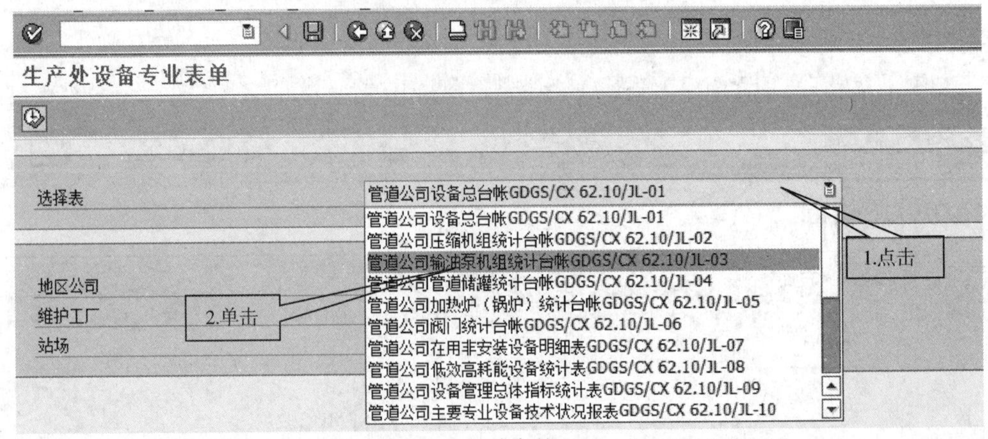

图 7-4-3　填写所要查看表单参数界面一(ZR8PMDG021)

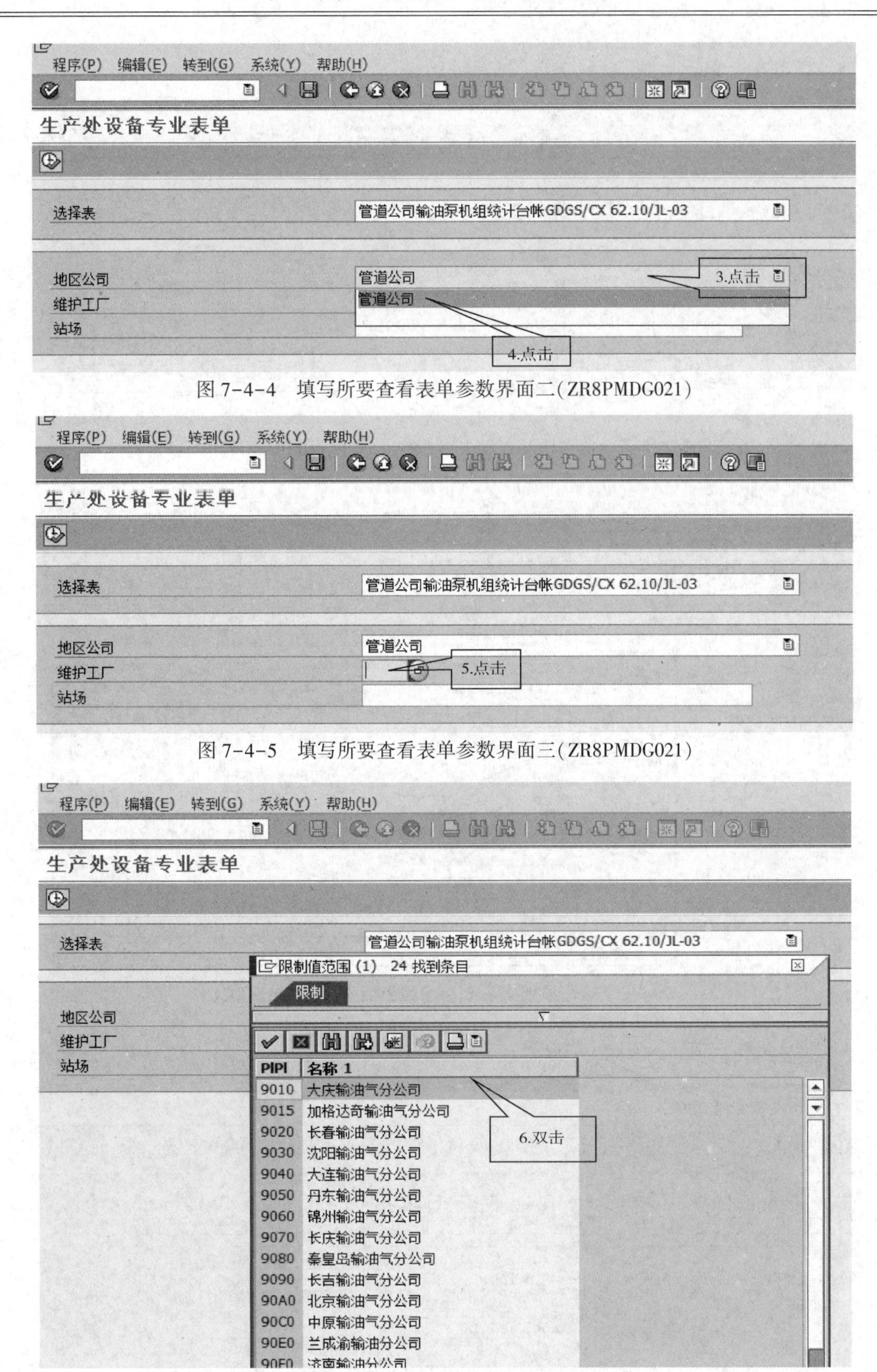

图 7-4-4　填写所要查看表单参数界面二(ZR8PMDG021)

图 7-4-5　填写所要查看表单参数界面三(ZR8PMDG021)

图 7-4-6　填写所要查看表单参数界面四(ZR8PMDG021)

(5) 点击左上角 (图 7-4-7 至图 7-4-10)。

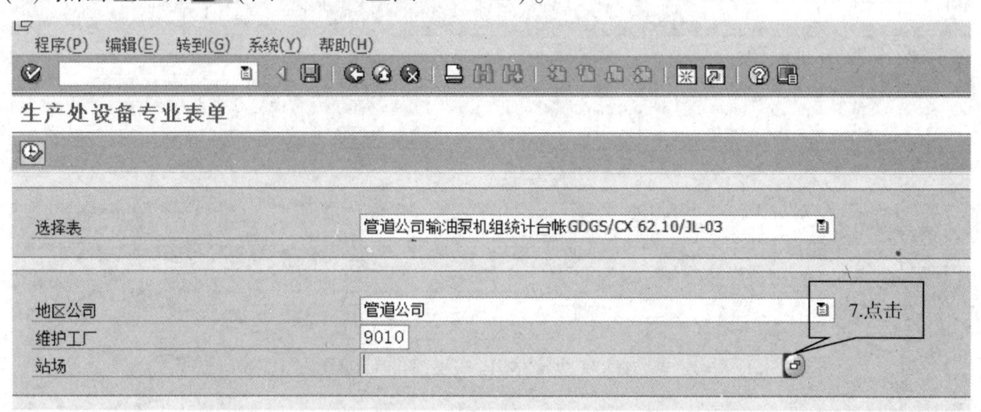

图 7-4-7　填写所要查看表单参数界面五(ZR8PMDG021)

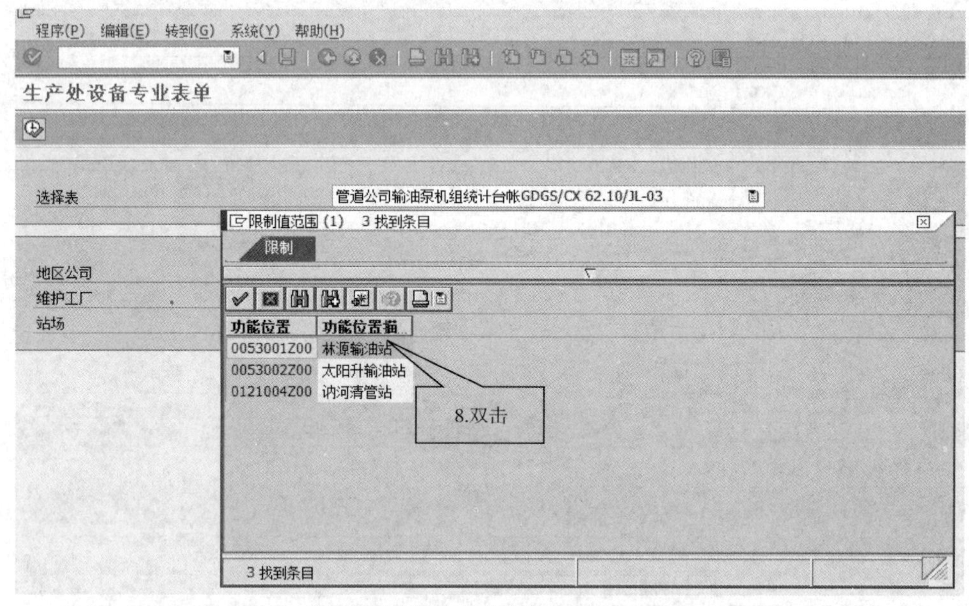

图 7-4-8　填写所要查看表单参数界面六(ZR8PMDG021)

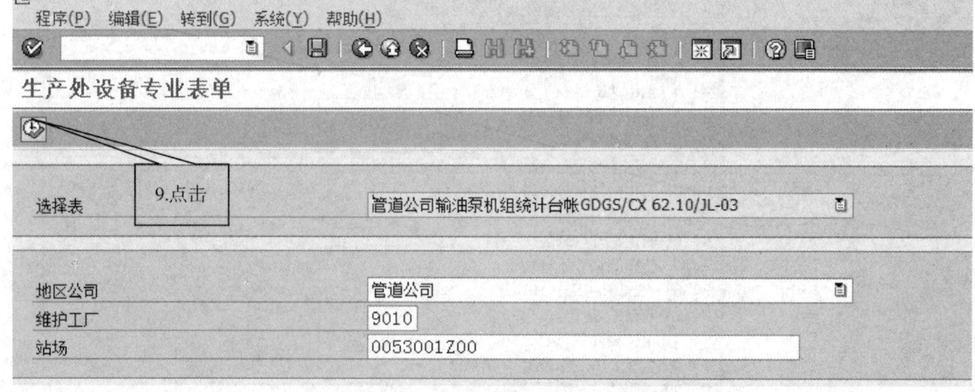

图 7-4-9　填写所要查看表单参数界面七(ZR8PMDG021)

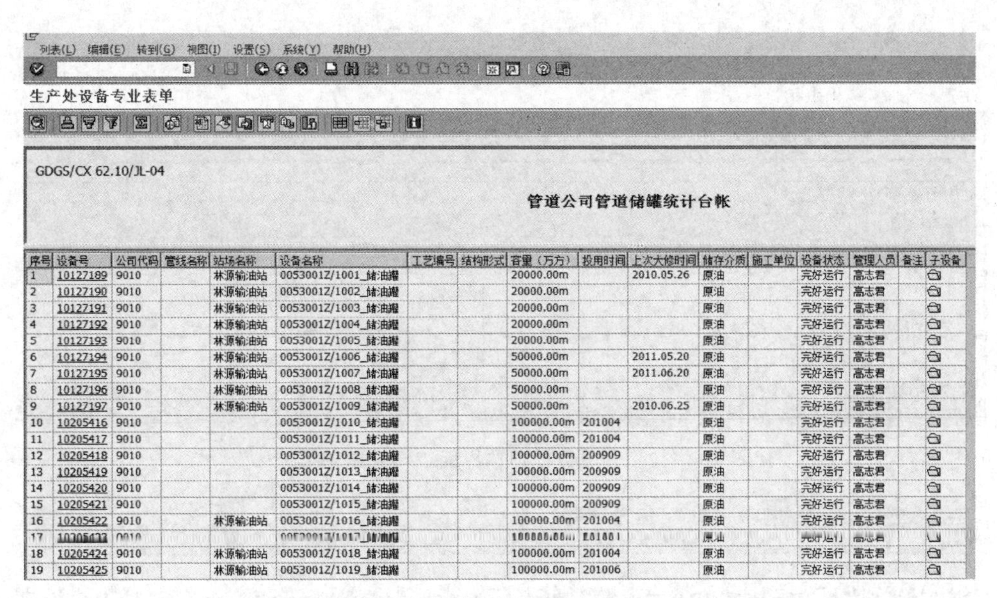

序号	设备号	公司代码	管线名称	站场名称	设备名称	工艺编号	结构形式	容量（万方）	投用时间	上次大修时间	储存介质	施工单位	设备状态	管理人员	备注	子设备
1	10127189	9010		林源输油站	0053001Z/1001_储油罐			20000.00m		2010.05.26	原油		完好运行	高志君		
2	10127190	9010		林源输油站	0053001Z/1002_储油罐			20000.00m			原油		完好运行	高志君		
3	10127191	9010		林源输油站	0053001Z/1003_储油罐			20000.00m			原油		完好运行	高志君		
4	10127192	9010		林源输油站	0053001Z/1004_储油罐			20000.00m			原油		完好运行	高志君		
5	10127193	9010		林源输油站	0053001Z/1005_储油罐			20000.00m			原油		完好运行	高志君		
6	10127194	9010		林源输油站	0053001Z/1006_储油罐			50000.00m		2011.05.20	原油		完好运行	高志君		
7	10127195	9010		林源输油站	0053001Z/1007_储油罐			50000.00m		2011.06.20	原油		完好运行	高志君		
8	10127196	9010		林源输油站	0053001Z/1008_储油罐			50000.00m			原油		完好运行	高志君		
9	10127197	9010		林源输油站	0053001Z/1009_储油罐			50000.00m		2010.06.25	原油		完好运行	高志君		
10	10205416	9010			0053001Z/1010_储油罐			100000.00m	201004		原油		完好运行	高志君		
11	10205417	9010			0053001Z/1011_储油罐			100000.00m	201004		原油		完好运行	高志君		
12	10205418	9010			0053001Z/1012_储油罐			100000.00m	200909		原油		完好运行	高志君		
13	10205419	9010			0053001Z/1013_储油罐			100000.00m	200909		原油		完好运行	高志君		
14	10205420	9010			0053001Z/1014_储油罐			100000.00m	200909		原油		完好运行	高志君		
15	10205421	9010			0053001Z/1015_储油罐			100000.00m	200909		原油		完好运行	高志君		
16	10205422	9010		林源输油站	0053001Z/1016_储油罐			100000.00m	201004		原油		完好运行	高志君		
17	[illegible]	[illegible]			[illegible]			[illegible]	[illegible]		[illegible]		[illegible]	[illegible]		
18	10205424	9010		林源输油站	0053001Z/1018_储油罐			100000.00m	201004		原油		完好运行	高志君		
19	10205425	9010		林源输油站	0053001Z/1019_储油罐			100000.00m	201006		原油		完好运行	高志君		

图 7-4-10　填写所要查看表单参数界面八(ZR8PMDG021)

3. 表单数据筛选

操作或检查说明：

(1) 选中任意一个“字段”。

(2) 点击“设置过滤器”，输入筛选条件，可对所数据进行筛选(图 7-4-11 和图7-4-12)。

(3) 如果不需要筛选数据，点击“删除过滤器”即可取消数据筛选(图 7-4-13 和图7-4-14)。

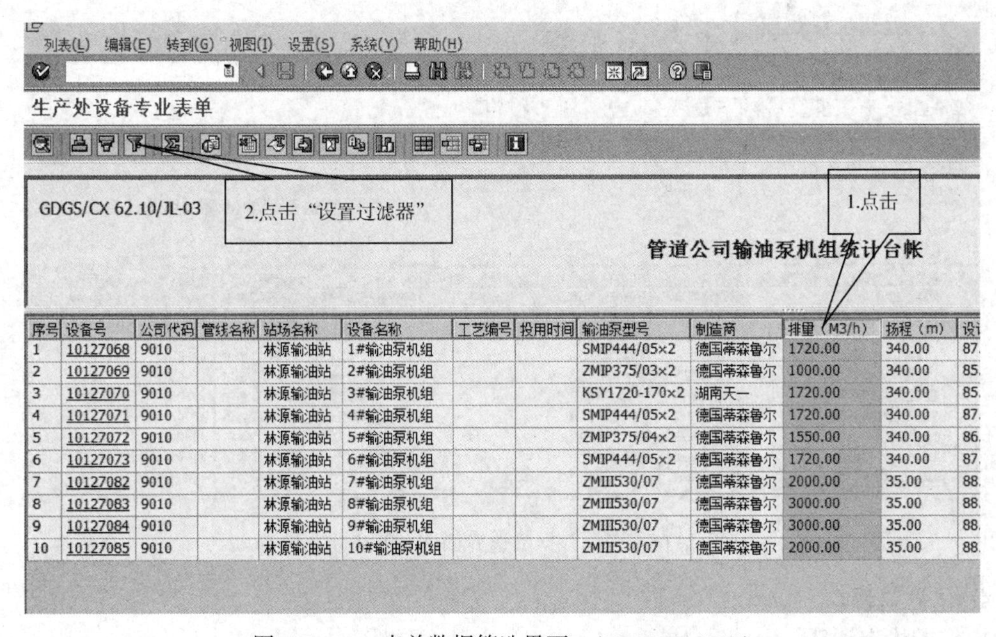

序号	设备号	公司代码	管线名称	站场名称	设备名称	工艺编号	投用时间	输油泵型号	制造商	排量（M3/h）	扬程（m）	设
1	10127068	9010		林源输油站	1#输油泵机组			SMIP444/05×2	德国蒂森鲁尔	1720.00	340.00	87.
2	10127069	9010		林源输油站	2#输油泵机组			ZMIP375/03×2	德国蒂森鲁尔	1000.00	340.00	85.
3	10127070	9010		林源输油站	3#输油泵机组			KSY1720-170×2	湖南天一	1720.00	340.00	85.
4	10127071	9010		林源输油站	4#输油泵机组			SMIP444/05×2	德国蒂森鲁尔	1720.00	340.00	87.
5	10127072	9010		林源输油站	5#输油泵机组			ZMIP375/04×2	德国蒂森鲁尔	1550.00	340.00	86.
6	10127073	9010		林源输油站	6#输油泵机组			SMIP444/05×2	德国蒂森鲁尔	1720.00	340.00	87.
7	10127082	9010		林源输油站	7#输油泵机组			ZMIII530/07	德国蒂森鲁尔	2000.00	35.00	88.
8	10127083	9010		林源输油站	8#输油泵机组			ZMIII530/07	德国蒂森鲁尔	3000.00	35.00	88.
9	10127084	9010		林源输油站	9#输油泵机组			ZMIII530/07	德国蒂森鲁尔	3000.00	35.00	88.
10	10127085	9010		林源输油站	10#输油泵机组			ZMIII530/07	德国蒂森鲁尔	2000.00	35.00	88.

图 7-4-11　表单数据筛选界面一(ZR8PMDG021)

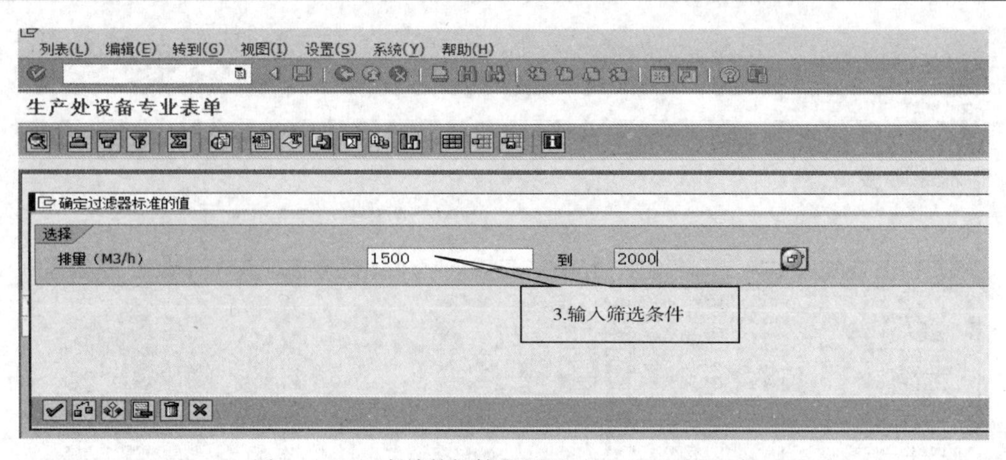

图 7-4-12　表单数据筛选界面二(ZR8PMDG021)

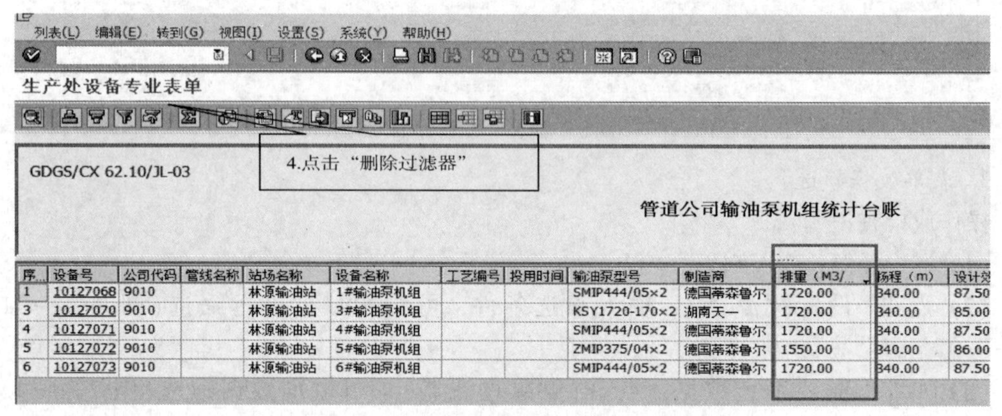

序	设备号	公司代码	管线名称	站场名称	设备名称	工艺编号	投用时间	输油泵型号	制造商	排量（M3/	扬程（m）	设计效
1	10127068	9010		林源输油站	1#输油泵机组			SMIP444/05×2	德国蒂森鲁尔	1720.00	340.00	87.50
3	10127070	9010		林源输油站	3#输油泵机组			KSY1720-170×2	湖南天一	1720.00	340.00	85.00
4	10127071	9010		林源输油站	4#输油泵机组			SMIP444/05×2	德国蒂森鲁尔	1720.00	340.00	87.50
5	10127072	9010		林源输油站	5#输油泵机组			ZMIP375/04×2	德国蒂森鲁尔	1550.00	340.00	86.00
6	10127073	9010		林源输油站	6#输油泵机组			SMIP444/05×2	德国蒂森鲁尔	1720.00	340.00	87.50

图 7-4-13　表单数据筛选界面三(ZR8PMDG021)

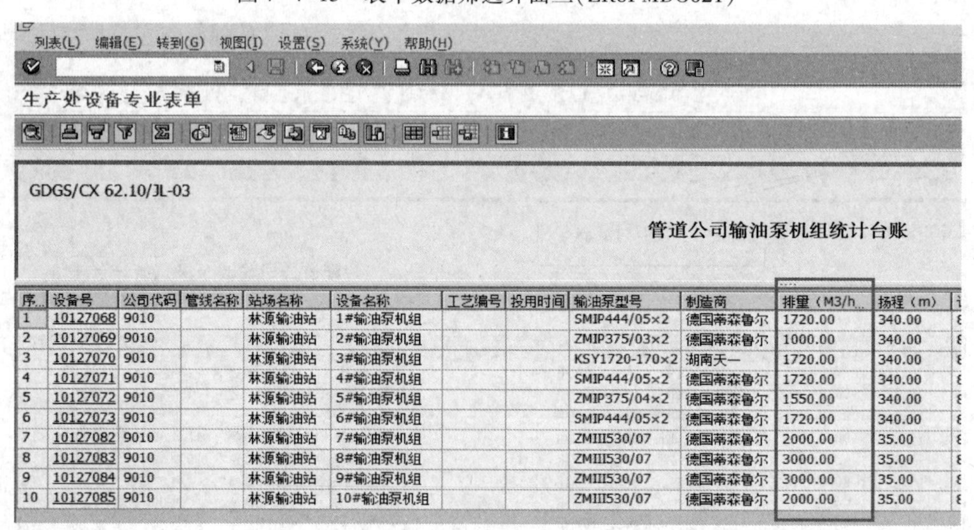

序	设备号	公司代码	管线名称	站场名称	设备名称	工艺编号	投用时间	输油泵型号	制造商	排量（M3/h	扬程（m）
1	10127068	9010		林源输油站	1#输油泵机组			SMIP444/05×2	德国蒂森鲁尔	1720.00	340.00
2	10127069	9010		林源输油站	2#输油泵机组			ZMIP375/03×2	德国蒂森鲁尔	1000.00	340.00
3	10127070	9010		林源输油站	3#输油泵机组			KSY1720-170×2	湖南天一	1720.00	340.00
4	10127071	9010		林源输油站	4#输油泵机组			SMIP444/05×2	德国蒂森鲁尔	1720.00	340.00
5	10127072	9010		林源输油站	5#输油泵机组			ZMIP375/04×2	德国蒂森鲁尔	1550.00	340.00
6	10127073	9010		林源输油站	6#输油泵机组			SMIP444/05×2	德国蒂森鲁尔	1720.00	340.00
7	10127082	9010		林源输油站	7#输油泵机组			ZMIII530/07	德国蒂森鲁尔	2000.00	35.00
8	10127083	9010		林源输油站	8#输油泵机组			ZMIII530/07	德国蒂森鲁尔	3000.00	35.00
9	10127084	9010		林源输油站	9#输油泵机组			ZMIII530/07	德国蒂森鲁尔	3000.00	35.00
10	10127085	9010		林源输油站	10#输油泵机组			ZMIII530/07	德国蒂森鲁尔	2000.00	35.00

图 7-4-14　表单数据筛选界面四(ZR8PMDG021)

4. 主数据修改

操作或检查说明：

(1) 双击设备号下面任意一条数据(图 7-4-15)。

(2) 点击“主数据修改”，进入设备卡片显示状态，对所需修改数据进行修改（图7-4-16）。

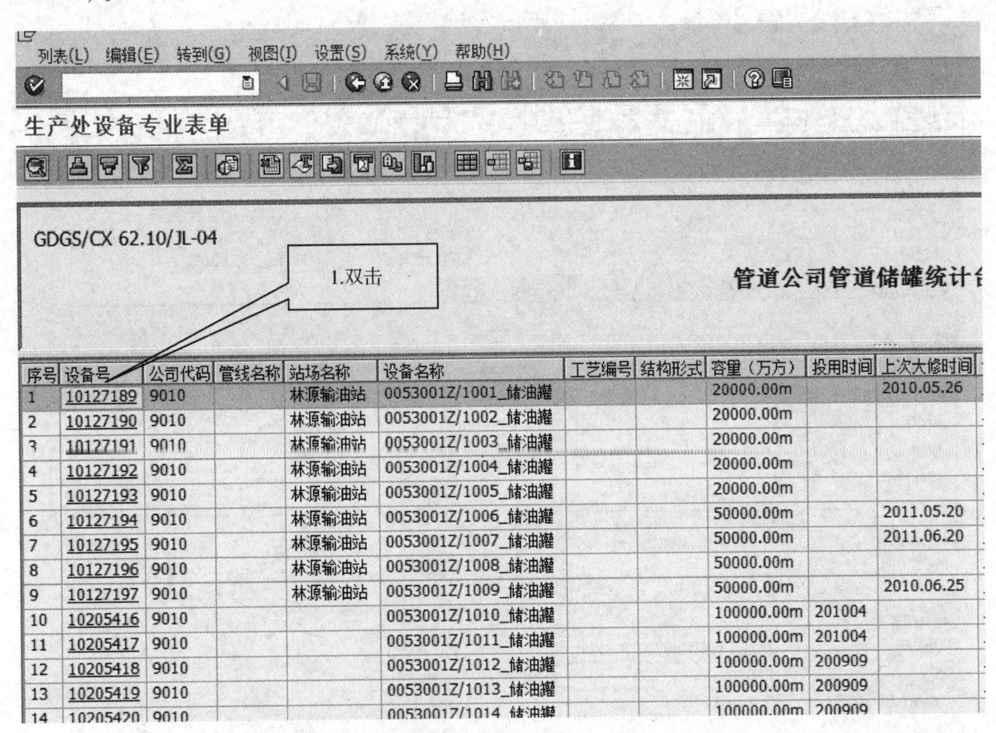

序号	设备号	公司代码	管线名称	站场名称	设备名称	工艺编号	结构形式	容量（万方）	投用时间	上次大修时间
1	10127189	9010		林源输油站	0053001Z/1001_储油罐			20000.00m		2010.05.26
2	10127190	9010		林源输油站	0053001Z/1002_储油罐			20000.00m		
3	10127191	9010		林源输油站	0053001Z/1003_储油罐			20000.00m		
4	10127192	9010		林源输油站	0053001Z/1004_储油罐			20000.00m		
5	10127193	9010		林源输油站	0053001Z/1005_储油罐			20000.00m		
6	10127194	9010		林源输油站	0053001Z/1006_储油罐			50000.00m		2011.05.20
7	10127195	9010		林源输油站	0053001Z/1007_储油罐			50000.00m		2011.06.20
8	10127196	9010		林源输油站	0053001Z/1008_储油罐			50000.00m		
9	10127197	9010		林源输油站	0053001Z/1009_储油罐			50000.00m		2010.06.25
10	10205416	9010			0053001Z/1010_储油罐			100000.00m	201004	
11	10205417	9010			0053001Z/1011_储油罐			100000.00m	201004	
12	10205418	9010			0053001Z/1012_储油罐			100000.00m	200909	
13	10205419	9010			0053001Z/1013_储油罐			100000.00m	200909	
14	10205420	9010			0053001Z/1014_储油罐			100000.00m	200909	

图7-4-15　主数据修改界面一（ZR8PMDG021）

系统(Y) 帮助(H)
单台设备档案
2.单击“主数据修改”
创建失效通知单　创建维修工单　主数据修改　编辑
设备号 10127189　设备名称 1#罐系统
基本信息　技术参数　缺陷记录　维修记录　维护保养　结构　检定记录　备品备件　文档图纸
位置信息
地区公司 9010 大庆输油气分公司　维修单位工厂 9010 大庆输油气分公司
二级单位 9010 大庆输油气分公司　维修单位 DQWX0000 大庆输油气分公司维修队
安装位置 0053001Z00-GQ00 林源输油站罐区　计划员组 104 大庆输油气分公司林源输油站
管理单位 LY00JS00 林源输油站技术员
基本信息
专业类别 设备　制造商 黑龙江省第四建筑　大小/尺寸
设备分类 9040 储罐系统　规格型号 20000m3浮顶　设备资产编号
工艺编号　出厂编号　管理人员 高志君
ABC分类 A　投产日期 1974.09.01
安装日期 1974.09.01
设备状态 完好运行
特种设备信息
检定周期　登记时间　注册编码

图7-4-16　主数据修改界面二（ZR8PMDG021）

(3) 修改完成后点击进行保存(图 7-4-17)。

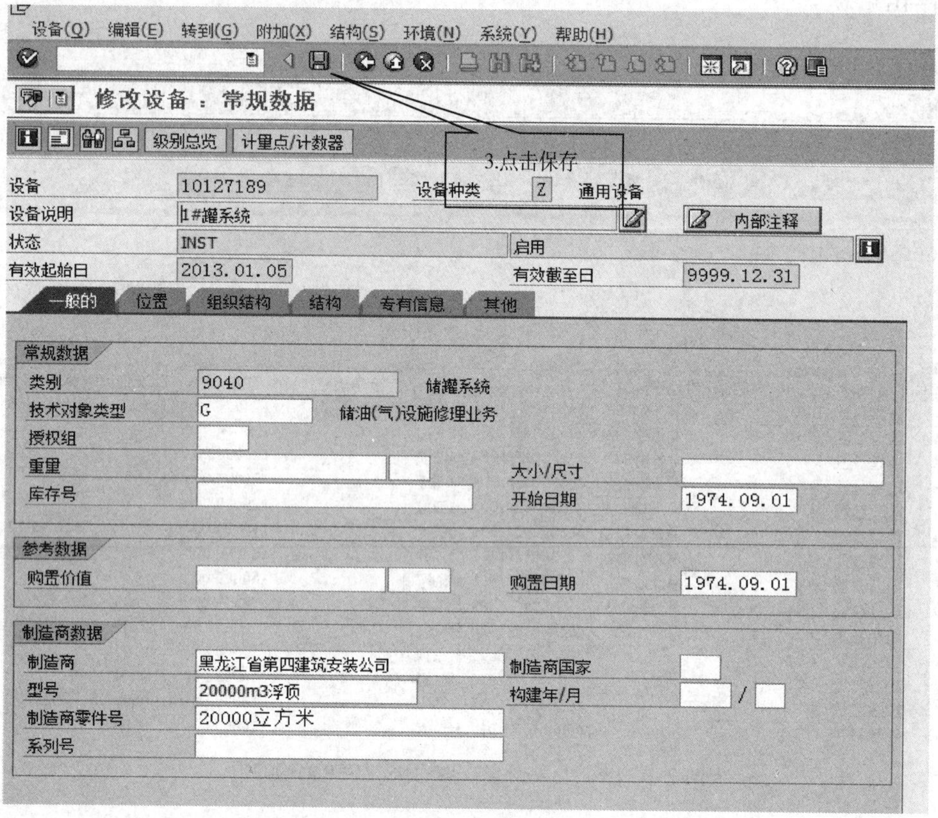

图 7-4-17 主数据修改界面三(ZR8PMDG021)

二、专业表单填报(事物代码 ZR8PMDG023)

1. 填写事务代码

操作或检查说明:

在处输入事物代码 ZR8PMDG023 回车或点进入下一个界面,如图 7-4-18 所示;也可以:SAP 菜单→管道公司目录→设备管理→报表,双击“ZR8PMDG021-生产处专业表单填报”。

2. 填写所需报表参数

操作或检查说明:

(1) 在“选择表”栏点击下拉选项,选择下拉菜单选择任意一条数据(图 7-4-19)。

(2) 在“地区公司”栏点击下拉选项,选择“管道公司”(图 7-4-20)。

(3) 在“维护工厂”栏点击下拉选项,双击任意一家公司(图 7-4-21)。

(4) 在“场站”栏点击下拉选项,双击任意一个场站(图 7-4-22 至图 7-4-24)。

(5) 点击左上角(图 7-4-25)。

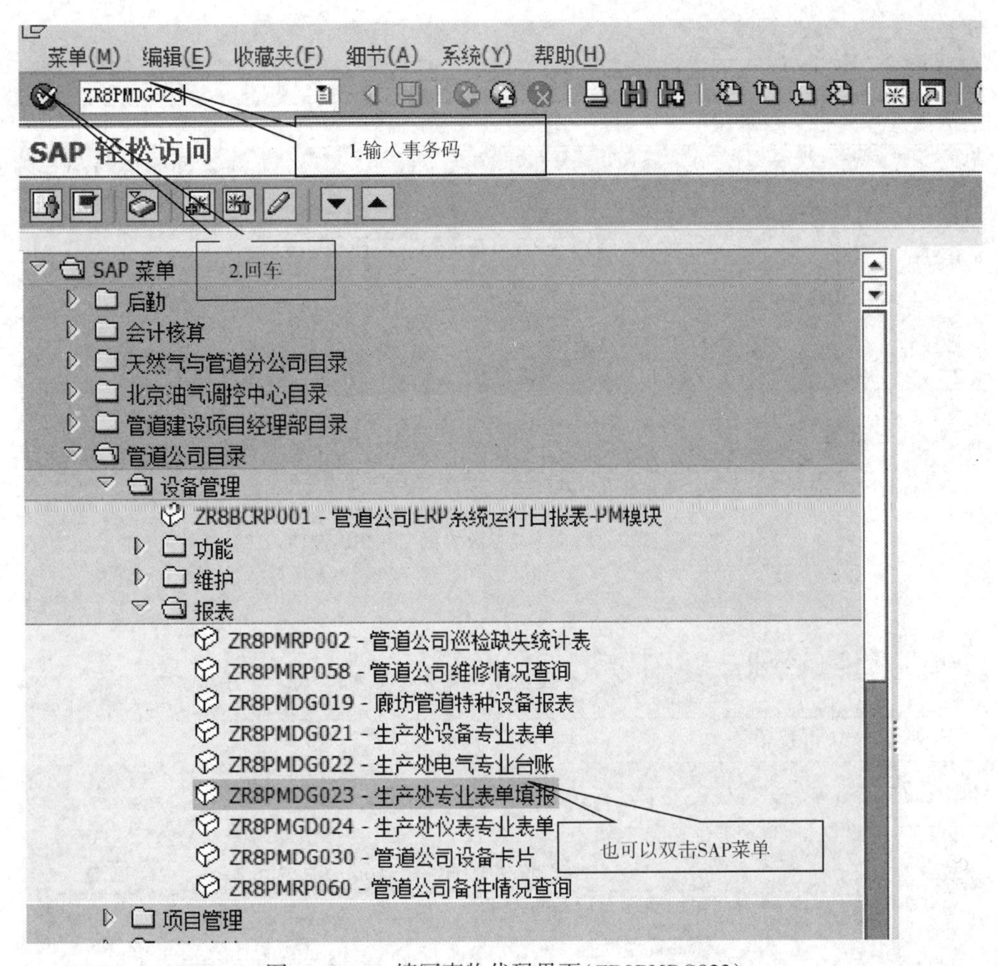

图 7-4-18　填写事物代码界面(ZR8PMDG023)

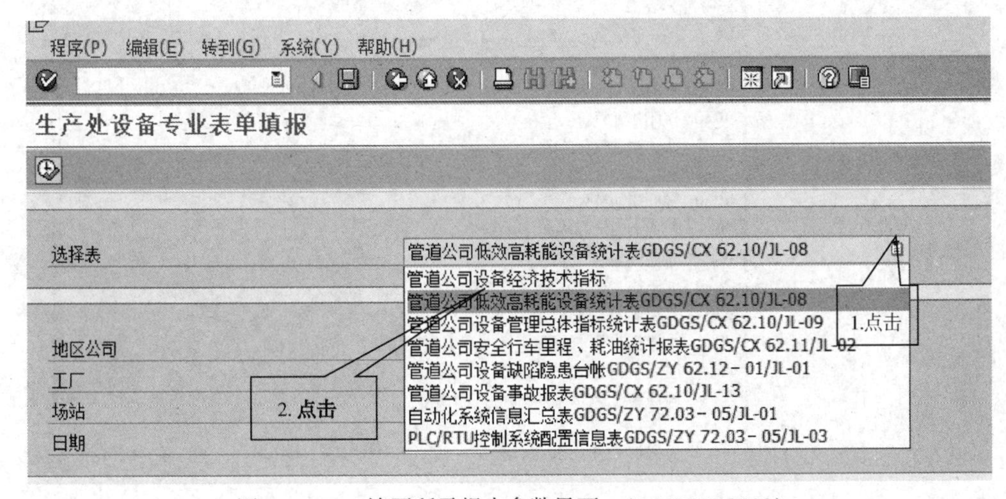

图 7-4-19　填写所需报表参数界面一(ZR8PMDG023)

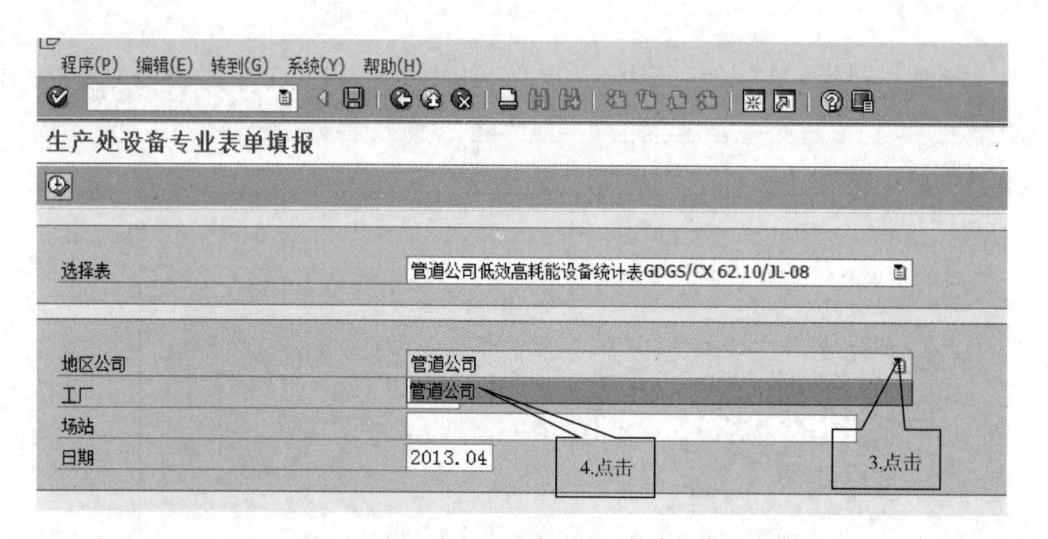

图 7-4-20　填写所需报表参数界面二(ZR8PMDG023)

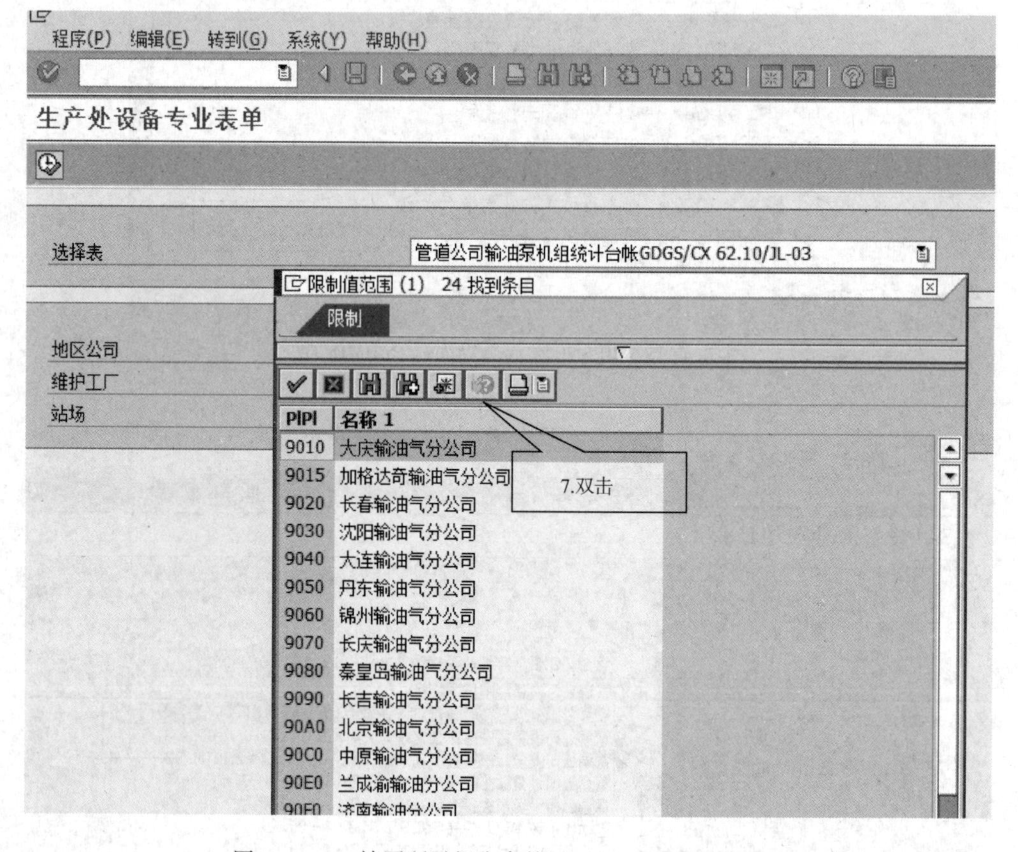

图 7-4-21　填写所需报表参数界面三(ZR8PMDG023)

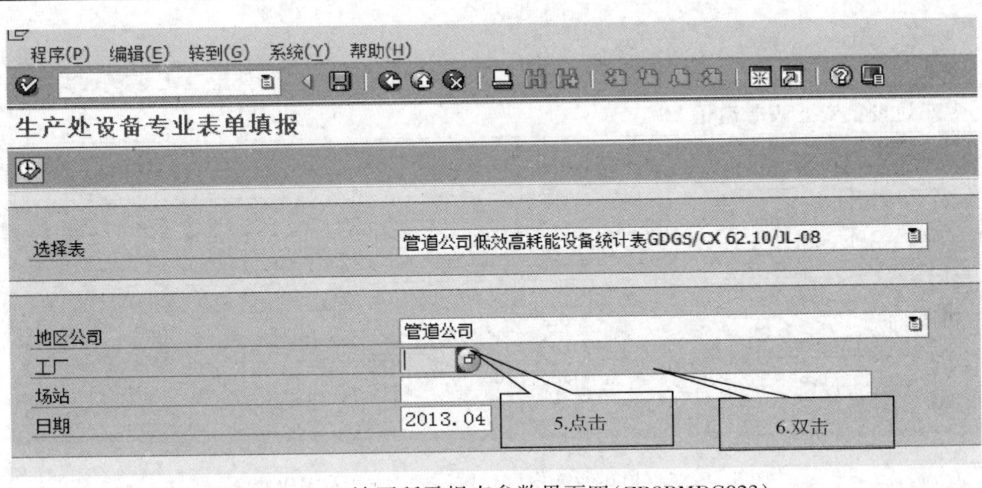

图 7-4-22　填写所需报表参数界面四(ZR8PMDG023)

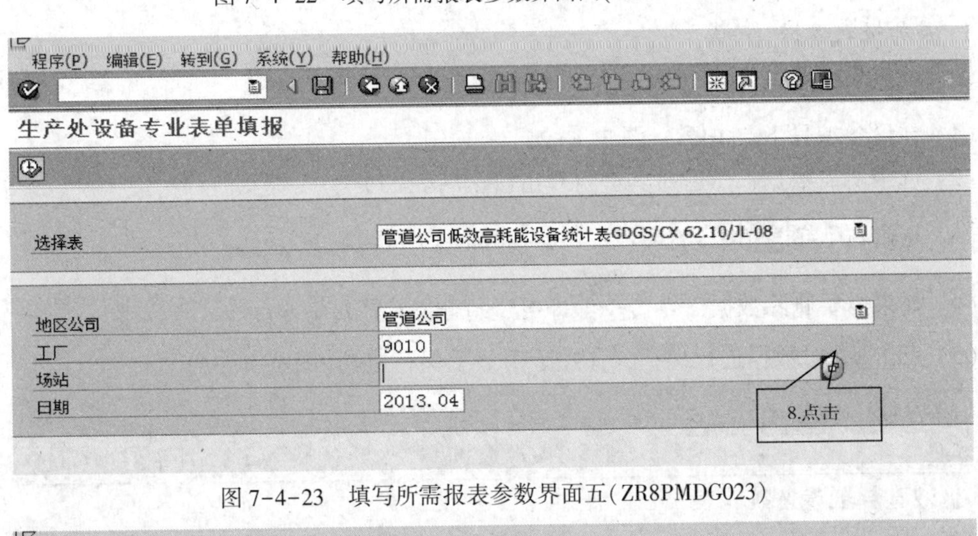

图 7-4-23　填写所需报表参数界面五(ZR8PMDG023)

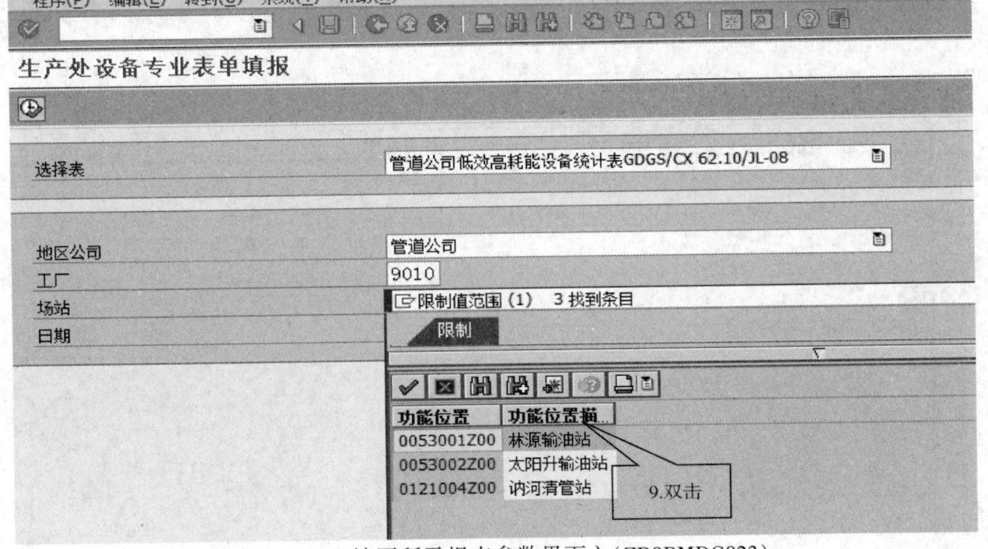

图 7-4-24　填写所需报表参数界面六(ZR8PMDG023)

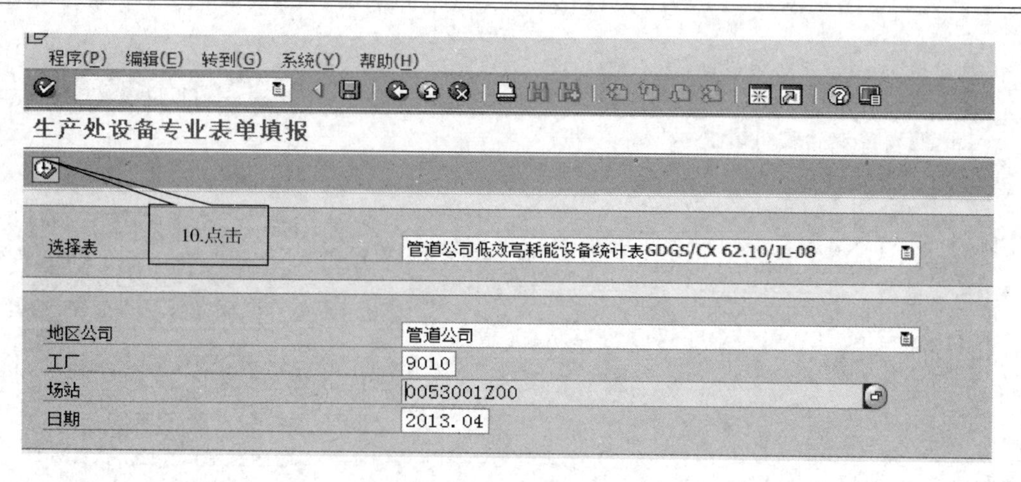

图 7-4-25 填写所需报表参数界面七(ZR8PMDG023)

3. 添加报表数据

操作或检查说明：

(1) 在设备编号下点击 (图 7-4-26)。

(2) 选中所需数据，然后对其进行双击(图 7-4-27)。

(3) 点击右上角 进行查看(图 7-4-28 和图 7-4-29)。

(4) 如果需要删除数据，点击 即可进行删除(图 7-4-30)。

(5) 点击 对数据进行保存，在左下角显示保存成功(图 7-4-31)。

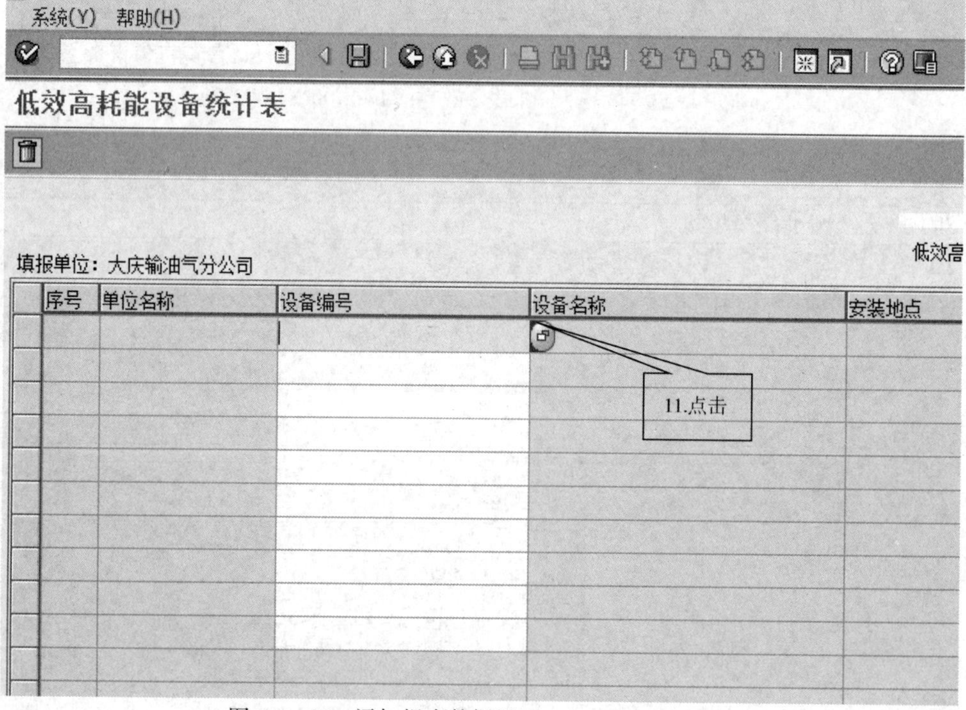

图 7-4-26 添加报表数据界面一(ZR8PMDG023)

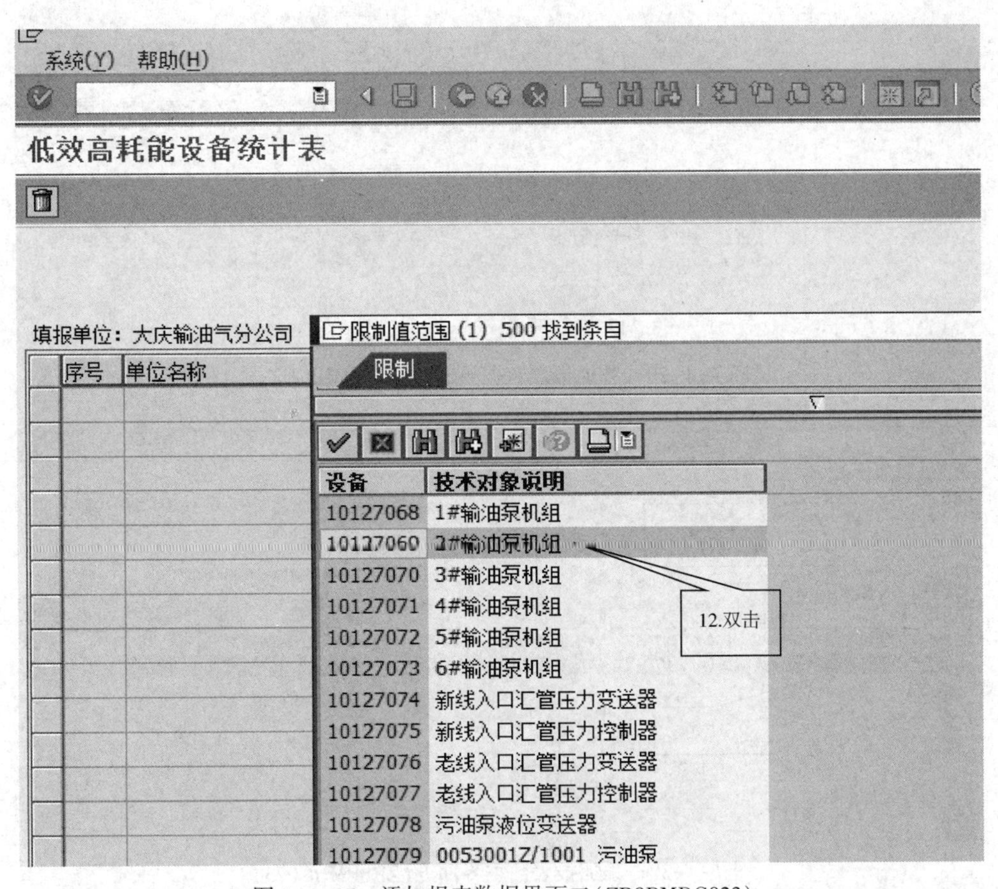

图 7-4-27　添加报表数据界面二(ZR8PMDG023)

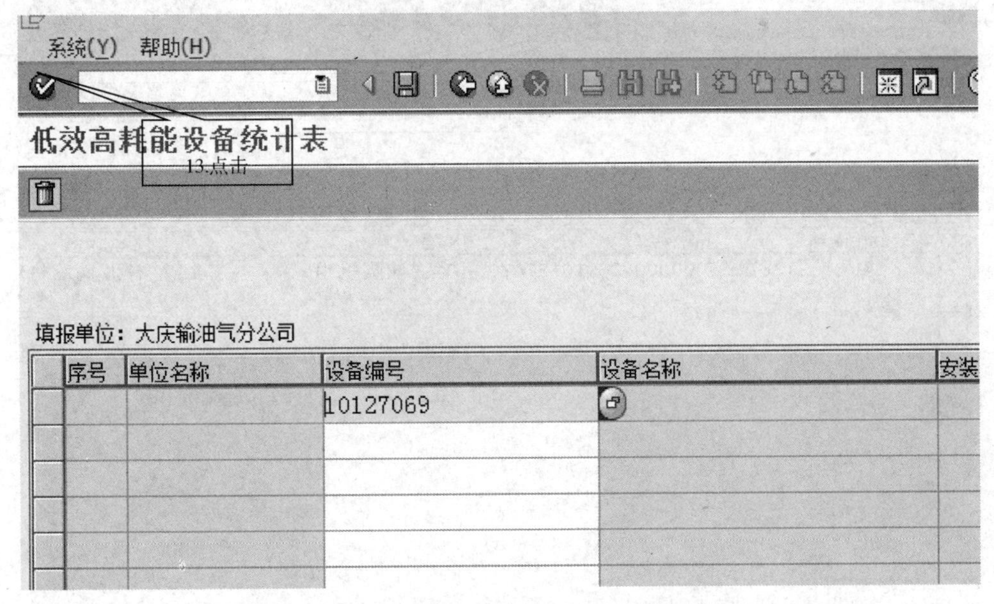

图 7-4-28　添加报表数据界面三(ZR8PMDG023)

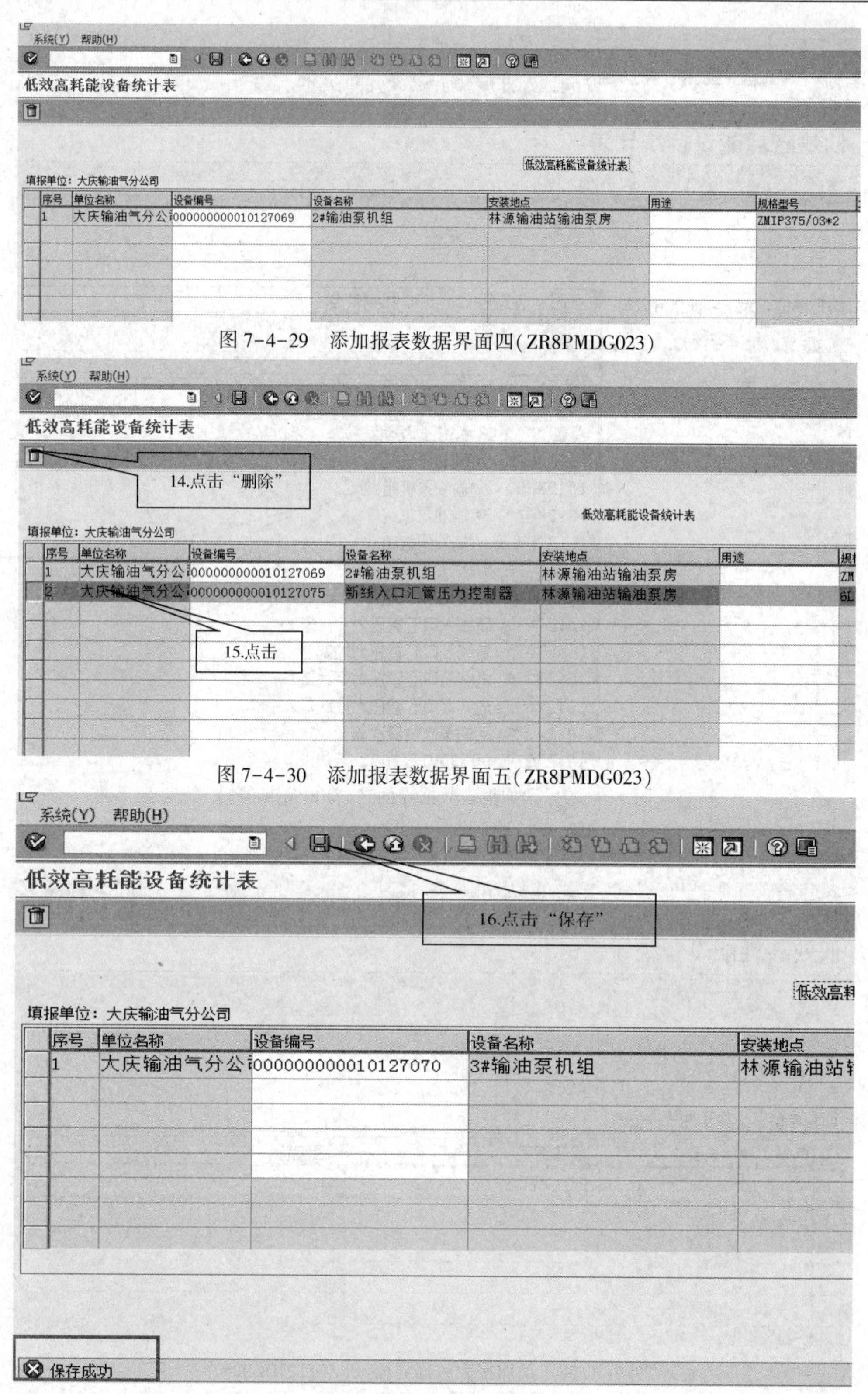

图 7-4-29　添加报表数据界面四(ZR8PMDG023)

图 7-4-30　添加报表数据界面五(ZR8PMDG023)

图 7-4-31　添加报表数据界面六(ZR8PMDG023)

第五节　特种作业安全许可操作

一、安全许可作业证流程介绍

目前，管道公司存在的安全许可流程包括动火作业、挖掘作业、高处作业、受限空间作业、临时用电作业等几种，一直按照纸质传真签字的形式进行签发。目前通过管道 ERP 系统进行安全许可作业流程的审批及签发，具体操作流程及内容如下。

1. 一级动火流程(站外)

二级单位安全科工程师在系统内创建一级许可作业证—安全科科长审批—分管经理审批—经理审批—公司安全处主管审批—生产、管道、安全处领导审批—公司领导审批签发。

2. 一级动火流程(站内)

二级单位安全科工程师在系统内创建一级许可作业证—安全科科长审批—分管经理审批—经理审批—公司安全处主管审批—生产、安全处领导审批—公司领导审批签发。

3. 一级动火流程(沈阳调度中心)

东北地区六家单位，一级动火流程由沈阳调度中心负责签发，不推送至管道公司机关处室。

二级单位安全科工程师在系统内创建一级许可作业证—安全科科长审批—分管经理审批—经理审批—沈阳调度中心生产调度处、管道安全处处长审批—沈阳调度中心领导签发。

4. 二级动火流程(站内)

站内工程师创建许可作业证—站长审批—生产科、安全科科长审批—分管经理审批签发。

5. 二级动火流程(站外)

站内工程师创建许可作业证—站长审批—生产科、管道科、安全科科长审批—分管经理审批签发。

6. 三级动火

站内工程师创建许可作业证—站内技术员审批—站长审批签发。

注：站内技术员有账号的情况，由技术员进行审批；目前技术员用站内的通用账号的情况，则直接提报后由站长审批。技术员需要增加审批账号的提报账号申请。

二、安全许可作业证创建操作

1. 创建安全许可作业证

打开功能界面，输入事物码 zr8pmdg008a，创建安全许可作业证(图 7-5-1 至图 7-5-3)。

在 SAP 操作主界面中，输入许可作业证程序创建的事物码 zr8pmdg008a，当新建时，点击新建的按钮，输入许可证作业类型，按或 F8 执行，进入许可作业证填写界面。

以下以一级动火许可证为例进行操作。

一级动火流程如下：二级单位安全科工程师在系统内创建一级许可作业证—安全科科长

审批—分管经理审批—经理审批—公司安全处主管审批—生产、管道、安全处领导审批—公司领导审批签发。

图 7-5-1　创建安全许可作业证界面一

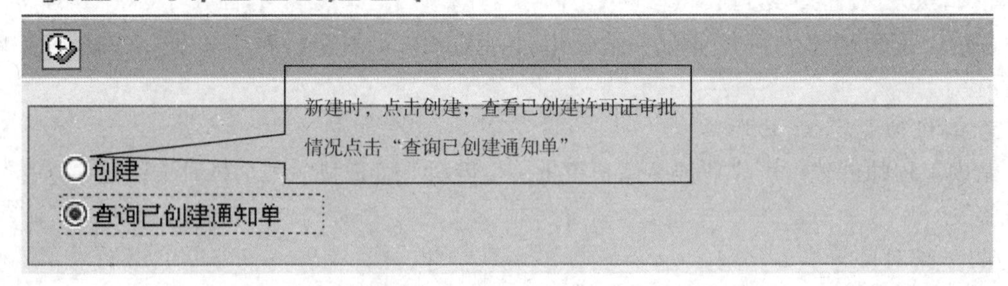

图 7-5-2　创建安全许可作业证界面二

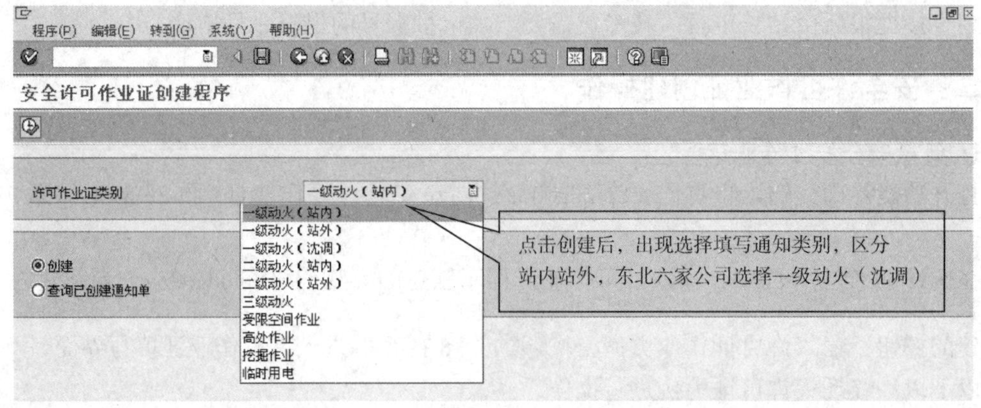

图 7-5-3　创建安全许可作业证界面三

2. 填写安全许可作业证内容

进入安全许可作业证界面，根据实际情况填写相应内容；许可证编号为系统自动根据创建的年月日及时间生成，不需要单独编码；收起/打开按钮可以将许可证需要现场确认的内容进行收放，在创建许可证时，填写好领导审批的内容后，将需要现场确认的内容先进行收起，以方便领导审批时直接看到其审批的内容，待许可作业结束后，根据现场情况，请收起的内容完善。可以根据情况添加附件。如图 7-5-4 所示。

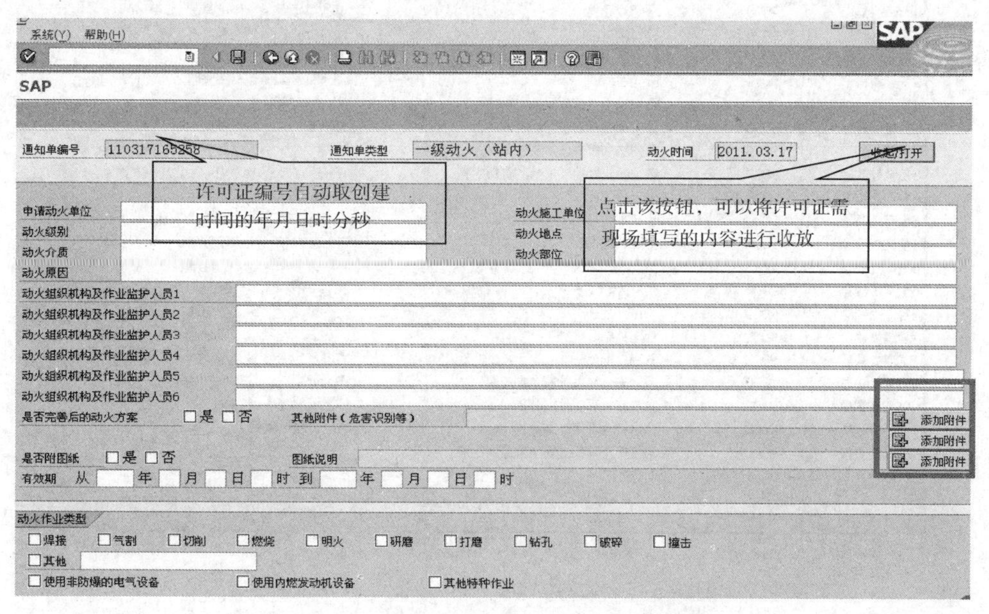

图 7-5-4　填写安全许可作业证内容界面一

需要外部施工单位人员(或无 ERP 账号内部人员)签字的内容，在纸质单据进行签字，由安全科工程师在确认后，经扫描后上传到系统中以完善该内容。

如有延期情况，则在下方填写有关延期相关时间及负责人等信息(图 7-5-5)。

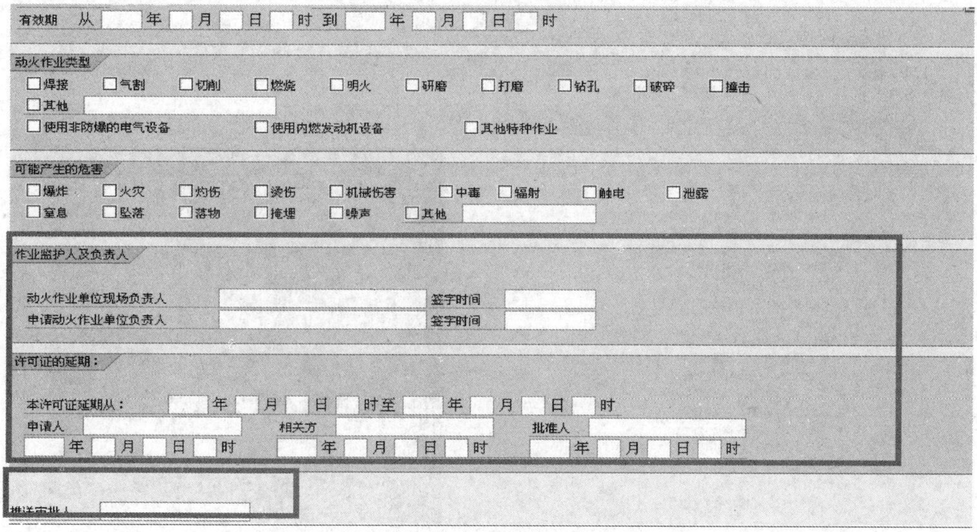

图 7-5-5　填写安全许可作业证内容界面二

待填写好相关内容后，点击最后一行后面的按钮，选择推送的审批人。点击后弹出选择界面，选择安全科科长，选择后点击左上角保存单据(图 7-5-6)。

SAP用户名 (1) 22 找到条目

节点	工厂	通知单类	名称 1	用户	用户名
10公司领导	9000		公司领导	CUITAO	崔涛
10公司领导	9000		公司领导	DYWANG	王大勇
10公司领导	9000		公司领导	HZWANG	王惠智
10公司领导	9000		公司领导	TYGAO	高庭禹
1安全科工程师	90S0		西安输油气分公司安全科工程师	DLANSHUN	安顺
2安全科科长	9010		安全科科长	WANGLY	王陆阳
2安全科科长	90S0		西安输油气分公司安全科科长	DLYJYANG	杨永健
3分管副经理	90S0		西安输油气分公司副经理	HCWU	吴宏朝
4经理	90S0		西安输油气分公司经理	DLZXDOU	窦智兴
5安全处主管	9000		质量安全环保处安全监督科主管	GDBAIYANG	白 杨
6生产处领导	9000		生产处处长	ZSWANG	王振声
6生产处领导	9000		生产处副处长	DFCHENG	程德发
6生产处领导	9000		生产处副处长	GDLIWANG	李旺
6生产处领导	9000		生产处副处长	JFSU	苏建峰
6生产处领导	9000		生产处副处长	SONGFEI	宋飞
7管道处领导	9000		管道处处长	FCWANG	王富才
7管道处领导	9000		管道处副处长	LSGCS	高长顺
7管道处领导	9000		管道处副处长	WANGQANG	王 强
8安全处领导	9000		质量安全环保处安全副总监	ZZYUAN	袁振中
8安全处领导	9000		质量安全环保处副处长	LCYLIUHONG	刘 洪
8安全处领导	9000		质量安全环保处副处长	WANGGUANGHUI	王广辉
9安全处主管	9000		质量安全环保处安全监督科主管	GDBAIYANG	白 杨

22 找到条目

图 7-5-6　填写安全许可作业证内容界面三

三、安全许可作业证的审批操作

1. 打开功能界

面打开功能界面，输入事物码 zr8pmdg008(图 7-5-7)。

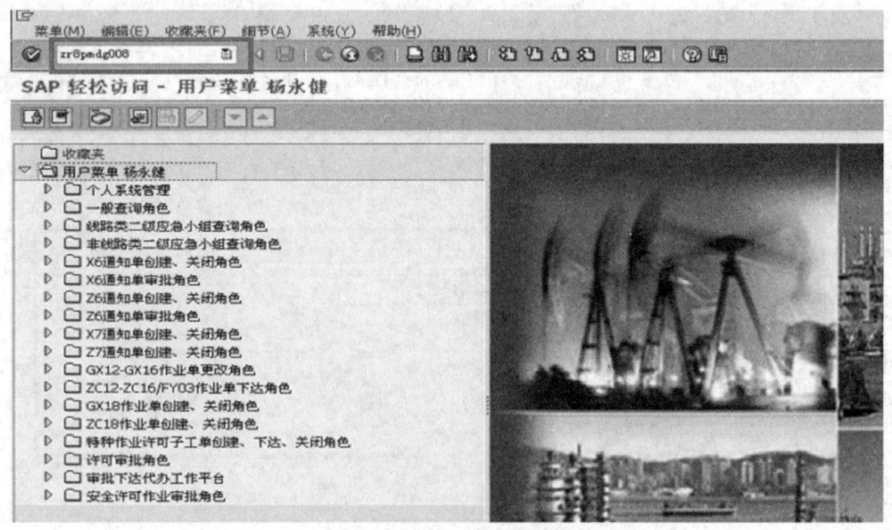

图 7-5-7　安全许可作业证审批操作界面一

当领导审批时，有相关意见需要填写时，可以点击后面的 添加批注 的字样，进入填写批注内容，填写后点击 保存批注，则批注内容被保存，但后面相关人员审批时，能够看到之前审批人的相关审批意见(图 7-5-8 至图 7-5-10)。

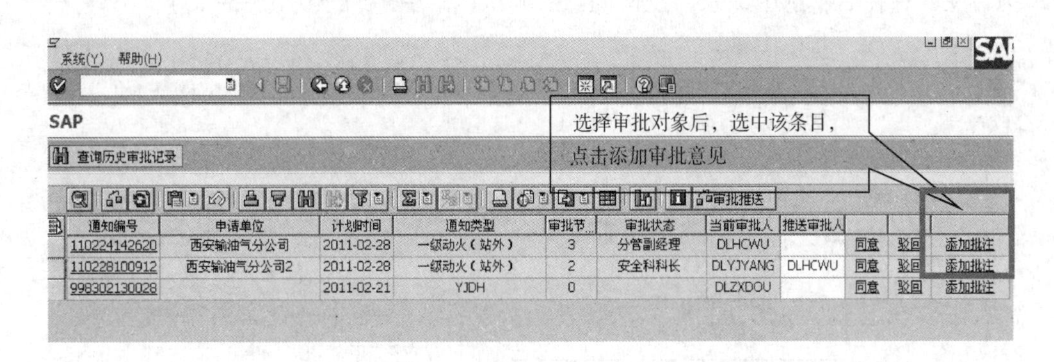

图 7-5-8　安全许可作业证审批操作界面二

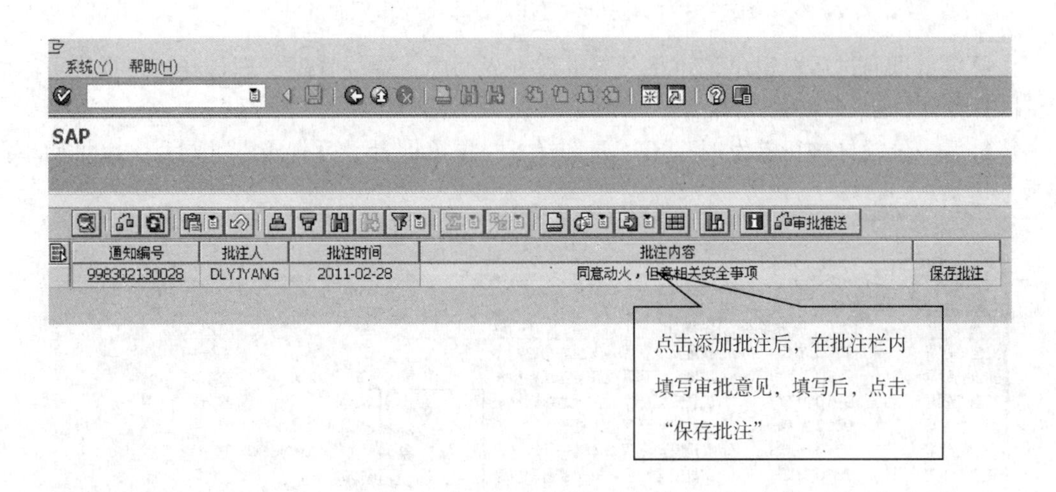

图 7-5-9　安全许可作业证审批操作界面三

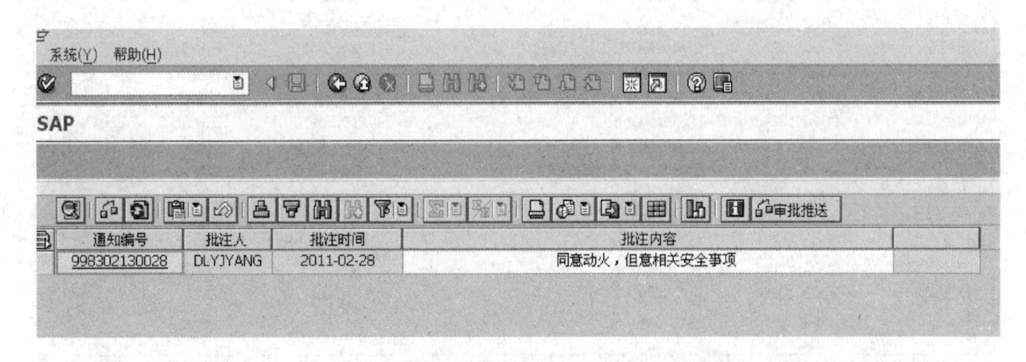

图 7-5-10　安全许可作业证审批操作界面四

2. 许可作业证的审批操作

在SAP操作主界面中，输入许可作业证程序审批的事物码zr8pmdg008，看到需要审批的许可证列表，可以点击许可证编号，进入查看许可证填写内容，在推送审批人处选择下一步审批对象，选择后，选中该条目点击同意后确认(图7-5-11至图7-5-15)。

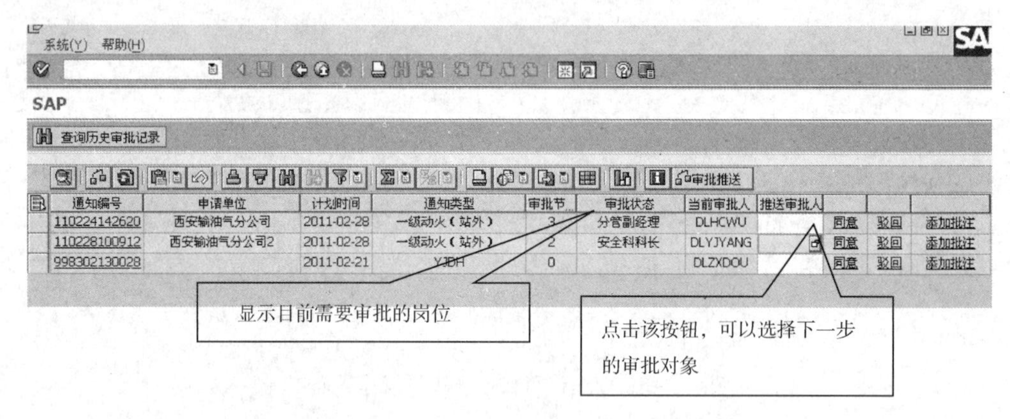

图7-5-11　安全许可作业证审批操作界面五

该层级审批通过后，退出该审批领导的待办界面中。待分管副经理打开待审批许可界面后，同样操作推给经理进行审批。

待最后一位领导进行签发时，不需要选择下一位审批者，可直接审批同意，审批后单据变为下达状态。

SAP用户名 (1)　23 找到条目

节点	工厂	通知单类	名称 1	用户	用户名
安全处领导	9000	YJDH	质量安全环保处安全副总监	ZZYUAN	袁振中
安全处领导	9000	YJDH	质量安全环保处安全管理科科长	GDZYSONG	宋兆勇
安全处领导	9000	YJDH	质量安全环保处安全监督科科长	SUQI	苏 奇
安全处领导	9000	YJDH	质量安全环保处副处长	LCYLIUHONG	刘 洪
安全处领导	9000	YJDH	质量安全环保处副处长	WANGGUANGHUI	王广辉
安全处主管	9000	YJDH	质量安全环保处安全监督科主管	GDBAIYANG	白 杨
安全科工程师	90S0	YJDH	西安输油气分公司安全科工程师	DLANSHUN	安顺
安全科科长	90S0	YJDH	西安输油气分公司安全科科长	DLYJYANG	杨永健
分管副经理	90S0	YJDH	西安输油气分公司副经理	HCWU	吴宏朝
公司领导	9000	YJDH	公司领导	CUITAO	崔涛
公司领导	9000	YJDH	公司领导	DYWANG	王大勇
公司领导	9000	YJDH	公司领导	HZWANG	王惠智
公司领导	9000	YJDH	公司领导	TYGAO	高庭禹
公司领导	9000	YJDH	公司领导	ZZYUAN	袁振中
管道处领导	9000	YJDH	管道处处长	FCWANG	王富才
管道处领导	9000	YJDH	管道处副处长	LSGCS	高长顺
管道处领导	9000	YJDH	管道处副处长	WANGQANG	王 强
经理	90S0	YJDH	西安输油气分公司经理	DLZXDOU	窦智兴
生产处领导	9000	YJDH	生产处处长	ZSWANG	王振声
生产处领导	9000	YJDH	生产处副处长	DFCHENG	程德发
生产处领导	9000	YJDH	生产处副处长	GDLIWANG	李旺
生产处领导	9000	YJDH	生产处副处长	JFSU	苏建峰
生产处领导	9000	YJDH	生产处副处长	SONGFEI	宋飞

点击选择下一步的审批对象

23 找到条目

图7-5-12　安全许可作业证审批操作界面六

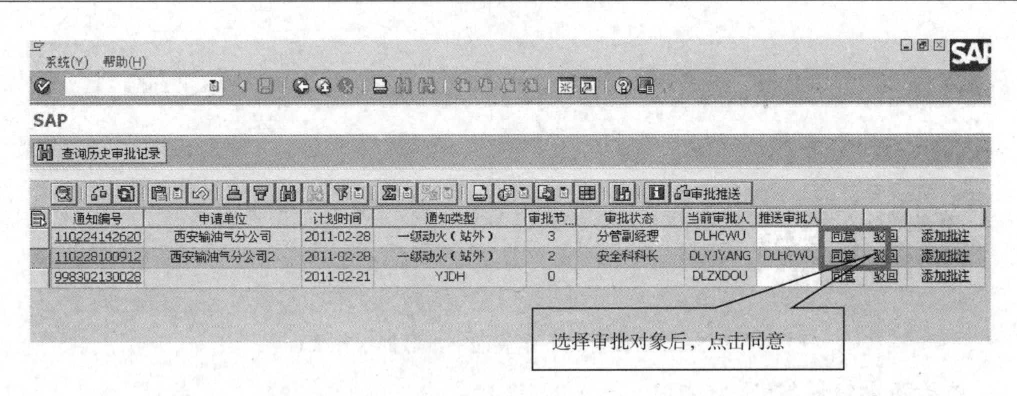

图 7-5-13　安全许可作业证审批操作界面七

图 7-5-14　安全许可作业证审批操作界面八

图 7-5-15　安全许可作业证审批操作界面九

3. 安全许可作业证的审批驳回操作

当领导审批时，认为安全许可作业证的内容维护有误或者有缺失等情况时，可以进行驳回操作。领导驳回时，不需要选择驳回人，直接点击“驳回”，许可证自动返回给创建者(图 7-5-16 和图 7-5-17)。

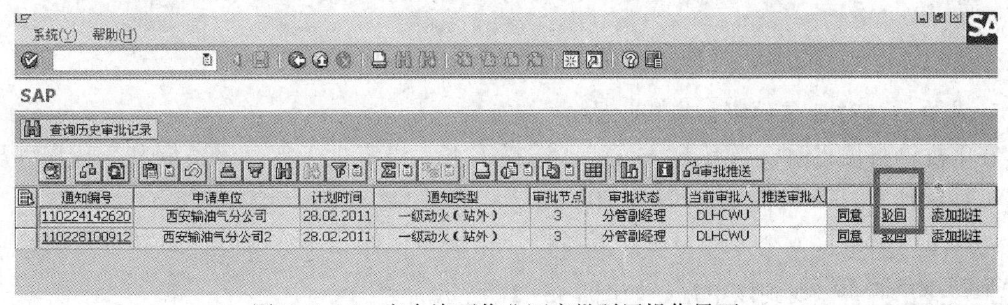

图 7-5-16　安全许可作业证审批驳回操作界面一

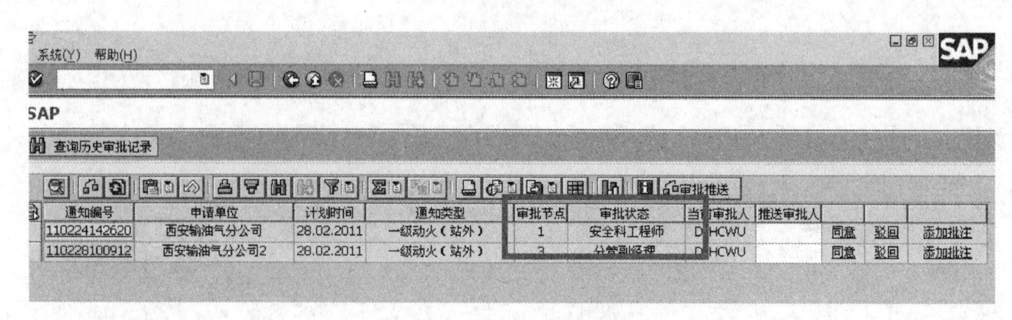

图 7-5-17 安全许可作业证审批驳回操作界面二

4. 查看历史审批单据

在待办列表左上角有“查看历史审批记录”按钮，点击可查看审批过的单据，以及目前该单据的审批状态(图 7-5-18 和图 7-5-19)。

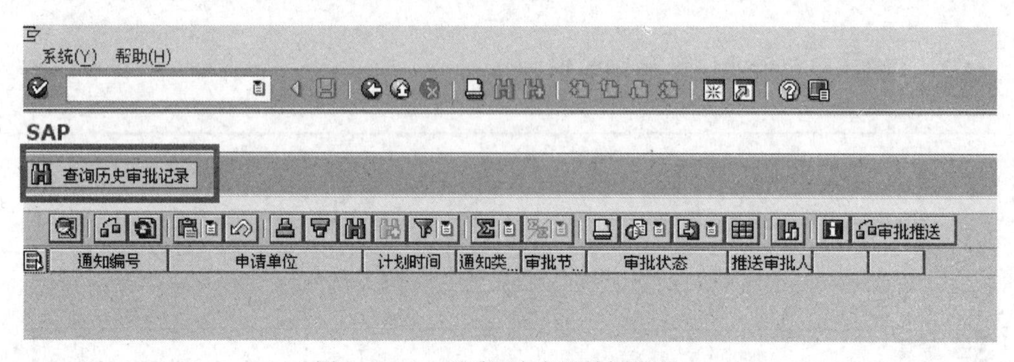

图 7-5-18 查看历史审批单据界面一

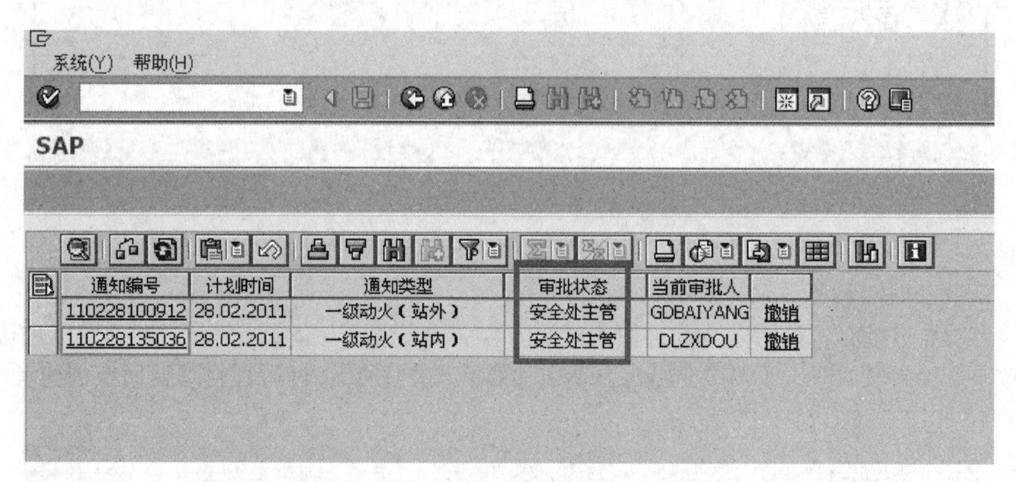

图 7-5-19 查看历史审批单据界面二

5. 安全许可作业证的审批撤销操作

在审批许可信息时，当点击“同意”，选择了下一级审批人后，该条信息会从待办界面退出，推送到下一级审批人(图 7-5-20)。

如果下一级审批人不方便审批，或者操作错误希望撤销本次操作，重新推送时，点击 查询历史审批记录 找到该单据。如图 7-5-21 所示。

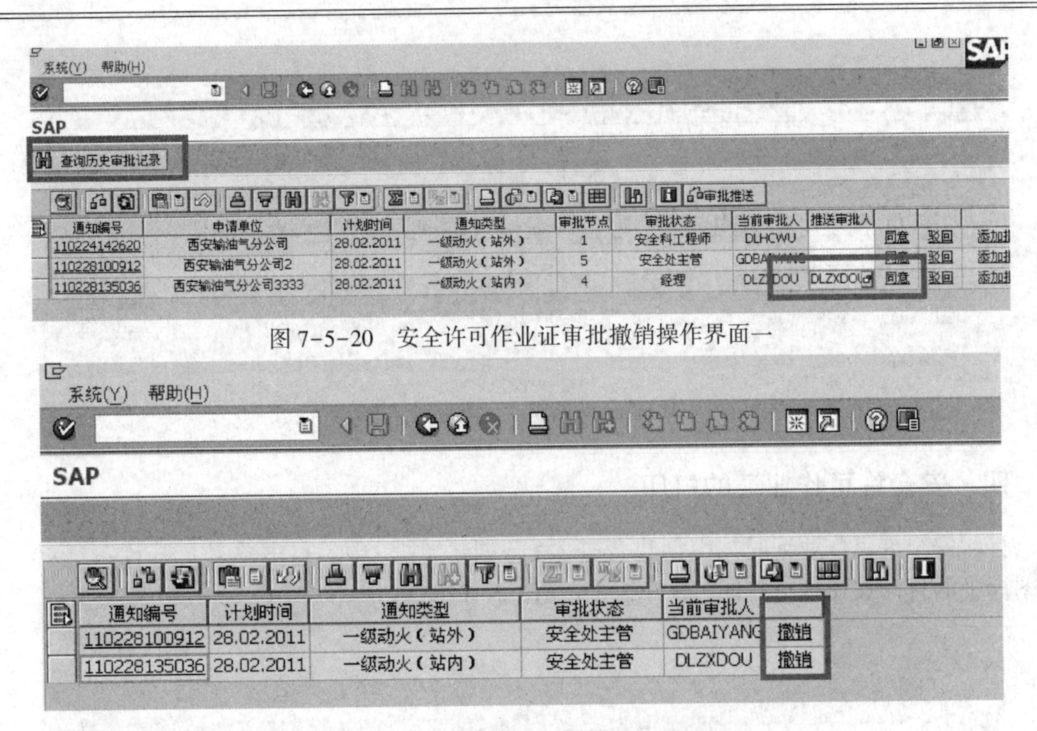

图 7-5-20　安全许可作业证审批撤销操作界面一

图 7-5-21　安全许可作业证审批撤销操作界面二

可以通过查看历史审批记录，找到刚才审批的许可证，点击撤销，即可将该单据之前的操作撤销，单据从下一岗位的界面回到本次操作人的界面(图 7-5-22 至图 7-5-24)。

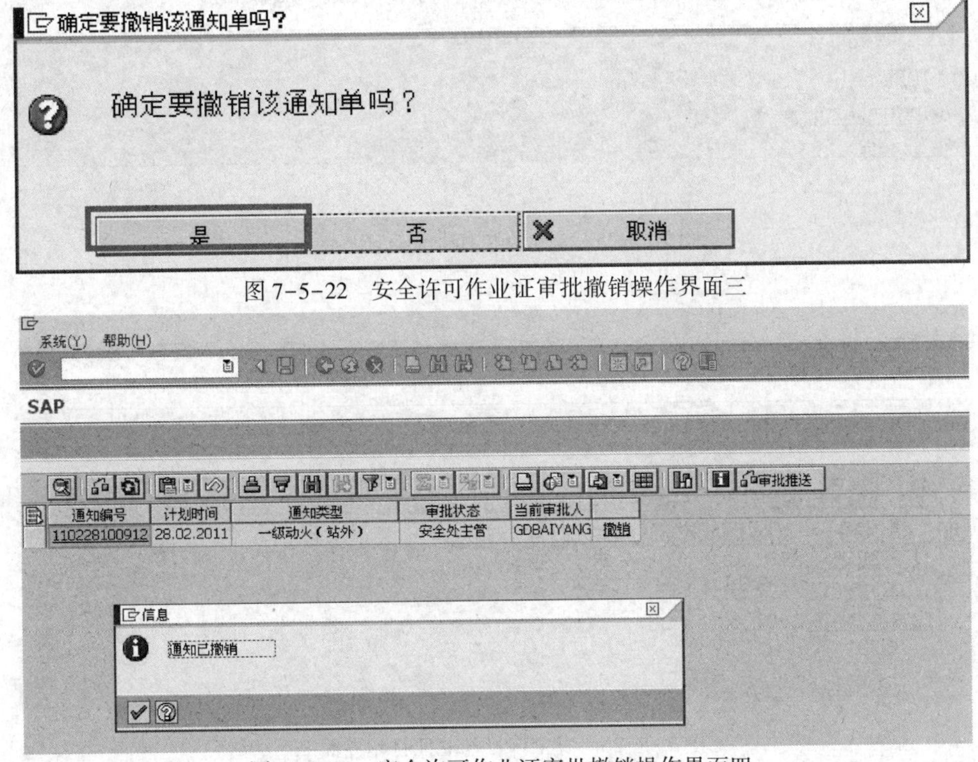

图 7-5-22　安全许可作业证审批撤销操作界面三

图 7-5-23　安全许可作业证审批撤销操作界面四

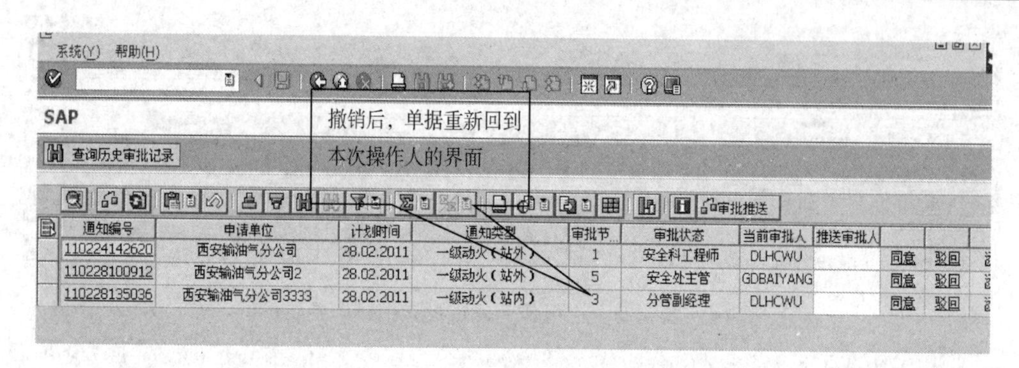

通知编号	申请单位	计划时间	通知类型	审批节	审批状态	当前审批人	推送审批人		
110224142620	西安输油气分公司	28.02.2011	一级动火（站外）	1	安全科工程师	DLHCWU		同意	驳回
110228100912	西安输油气分公司2	28.02.2011	一级动火（站外）	5	安全处主管	GDBAIYANG		同意	驳回
110228135036	西安输油气分公司3333	28.02.2011	一级动火（站内）	3	分管副经理	DLHCWU		同意	驳回

图 7-5-24　安全许可作业证审批撤销操作界面五

四、安全许可作业证的打印

打印安全许可作业证时，由创建者进入“已创建单据”中，点击单号打开许可证后，点击图标中的打印按钮进行打印(图 7-5-25 至图 7-5-27)。

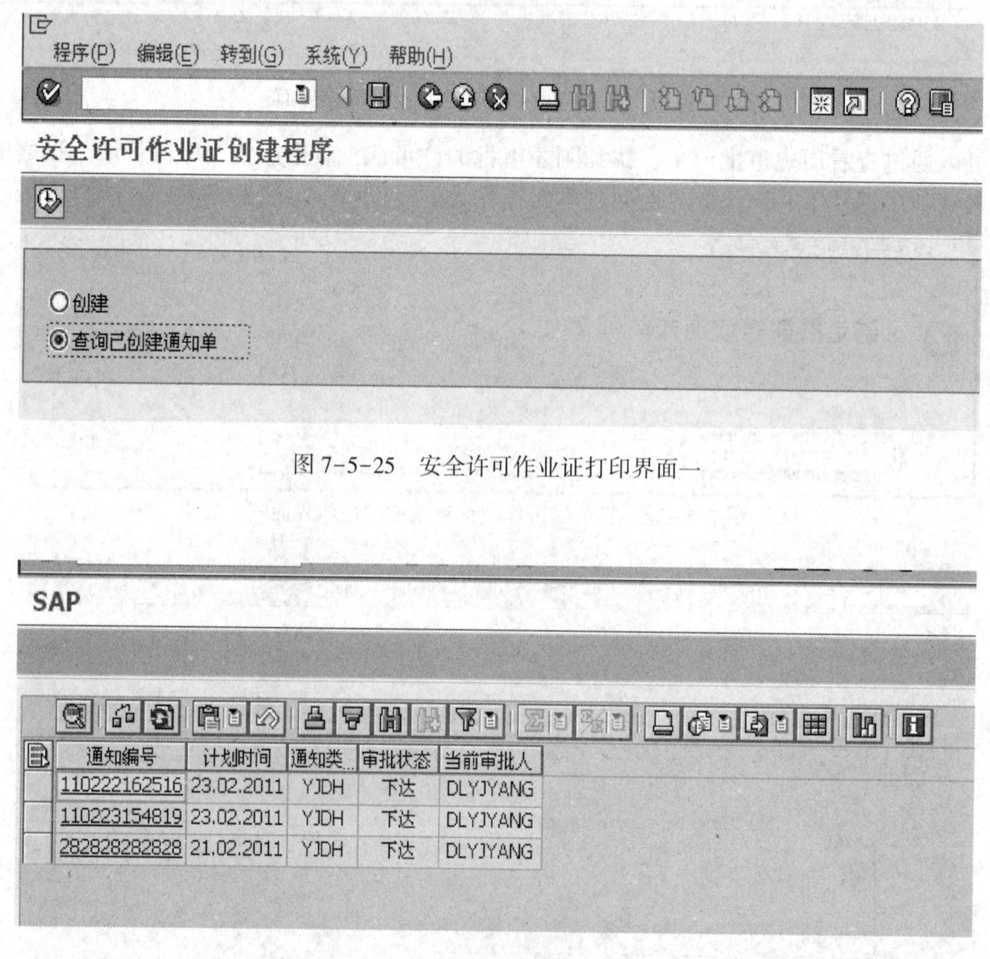

图 7-5-25　安全许可作业证打印界面一

通知编号	计划时间	通知类...	审批状态	当前审批人
110222162516	23.02.2011	YJDH	下达	DLYJYANG
110223154819	23.02.2011	YJDH	下达	DLYJYANG
282828282828	21.02.2011	YJDH	下达	DLYJYANG

图 7-5-26　安全许可作业证打印界面二

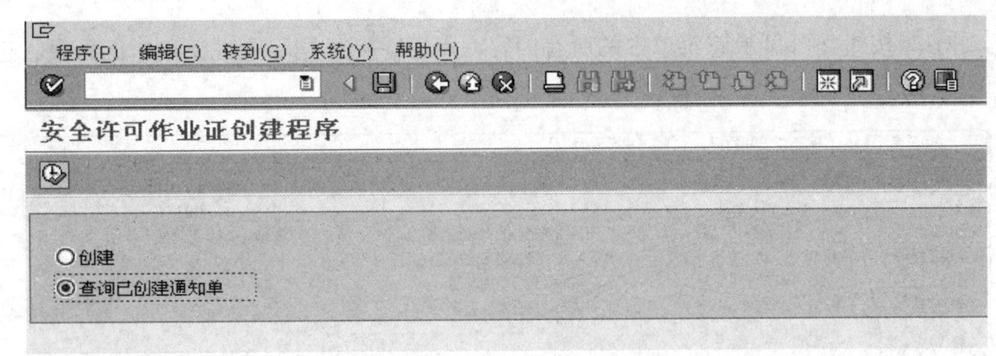

图 7-5-27　安全许可作业证打印界面三

五、变式操作

1. 设置个性显示菜单

在搜索推送人时，会显示管道公司下所有涉及的安全许可审批人员的名单，SAP 提供个性化菜单的设置，操作如下：

选择常用的内容，如西安输油气分公司安全科工程师，可将自己公司人员设置在个性查询菜单中。如图中点击所要保存的条目，点击图中红色框中的图标，点击后继续选择下一条要设置进的条目，再次点击，待全部选择后，关闭该菜单栏，待下次点击选择时，即可只显示自己所设置的个性搜索栏(图 7-5-28)。

SAP用户名 (1)　27 找到条目

点击该按钮设置个性化搜索显示菜单内容

节点	工厂	通知单类别	名称 1	用户	用户名
安全处领导	9000	一级动火（站外）	质量安全环保处安全副总监	ZZYUAN	袁振中
安全处领导	9000	一级动火（站外）	质量安全环保处安全管理科科长	GDZYSONG	宋兆勇
安全处领导	9000	一级动火（站外）	质量安全环保处安全监督科科长	SUQI	苏 奇
安全处领导	9000	一级动火（站外）	质量安全环保处副处长	LCYLIUHONG	刘 洪
安全处领导	9000	一级动火（站外）	质量安全环保处副处长	WANGGUANGHUI	王广辉
安全处主管	9000	一级动火（站外）	质量安全环保处安全监督科主管	GDBAIYANG	白 杨
安全科工程师	90S0	一级动火（站外）	西安输油气分公司安全科工程师	DLANSHUN	安 顺
安全科工程师	90S0	一级动火（站外）	西安输油气分公司安全科工程师	DLBAIPENG	白 鹏
安全科科长	90S0	一级动火（站外）	西安输油气分公司安全科科长	DLYJYANG	杨永健
分管副经理	90S0	一级动火（站外）	西安输油气分公司副经理	DLHCWU	吴宏朝
分管副经理	90S0	一级动火（站外）	西安输油气分公司副经理	DLLIUWEI	刘 伟
分管副经理	90S0	一级动火（站外）	西安输油气分公司副经理	DLSCWANG	王树财
分管副经理	90S0	一级动火（站外）	西安输油气分公司副经理	DLYSSHI	石云山
公司领导	9000	一级动火（站外）	公司领导	CUITAO	崔涛
公司领导	9000	一级动火（站外）	公司领导	DYWANG	王大勇
公司领导	9000	一级动火（站外）	公司领导	HZWANG	王惠智
公司领导	9000	一级动火（站外）	公司领导	TYGAO	高庭禹
公司领导	9000	一级动火（站外）	公司领导	ZZYUAN	袁振中
管道处领导	9000	一级动火（站外）	管道处处长	FCWANG	王富才
管道处领导	9000	一级动火（站外）	管道处副处长	LSGCS	高长顺
管道处领导	9000	一级动火（站外）	管道处副处长	WANGQANG	王 强
经理	90S0	一级动火（站外）	西安输油气分公司经理	DLZXDOU	窦智兴
生产处领导	9000	一级动火（站外）	生产处处长	ZSWANG	王振声
生产处领导	9000	一级动火（站外）	生产处副处长	DFCHENG	程德发
生产处领导	9000	一级动火（站外）	生产处副处长	GDLIWANG	李旺

27 找到条目

图 7-5-28　设置个性显示菜单界面一

点击按钮又可显示原菜单中的所有内容，点击可删除个性菜单中的条目，进行重新设置(图 7-5-29)。

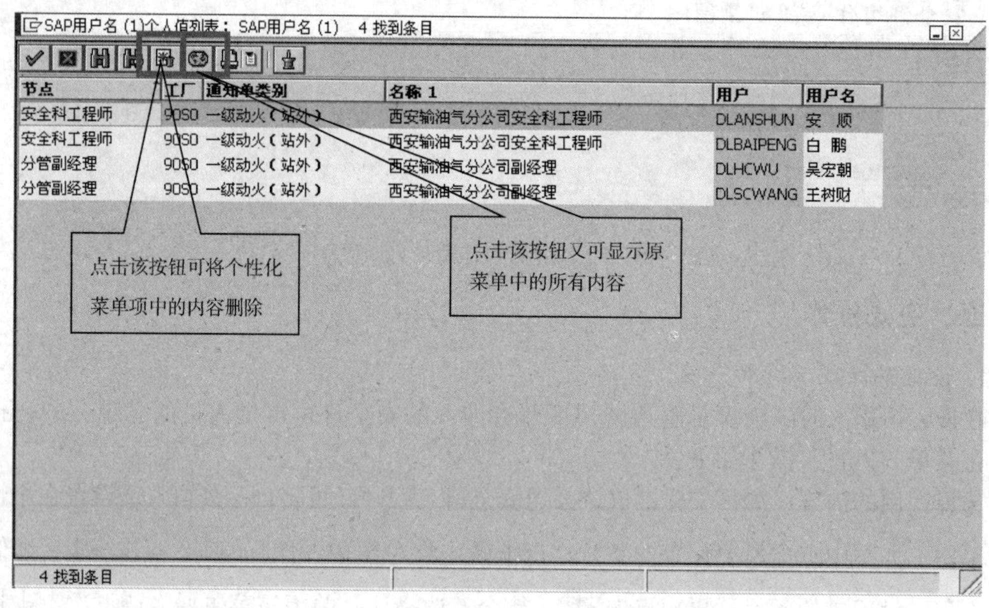

图 7-5-29　设置个性显示菜单界面二

2. 汉字建议搜索推送人

在打开推送人的选择菜单后，可以点击按钮，在弹出的对话框中直接输入查找人的姓名，执行后，自动光标会弹到相应的人员条目上(图 7-5-30 和图 7-5-31)。

图 7-5-30　汉字建议搜索推送人界面一

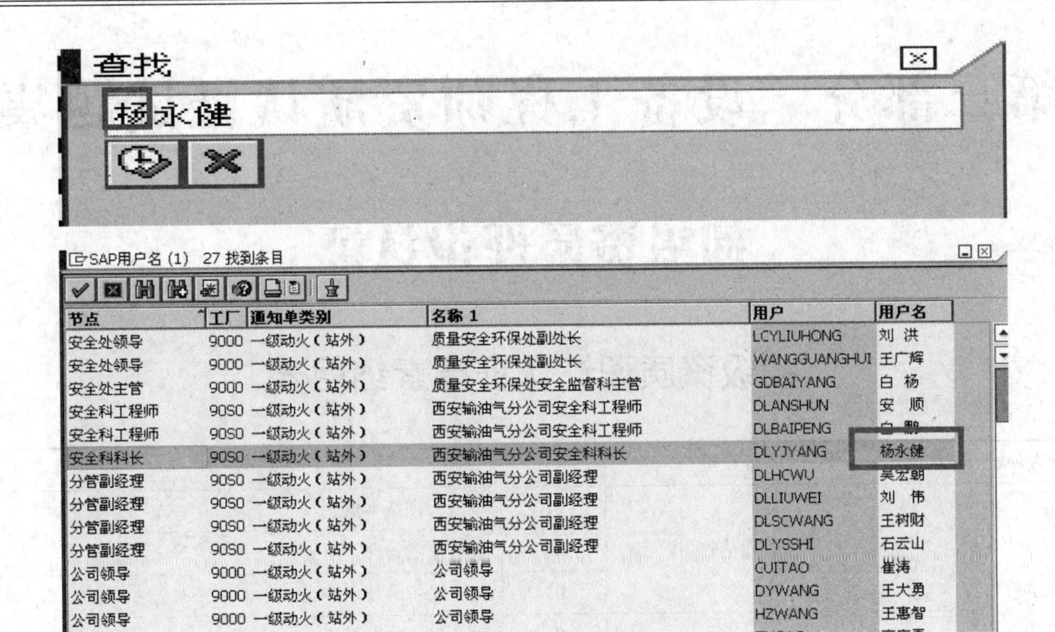

节点	工厂	通知单类别	名称 1	用户	用户名
安全处领导	9000	一级动火（站外）	质量安全环保处副处长	LCYLIUHONG	刘 洪
安全处领导	9000	一级动火（站外）	质量安全环保处副处长	WANGGUANGHUI	王广辉
安全处主管	9000	一级动火（站外）	质量安全环保处安全监督科主管	GDBAIYANG	白 杨
安全科工程师	90S0	一级动火（站外）	西安输油气分公司安全科工程师	DLANSHUN	安 顺
安全科工程师	90S0	一级动火（站外）	西安输油气分公司安全科工程师	DLBAIPENG	白 鹏
安全科科长	90S0	一级动火（站外）	西安输油气分公司安全科科长	DLYJYANG	杨永健
分管副经理	90S0	一级动火（站外）	西安输油气分公司副经理	DLHCWU	吴宏朝
分管副经理	90S0	一级动火（站外）	西安输油气分公司副经理	DLLIUWEI	刘 伟
分管副经理	90S0	一级动火（站外）	西安输油气分公司副经理	DLSCWANG	王树财
分管副经理	90S0	一级动火（站外）	西安输油气分公司副经理	DLYSSHI	石云山
公司领导	9000	一级动火（站外）	公司领导	CUITAO	崔涛
公司领导	9000	一级动火（站外）	公司领导	DYWANG	王大勇
公司领导	9000	一级动火（站外）	公司领导	HZWANG	王惠智

图 7-5-31　汉字建议搜索推送人界面二

第三部分　设备工程师资质认证试题集

初级资质理论认证

初级资质理论认证要素细目表

<table>
<tr><th>行为领域</th><th>代码</th><th>认证范围</th><th>编号</th><th>认证要点</th></tr>
<tr><td rowspan="7">基础知识A</td><td rowspan="3">A</td><td rowspan="3">设备管理基础知识</td><td>01</td><td>设备管理基本概念</td></tr>
<tr><td>02</td><td>设备一般管理知识</td></tr>
<tr><td>03</td><td>主要设备的技术性能</td></tr>
<tr><td rowspan="4">B</td><td rowspan="4">站场设备完整性管理</td><td>01</td><td>设备设施数据管理</td></tr>
<tr><td>02</td><td>设备设施风险识别与评价</td></tr>
<tr><td>03</td><td>设备设施状态的监测、检测及评价</td></tr>
<tr><td>04</td><td>设备的使用与维护</td></tr>
<tr><td rowspan="19">专业知识B</td><td rowspan="3">A</td><td rowspan="3">设备通用技术管理</td><td>01</td><td>设备巡检及定人定机管理</td></tr>
<tr><td>02</td><td>设备缺陷和故障排查、处理、跟踪及验收</td></tr>
<tr><td>03</td><td>设备油水管理</td></tr>
<tr><td rowspan="4">B</td><td rowspan="4">输油气设备技术管理</td><td>01</td><td>输油泵技术管理</td></tr>
<tr><td>02</td><td>压缩机技术管理</td></tr>
<tr><td>03</td><td>储罐技术管理</td></tr>
<tr><td>04</td><td>阀门技术管理</td></tr>
<tr><td rowspan="4">C</td><td rowspan="4">特种设备技术管理</td><td>01</td><td>特种设备管理</td></tr>
<tr><td>02</td><td>直接炉技术管理</td></tr>
<tr><td>03</td><td>热媒炉技术管理</td></tr>
<tr><td>04</td><td>锅炉技术管理</td></tr>
<tr><td rowspan="4">D</td><td rowspan="4">辅助系统设备技术管理</td><td>01</td><td>含油污水处理装置技术管理</td></tr>
<tr><td>02</td><td>除尘装置技术管理</td></tr>
<tr><td>03</td><td>清管器接收(发送)筒技术管理</td></tr>
<tr><td>04</td><td>混油处理装置技术管理</td></tr>
<tr><td rowspan="4">E</td><td rowspan="4">ERP 系统管理</td><td>01</td><td>站内自行维修操作</td></tr>
<tr><td>02</td><td>一般故障报修操作</td></tr>
<tr><td>04</td><td>生产处报表查看及填报操作</td></tr>
<tr><td>05</td><td>特种作业许可操作</td></tr>
</table>

初级资质理论认证试题

一、单项选择题(每题4个选项，将正确的选项号填入括号内)

第一部分 基础知识

设备管理基础知识部分

1. AA01(　　)指企业在生产中所需的机械、装置和设施等物资资料的通称，它可供长期使用并能在使用中基本保持原有的实物形态。

A. 设施　　B. 物资　　C. 设备　　D. 备品备件

2. AA02 在巡检中，要按照(　　)的六字法进行检查。

A. 看、摸、听、闻、查、记　　B. 看、听、说、写、思、记

C. 听、摸、写、闻、切、记　　D. 看、听、闻、写、查、记

3. AA03 下列哪个不是输油泵的技术性能(　　)。

A. 排量　　B. 空气过剩系数　　C. 扬程　　D. 汽蚀余量

4. AA03 下列哪个参数不是输油泵机组的技术性能(　　)。

A. 流量　　B. 扬程　　C. 比转速　　D. CV 值

站场设备完整性管理部分

5. AB01 站场更新改造及大修理项目新安装的设备，设备工程师应按照要求的内容和格式在设备投入运行后(　　)内更新设备管理系统中的设备基础数据。

A. 2 天　　B. 7 天　　C. 15 天　　D. 30 天

6. AB01 在设备巡检、维护保养、测试、校验过程中，如发现设备存在故障，应由设备工程师立即将设备故障录入到(　　)中。

A. PIS 系统　　B. PPS 系统　　C. ERP 系统　　D. HOMS 系统

第二部分 专业知识

设备通用技术管理部分

7. BA02 一般设备故障是指(　　)。

A. 不影响正常输油气生产的 B 类及以下设备的故障

B. 造成管线停输或输量降低等影响正常输油气生产的设备故障

C. A 类设备的故障

D. 不影响正常输油气生产的 C 类设备的故障

8. BA02 各单位每月统计本单位(　　)及以上设备的缺陷和故障处理情况，对遗留的设备缺陷和故障进行总结分析。

A. A 类　　B. B 类　　C. C 类　　D. D 类

9. BA03 公司要求对润滑油实行五定管理，以下不属于五定管理的是(　　)。

A. 定点　　B. 定期　　C. 定位　　D. 定质

10. BA03 热媒炉停炉(常温状态)状况下，膨胀罐液位应不低于(　　)处，正常(工况温度)运行时，液位应保持在(　　)处。

A. 1/3，2/3　　B. 2/3，1/3　　C. 1/2，1/2　　D. 1/3，1/2

11. BA03 在工况确定的情况下，导热油出炉温度波动范围应控制在(　　)范围内，最高出炉温度严禁超过导热油的允许值。

A. ±1℃　　B. ±2℃　　C. ±3℃　　D. ±4℃

12. BA03 膨胀罐导热油温度应不高于(　　)。应在膨胀罐出口管线加装用于系统补偿的旁通等措施，降低罐内导热油温度。

A. 40℃　　B. 50℃　　C. 60℃　　D. 70℃

输油气设备技术管理部分

13. BB01 按照规程要求，泵机组维护保养周期按累计运行时间分为(　　)。

A. 500 小时，2000 小时　　B. 1000 小时，4000 小时

C. 2000 小时，5000 小时　　D. 2000 小时，85000 小时

14. BB01 按照规程要求，备用泵机组(　　)盘车 180°。

A. 每周　　B. 每两周　　C. 每一个月　　D. 每 6 个月

15. BB01 当站内泵机组发生着火爆炸事故时，应立即进行(　　)。

A. 向站领导(值班干部)、上级调度汇报

B. 进行 ESD 操作，全线紧急停输，通知上游降量或停输

C. 关闭事故泵进出口阀门

D. 迅速撤离到安全区域

16. BB01 离心泵应按照《设备分类管理规定》中(　　)设备实行定人定机管理。

A. A 类　　B. B 类　　C. C 类　　D. 不分类

17. BB02 燃气轮机例行检查每(　　)检查油箱液位记录滑油的消耗量。

A. 2h　　B. 6h　　C. 12h　　D. 24h

18. BB02 变频系统在例行检查时，各功率单元温度不超过(　　)。

A. 50℃　　B. 65℃　　C. 75℃　　D. 100℃

19. BB02 燃气轮机后备润滑油泵直流电池充电器为(　　)。

A. 24V　　B. 120V　　C. 220V　　D. 380V

20. BB03 对于采用蒸汽盘管加热的油罐，应注意根据(　　)调节蒸汽量，防止汽化。

A. 油位高低　　B. 盘管温度　　C. 油罐底板　　D. 计量口

21. BB03 对于要长期停用的油罐应将油位(　　)。

A. 保持最高　　B. 抽至最低　　C. 存至半罐　　D. 抽空

22. BB03 气温降至 0℃时，应经常检查油罐的(　　)、排水口，必要时应规定排放周期。

A. 排污口　　B. 蒸汽盘管　　C. 呼吸阀　　D. 检尺口

23. BB03 当气温低于 0℃时，机械呼吸阀的检查周期是(　　)。

A. 每周两次　　B. 每月一次　　C. 每月两次　　D. 每周至少一次

24. BB04 阀门本体的保养周期包括(　　)。

A. 月度检查和全面维护保养　　B. 月度保养和季度保养

C. 季度保养和年度保养　　D. 日常维护和全面维护保养

25. BB04 阀门全面维护保养周期：新管线投产第 1 年应(　　)一次，投产第 2 年应(　　)一次，投产 2 年后(　　)一次。

A. 每季度，每一年，每两年　　B. 每月，每季度，每年入冬前

C. 每半年，每一年，每两年　　D. 每季度，每半年，每年入冬前

26. BB04 新购置的阀门本体在运输过程中阀杆部位应(　　)，并可靠固定；规范吊运阀门时，应使用(　　)。

A. 朝下或平放；吊环吊装　　B. 朝上或平放；吊环吊装

C. 朝下或平放；阀杆吊装　　D. 朝上或平放；阀杆吊装

27. BB04 购置的新阀门，运输过程中阀门的启闭件，应在正确的位置，球阀和旋塞阀的启闭件应处于(　　)位置，闸阀、截止阀、节流阀、调节阀、蝶阀等阀门的启闭件应处于(　　)位置，止回阀的启闭件应处于(　　)。

A. 开启；关闭；关闭位置并予以固定　　B. 关闭；开启；关闭位置并予以固定

C. 开启；关闭；开启位置并予以固定　　D. 关闭；开启；关闭位置并予以固定

28. BB04 新的阀门进行单体试压时，试压前应拆除阀体上的(　　)，换上丝堵。因为它的设计压力为(　　)倍的阀门设计压力，而管道试压为(　　)倍的运行压力，如果不拆除泄放阀，会使泄放阀受损。

A. 排污阀；1.11；1.33　　B. 泄放阀；1.11；1.33

C. 排污阀；1.33；1.5　　D. 泄放阀；1.33；1.5

特种设备技术管理部分

29. BC01 下列不属于特种设备的是(　　)。

A. 锅炉　　B. 电梯　　C. 压力容器　　D. 输油泵

30. BC01 下列属于特种设备的是(　　)。

A. 阀门　　B. 输油泵　　C. 锅炉　　D. 储油罐

31. BC01 压力容器的特点不包括(　　)。

A. 承装液体或气体

B. 密闭设备

C. 最高工作压力大于或者等于 0.1MPa(表压)，且压力与容积的乘积大于或者等于 2.5MPa · L 的气体、液化气体和最高工作温度高于或者等于标准沸点的液体的固定式容器和移动式容器

D. 盛装公称工作压力大于或者等于 0.2 MPa(表压)，且压力与容积的乘积大于或者等于 1.0MPa · L 的气体、液化气体和标准沸点等于或者低于 100℃液体的气瓶

32. BC01 下列说法不属于锅炉的特种设备定义的是(　　)。

A. 利用各种燃料、电或者其他能源，将所盛装的液体加热到一定的参数，并对外输出热能的设备，其范围规定为容积大于或者等于 30 L 的承压蒸汽锅炉

B. 出口水压大于或者等于 0.1 MPa(表压)，且额定功率大于或者等于 0.1 MW 的承压热水锅炉
C. 直接炉
D. 有机热载体炉
33. BC02 加热炉预防性维护保养周期分为(　　)维护保养。
A. 日、年　B. 月、年　C. 日、月、年　D. 日、季、年
34. BC02 天然气橇装应(　　)排污一次。
A. 每周　B. 每月　C. 每天　D. 每年
35. BC02 直接炉炉前燃油温度一般不得低于(　　)。
A. 20℃　B. 25℃　C. 30℃　D. 35℃
36. BC02 直接炉炉前燃料油来油压力应为(　　)。
A. 0.2~0.3MPa　B. 0.1~0.2MPa　C. 0.3~0.4MPa　D. 0.2~0.4MPa
37. BC04 氮气罐压力不得低于(　　)。
A. 0.3 MPa　B. 0.4 MPa　C. 0.35 MPa　D. 0.45 MPa
38. BC04 按规程要求，热媒炉系统热效率应累计运行(　　)测试一次。
A. 2000 h　B. 3000 h　C. 4000 h　D. 5000 h
39. BC04 热媒炉运行时，炉体各处无过热现象，其表面温度不得高于(　　)。
A. 50℃　B. 55℃　C. 40℃　D. 45℃
40. BC03 运行锅炉定期排污时间为每(　　)一次。
A. 1h　B. 2h　C. 3h　D. 4h
41. BC03 锅炉水位计冲洗为每(　　)一次。
A. 2h　B. 4h　C. 63h　D. 8h
42. BC03 凝结水罐排污每周(　　)次。
A. 1　B. 2　C. 3　D. 4

辅助系统设备技术管理部分

43. BD01 含油污水处理装置主要用于(　　)污水处理。
A. 储油罐区　B. 加热炉区　C. 输油泵区　D. 阀组区
44. BD01 含油污水处理装置备用时，电源应(　　)。
A. 停掉　B. 备用　C. 自动　D. 手动
45. BD02 除尘装置设备外观油漆无脱落，直梯完好属于(　　)保养。
A. 日　B. 月　C. 季　D. 年
46. BD02 除尘装置电气控制柜完好，电源备用，无报警属于(　　)保养。
A. 日　B. 月　C. 季　D. 年
47. BD02 除尘装置主体无冷凝水属于(　　)保养。
A. 日　B. 月　C. 季　D. 年
48. BD02 除尘装置各阀门开关状态正确、无漏气属于(　　)保养。
A. 日　B. 月　C. 季　D. 年
49. BD02 除尘装置运行时引风机、下灰器、螺旋输送机等运行正常，无异响属于

(　　)保养。

A. 日　　B. 月　　C. 季　　D. 年

50. BD02 除尘装置运行时脉冲阀喷气正常、无漏气属于(　　)保养。

A. 日　　B. 月　　C. 季　　D. 年

51. BD02 除尘装置运行时各阀门开关正常，主体过滤袋过滤干净属于(　　)保养。

A. 日　　B. 月　　C. 季　　D. 年

52. BD02 除尘装置储灰池或接灰袋无大量积灰，如有则清理属于(　　)保养。

A. 日　　B. 月　　C. 季　　D. 年

ERP 系统管理部分

53. BE01 站内自行维修使用哪种工单类型(　　)。

A. ZC11　　B. ZC12　　C. ZC13　　D. ZC15

54. BE01 下列哪项不是站内自行维修必填项(　　)。

A. 物料　　B. PM 作业类型　　C. WBS 元素　　D. 工单描述

55. BE01 站内自行维修编辑完成后将工单状态设置为(　　)，提交站长审核。

A. 下达　　B. 编辑　　C. 待审　　D. 关闭

56. BE01 线路类自行维修工单的代码是(　　)。

A. ZC11　　B. GX11　　C. MR01　　D. FY03

57. BE02 一般故障维修使用哪种通知单类型(　　)。

A. Z1　　B. Z2　　C. Z3　　D. ZC11

58. BE02 一般故障维修通知单优先级最高的是(　　)。

A. 低　　B. 中　　C. 高　　D. 紧急

59. BE02 在上报故障报修单时必须填写的是哪个字段(　　)。

A. 故障类型　　B. 解决措施　　C. 故障原因　　D. 报告者

60. BE02 故障保修单的设备选项中可以填写(　　)设备。

A. 1 个　　B. 2 个　　C. 3 个　　D. 4 个

61. BE02 故障报修单一般是由(　　)发起。

A. 运行工　　B. 输油站工程师　　C. 站长　　D. 生产科工程师

62. BE02 进入创建自行维修工单的事物代码是(　　)。

A. IW21　　B. IW31　　C. IW22　　D. IW32

二、判断题(对的画“√”，错的画“×”)

第一部分　基础知识

设备管理基础知识部分

(　　)1. AA01 关键设备指在生产中起关键作用的设备或单台原值高、维修费用大，以及在生产、安全环保及维修影响大，不能离线的设备。

(　　)2. AA01 设备缺陷是指因各种原因造成设备、零部件丧失规定性能或为消除设备缺陷而造成的停机(或停止其生产功能)。

(　　)3. AA02“清洁、润滑、维护、紧固、防腐、密封”十二个字，即通常所说的“十二字作业”法。

(　　)4. AA02“定点、定质、定量、定期、定人”，即润滑油“五定”管理。

(　　)5. AA03 泵的流量也称排量，是泵在单位时间内排出液体的数量，可用体积流量和质量流量两种单位表示。

(　　)6. AA03 泵与电动机直接传动时，泵转速与电动机转速可以不相同。

站场设备完整性管理部分

(　　)7. AB01 当设备运行参数、设定值发生变化时，应立即对 ERP 系统中的相关数据进行更新。

(　　)8. AB01 应定期对设备基础数据、预防性维护数据等进行检查和更新。

(　　)9. AA03 永久性安装系统通常用于昂贵的和关键的机器或者具有复杂监测任务的机器。

第二部分　专业知识

设备通用技术管理部分

(　　)10. BA01 各输油气站只需对公司企业标准《设备分类管理规定》中 A 类设备实行定人定机管理。

(　　)11. BA01 一般来说，日常巡检时间为双点巡检一次，单点不需巡检。

(　　)12. BA02 设备缺陷等级定为“很高”时，维修人员应在 1 天内处理完毕。

(　　)13. BA02 设备缺陷和故障整改完成后，应由维修人员在故障报修单上填写完整的处理过程和失效统计信息，之后才能进行关闭。

(　　)14. BA02 设备缺陷分为一般设备缺陷、中等设备缺陷和重大设备缺陷。

(　　)15. BA03 公司要求对润滑油实行五定管理，以保证油品对路、量足时准，加注清洁，五定是指定点、定质、定量、定期、定人。

(　　)16. BA03 五定管理中的定期是指：按润滑卡片上规定的间隔时间进行加油，并按规定的间隔时间进行抽样化验，视其结果确定清洗换油或循环过滤，确定下次抽样化验时间，这是搞好润滑工作的重要环节。

(　　)17. BA03 导热油选型应遵循“安全性、可靠性、经济性”相统一的原则。

(　　)18. BA03 热媒炉正常停炉时，导热油温度应降至 90℃以下，热媒泵方可停运。

(　　)19. BA03 为防止导热油氧化，应保证氮封系统完好。若氮封不严可考虑液封，即将膨胀罐溢流管插入低位罐液面 100mm 以下，以防止导热油与大气直接接触。

(　　)20. BA03 常压热水锅炉、常压水套炉的加热水和电驱压缩机组、泵机组等设备用的冷却水等应至少每周化验一次，化验内容至少应包括用水的总硬度和 pH 值。

(　　)21. BA03 设备标识管理必须执行《中国石油管道公司输油气站场目视化管理标准》。

输油气设备技术管理部分

(　　)22. BB01 输油泵润滑油只需要在维护保养时进行更换。

(　　)23. BB01 离心泵机组没有故障不需要进行维护保养。

(　　)24. BB01 离心泵机组 2000h 保养不需要进行同心度检查。

(　　)25. BB01 泵机组每次维护时间、内容及存在问题应做好记录。

(　　)26. BB02 燃气轮机燃料气的供应压力，必要时可在燃料处理橇调节调压阀的设定压力，以改变燃料气的供气压力和流量。

(　　)27. BB02 变频系统在例行检查时，功率单元柜风道排气口百叶在关位。

(　　)28. BB02 在雪天、雾天和风沙天气要加强燃机空气入口过滤器上是否附有杂物巡检的力度。

(　　)29. BB02 燃气轮机空气入口系统在有杂物和堵塞的情况下，当经过过滤器的压损达到其报警设定点时，可在运行或停机状态下对其进行清吹维修处理。

(　　)30. BB03 储油罐投运时，进油初期每 2h 上罐检查呼吸阀、安全阀工作情况，防止罐顶鼓包，液位升至 2m 后每小时上罐检查一次。

(　　)31. BB03 储油罐进油时，液位未浸没进油管前原油流速控制在 1 m/s 以下，浸没后原油流速应控制在 3 m/s 以下，防止聚集较大的静电。

(　　)32. BB03 对于 $10\times10^4m^3$ 油罐，在进出油的过程中，应密切观测液位的变化，液位的升降速度不应超过 0.6m/h。

(　　)33. BB03 付油初期每半小时上罐检查呼吸阀工作情况防止罐顶抽瘪，液位下降至 1m 后每小时上罐检查一次。

(　　)34. BB04 阀门可能发生内漏时，立即注入密封脂进行密封。

(　　)35. BB04 对阀门全面维护保养，注脂时，应适量开关阀门，使润滑脂均匀涂抹于阀体上。

(　　)36. BB04 管道注满水后，将球阀关闭进行试压。

(　　)37. BB04 球阀在运输和保存过程中应该保持全关状态。

特种设备技术管理部分

(　　)38. BC01 特种设备包括锅炉、压力容器、电梯、起重机械以及场(厂)内专用机动车辆。

(　　)39. BC01 由地方质量技术监督局检验中心安排时间对特种设备进行检验，并出具检验报告。

(　　)40. BC01 特种设备的安装和检修必须由取得国家特种设备安全监督管理部门许可的单位实施。各单位特种设备管理部门应对施工单位的资质、业绩、人员素质等方面进行审查。

(　　)41. BC01 电梯的安装和检修应当由电梯制造单位或者其通过合同委托、同意的取得省级部门许可的单位进行。

(　　)42. BC01 特种设备在投入使用前，应由本单位特种设备归口管理部门收集相关资料到地方特种设备安全监察机构办理注册登记手续，办理《特种设备使用登记证》。注册登记完成后，应将《特种设备使用登记证》归档，并报本单位生产科备案。

(　　)43. BC01 特种设备在注册登记完成后，才可以投入使用。特种设备使用单位应将登记标志置于或者附着于该特种设备的显著位置。

(　　)44. BC01 特种设备使用单位对在用特种设备应至少每年进行一次自行检查，并记录在设备安全技术档案中。特种设备使用单位在对在用特种设备进行自行检查和日常维护保养时发现异常情况的，应及时处理。

(　　)45. BC02 燃烧器按照所使用燃料不同分为燃气型、燃油型两种。

(　　)46. BC02 直接炉氮气系统主要用于加热炉炉膛意外着火时的灭火。

(　　)47. BC02 加热炉空气压缩机的储气罐，吹灰结束后应进行排污，同时需对空气滤清器进行清理。

(　　)48. BC02 当站控机、炉控机出现报警信息时，监盘人员应立即通知维修人员处理，并在值班记录上做好记录。

(　　)49. BC03 锅炉的维护保养周期一般分为日、季、年维护保养。

(　　)50. BC03 燃烧器按照助燃风不同分为热风和冷风燃烧器两种。

辅助系统设备技术管理部分

(　　)51. BD03 清管器接收(发送)筒设备外观保温完好，附件齐全属于日保养。

(　　)52. BD03 清管器接收(发送)筒各阀门开关状态正确、无渗漏属于日保养。

(　　)53. BD03 清管器接收(发送)筒各连接管线，法兰处等无渗漏属于日保养。

(　　)54. BD03 清管器接收(发送)筒压力检测仪表显示正确属于日保养。

(　　)55. BD04 混油处理装置是成品油管道输送特有的系统，它主要由以下设备构成：分馏塔、加热系统(热媒炉或直接炉)、机泵系统、冷却水系统、油罐。

ERP 系统管理部分

(　　)56. BE01 ERP 系统需要用 USB-KEY 进行登录。

(　　)57. BE01 ERP 报修单制作是站内发起的。

(　　)58. BE02 ERP 故障词典由维修队填写。

(　　)59. BE02 ERP 系统有自动记录设备运行时间的功能。

(　　)60. BE02 制作工单时必须选择设备。

(　　)61. BE02 含有物料的工单必须经过供应站审批后才能领料。

(　　)62. BE02 所有 ERP 报表不用填写，系统会自动生成。

(　　)63. BE02 ERP 维修工单必须填写 WBS 元素。

(　　)64. BE04 ERP 系统只有设备专业填写。

(　　)65. BE05 特种作业许可都需要在 ERP 系统流转。

三、简答题

第一部分　基础知识

设备管理基础知识部分

1. AA01 简述设备分类管理的原则。

2. AA01 简述设备技术状况四种分类。

3. AA01 简述什么是特种设备。

4. AA02 简述设备维护保养十二字作业法。

5. AA02 什么是润滑的“五定”管理？并详细解释。

6. AA03 简述什么是泵的效率。

7. AA03 什么是加热炉的排烟温度？

8. AA02 什么是大呼吸损耗？

站场设备完整性管理部分

9. AA02 简述什么叫做安全检查表风险评价方法。

10. AA03 请简述储罐声发射在线检测与评价技术原理。

第二部分　专业知识

设备通用技术管理部分

11. BA03 对润滑油实行五定管理，以保证油品对路、量足时准，加注清洁。请详细叙述五定管理的主要内容。

输油气设备技术管理部分

12. BB03 简述储油罐溢罐的故障处理及原因。

13. BB03 简述储油罐投产进油过程中的作业与监护。

特种设备技术管理部分

14. BC01 简述特种设备的范围。

15. BC01 特种设备使用单位应建立特种设备的安全技术档案。安全技术档案应包括什么？

16. BC03 简述锅炉的工作原理。

17. BC04 简述什么是换热器。

18. BC04 简述换热器的管程、壳程的定义。

ERP 系统管理部分

19. BE02 简述故障词典包括哪些内容？

初级资质理论认证试题答案

一、选择题答案

1. C　2. A　3. B　4. D　5. A　6. C　7. A　8. B　9. C　10. A

11. B　12. C　13. D　14. B　15. B　16. A　17. D　18. C　19. B　20. A
21. B　22. A　23. D　24. A　25. D　26. B　27. A　28. D　29. D　30. C
31. D　32. C　33. D　34. A　35. D　36. A　37. C　38. D　39. A　40. B
41. D　42. B　43. A　44. B　45. A　46. A　47. A　48. A　49. A　50. A
51. A　52. A　53. A　54. A　55. C　56. B　57. B　58. D　59. D　60. A
61. B　62. B

二、判断题答案

1. √　2. ×设备缺陷是指运行设备由于老化、失修或设计、制造质量等各种原因，造成其零部件损伤或超过质量指标范围，引起设备性能下降的，称为设备缺陷。　3. ×“清洁、润滑、调整、紧固、防腐、密封”十二个字，即通常所说的“十二字作业”法。　4. √　5. √　6. ×泵与电动机直接传动时，泵转速等于电动机转速。　7. √　8. √　9. √　10. √

11. ×一般来说日常巡检时间为双点巡检一次，单点使用电视监控系统进行巡检。　12. √　13. ×设备缺陷和故障整改完成后应由设备所在输油气站的管理人员在故障报修单上填写完整的处理过程和失效统计信息，之后才能进行关闭。　14. ×设备缺陷分为一般设备缺陷和重大设备缺陷。　15. √　16. √　17. √　18. ×热媒炉正常停炉时，导热油温度应降至80℃以下，热媒泵方可停运。　19. √　20. √

21. √　22. ×润滑油变质应立即进行清洗更换。　23. ×离心泵必须进行定期维护保养，分为日常保养、2000h和8000h维护保养。　24. ×2000h保养内容中包括找正泵与电动机的同轴度，其偏差不大于0.05 mm。　25. √　26. √　27. ×变频系统在例行检查时，功率单元柜内风机运行正常，风道排气口百叶在开位。　28. √　29. ×燃气轮机空气入口系统在有杂物和堵塞情况下，当经过过滤器的压损达到其报警设定点时就要对其进行清吹维修处理(只有在停机的情况下才能进行)。　30. ×储油罐投运时，进油初期每半小时上罐检查呼吸阀、安全阀工作情况防止罐顶鼓包，液位升至2m后每小时上罐检查一次。

31. √　32. √　33. √　34. ×应判断是否真的发生内漏，若发生内漏，应先注入润滑脂。　35. √　36. ×球阀密封圈的设计压差为1.1倍的阀门设计最大压力，如果不将球阀打开一些，密封圈两端的压力将承受管道试验的1.5倍阀门设计压力，会使密封圈受损。　37. ×应该全开，防止密封面受损。　38. √　39. √　40. √

41. ×电梯的安装和检修应当由电梯制造单位或者其通过合同委托、同意的取得国家许可的单位进行。　42. ×特种设备在投入使用前，应由本单位特种设备归口管理部门收集相关资料到地方特种设备安全监察机构办理注册登记手续，办理《特种设备使用登记证》。注册登记完成后，应将《特种设备使用登记证》归档，并报本单位安全科备案。　43. √　44. ×特种设备使用单位对在用特种设备应至少每月进行一次自行检查，并记录在设备安全技术档案中。特种设备使用单位在对在用特种设备进行自行检查和日常维护保养时发现异常情况的，应及时处理。　45. ×燃烧器按照所使用燃料不同分为燃气型、燃油型、油气两用型三种。　46. √　47. ×加热炉空气压缩机的储气罐，吹灰结束后应进行排污，不需对空气滤清器进行清理。　48. ×当站控机、炉控机出现报警信息时，监盘人员应及时对报警信息内容进行确认核实，并分析原因，进行相应处置，在值班记录上做好记录。 49. ×锅炉的维护保养周期一般分为日、年维护保养。 50. √

51. √ 52. √ 53. √ 54. √ 55. √ 56. √ 57. √ 58. ×由输油站和维修队共同填写。 59. ×无此项功能。 60. √

61. √ 62. ×有些报表需要手动填写。 63. √ 64. ×所有专业都需要填写。 65. √

三、简答题答案

1. AA01 简述设备分类管理的原则。

答：根据设备管理维修部门积累的日常运行维修经验，从输油气生产中的重要性，发生故障后对输油气生产的影响程度，对安全环保的影响，维修的难易程度，维修成本，分为三类：A 类——关键设备；B 类——主要设备；C 类——一般设备。

(1) 关键设备 key equipment：在生产中起关键作用的设备或单台原值高，维修费用大，以及在生产、安全环保及维修影响大，不能离线的设备。

(2) 主要设备 main equipment：在生产中起主要作用、单台原值较高，维修费用较大，故障损失较大但有备用机组不影响总体生产的设备。

(3) 一般设备 ordinary equipment：在生产中起到一般作用的设备、单台原值较低，维修费用较少，故障损失较小的设备。

评分标准：答对(1)~(3)各占 33.3%。

2. AA01 简述设备技术状况四种分类。

答：分为完好设备、带病运转设备、在修待修设备、待报废设备四个子项。

评分标准：每项各占 25%。

3. AA01 简述什么是特种设备。

答：特种设备是指涉及生命安全、危险性较大的(1) 锅炉、(2) 压力容器(含气瓶)、(3) 压力管道、(4) 电梯、(5) 起重机械、(6) 客运索道、(7) 大型游乐设施和(8) 场(厂)内专用机动车辆。

评分标准：答对(1)~(8)各占 12.5%。

4. AA02 设备维护保养十二字作业法?

答：“清洁、润滑、调整、紧固、防腐、密封”十二个字，即通常所说的“十二字作业”法。

评分标准：答对每项各占 16.7%。

5. AA02 什么是润滑的“五定”管理？并详细解释。

答：“五定”管理即“定点、定质、定量、定期、定人”。

(1) 定点：根据润滑图表上指定的部位、润滑点、检查点(油标窥视孔)，进行加油、添油、换油，检查液面高度及供油情况。

(2) 定质：确定润滑部位所需油料的品种、牌号及质量要求，所加油质必须经化验合格。采用代用材料或掺配代用，要有科学根据。润滑装置、器具完整清洁，防止污染油料。

(3) 定量：按规定的数量对润滑部位进行日常润滑，实行耗油定额管理，要搞好添油、加油和油箱的清洗换油。

(4) 定期：按润滑卡片上规定的间隔时间进行加油，并按规定的间隔时间进行抽样化验，视其结果确定清洗换油或循环过滤，确定下次抽样化验时间，这是搞好润滑工作的重要环节。

(5) 定人：按图表上的规定分工，分别由操作工、维修工和润滑工负责加油、添油、清洗换油，并规定负责抽样送检的人员。

评分标准：答对每项各占20%。

6. AA03 简述什么是泵的效率。

答：(1) 泵的功率大部分用于输送液体，使一定量的液体增加了压能。(2) 即所谓的有效功率。(3) 一小部分功率用于消耗在泵轴与轴承及填料和叶轮与液体的摩擦上。(4) 以及液流阻力损失、漏失等方面，该部分功率称损失功率。(5) 效率是衡量功率中有效程度的一个参数。用η表示，单位为%。

评分标准：答对(1)~(5)各占20%。

7. AA03 什么是加热炉的排烟温度?

答：排烟温度是指(1) 烟气出炉膛后，经热媒炉热媒预热器、空气预热器或直接炉对流室后的温度(℃)。(2) 排烟温度越高，烟气利用率越低，热量损失越严重。

评分标准：答对(1)(2)各占50%。

8. AA02 什么是大呼吸损耗?

答：大呼吸损耗(1) 是油罐进行收发油作业所造成。(2) 当油罐进油时，由于罐内液体体积增加，罐内气体压力增加，当压力增至机械呼吸阀压力极限时，呼吸阀自动开启排气。(3) 当从油罐输出油料时，罐内液体体积减少，罐内气体压力降低，当压力降至呼吸阀负压极限时，吸进空气。(4) 这种由于输转油料致使油罐排除油蒸气和吸入空气所导致的损失叫"大呼吸"损失。

评分标准：答对(1)~(4)各占25%。

9. AA02 简述什么叫做安全检查表风险评价方法。

答：安全检查表法是(1)依据相关的标准、规范，(2)对站场设备中已知的危险类别、设计缺陷以及与一般工艺设备、操作、管理有关的潜在危险性和有害性进行判别，(3)列出检查表进行分析，以确定系统、场所的状态是否符合安全要求，(4)通过检查发现系统中存在的安全隐患，提出改进措施的一种方法。

评分标准：答对(1)~(4)各占25%。

10. AA03 请简述储罐声发射在线检测与评价技术原理。

答：(1)通过按一定阵列固定布置在储罐外壁上的传感器接收来自罐底板的活性"声源"信号，(2)并应用专门的软硬件对这些信息进行数据采集与处理分析，(3)从而判断罐底板的腐蚀情况，(4)并给出维修建议。

评分标准：答对(1)~(4)各占25%。

11. BA03 对润滑油实行五定管理，以保证油品对路、量足时准，加注清洁。请详细叙述五定管理的主要内容。

(1)定点，根据润滑图表上指定的部位、润滑点、检查点(油标窥视孔)，进行加油、添油、换油，检查液面高度及供油情况。(2)定质，确定润滑部位所需油料的品种、牌号及质量要求，所加油质必须经化验合格。采用代用材料或掺配代用，要有科学根据。润滑装置、器具完整清洁，防止污染油料。(3)定量，按规定的数量对润滑部位进行日常润滑，实行耗油定额管理，要搞好添油、加油和油箱的清洗换油。(4)定期，按润滑卡片上规定的间隔时间进行加油，并按规定的间隔时间进行抽样化验，视其结果确定清洗换油或循环过滤，确定下次抽样化验时间，这是搞好润滑工作的重要环节。(5)定人，按图表上的规定分工，分别由操作工、维修工和润滑工负责加油、添油、清洗换油，并规定负责抽样送检的人员。

评分标准：答对(1)~(5)各占20%。

12. BB03 简述储油罐溢罐的故障处理及原因。

答：故障原因：(1)首末站未及时倒罐；(2)旁接式输油未及时掌握来油量的变化；(3)液位计失灵；(4)加热盘管泄漏，大量水进入罐内；(5)密闭输油时，泄压阀误动作未及时发现。

处理方法：(1)停止进油，立即倒罐；(2)联系中间站调整输油量；(3)检修液位计；(4)停止加热，关闭油罐伴热阀门；(5)关闭泄压阀前面的控制阀门，停止泄压。

总之，发生溢罐事故，首先要查明溢罐的原因，首先，立即倒罐；中间站旁接油罐运行的发生溢罐，应立即要求上站降量，本站加大排量，或者倒密闭运行；密闭运行的中间站发生溢罐，如果因为泄压阀的原因，影响整个系统的水击保护，应请示改变运行方式或全线调整输量，倒压力越站并关闭泄压阀前边的控制阀门，启罐前泵降低事故油罐液位。

评分标准：答对故障原因和处理方法中的每一小项占7%；答对总结占30%。

13. BB03 简述储油罐投产进油过程中的作业与监护。

答：(1)进油初期每半小时上罐检查呼吸阀、安全阀工作情况，防止罐顶鼓包，液位升至2m后每小时上罐检查一次；(2)进油过程中注意观察储油罐的液位上升情况。计量工注意监视站控室液位显示，计量大班人员在储油罐进油初期每半小时巡视储油罐机械液位上升情况并做好记录，液位上升2m后每小时进行一次巡视并做好记录。

评分标准：答对(1)占40%，答对(2)占60%。

14. BC01 简述特种设备的范围。

答：(1)锅炉；(2)压力容器；(3)电梯；(4)起重机械；(5)场(厂)内专用机动车辆。

评分标准：答对每项各占20%。

15. BC01 特种设备使用单位应建立特种设备的安全技术档案。安全技术档案应包括什么？

答：(1)特种设备的设计文件、制造单位资质文件、产品质量合格证明、使用维护说明等文件以及安装技术文件和资料；(2)特种设备的定期检验和定期自行检查的记录；(3)特种设备的日常使用状况记录；(4)特种设备及其安全附件、安全保护装置、测量调控装置及有关附属仪器仪表的日常维护保养记录；(5)特种设备运行故障和事故记录；(6)高耗能特种设备的能效测试报告、能耗状况记录以及节能改造技术资料。

评分标准：答对(1)(4)各占20%，答对(2)(3)(5)(6)各占15%。

16. BC03 简述锅炉的工作原理。

答：锅炉是一种利用燃料燃烧后释放的热能或工业生产中的余热传递给容器内的水，使水达到所需要的温度(热水)或一定压力蒸汽的热力设备。

评分标准：答对得100%。

17. BC04 简述什么是换热器。

答：换热器是将热流体的部分热量传递给冷流体，使流体温度达到工艺流程规定的指标的热量交换设备，又称热交换器。

评分标准：答对得100%。

18. BC04 简述换热器的管程、壳程的定义。

答：(1)管程是一种流体在管内流动，其行程称为管程；(2)壳程是另一种流体在管外流动，其行程称为壳程。

评分标准：答对(1)(2)各占50%。

19. BE02 简述故障词典包括哪些内容。

答：(1)故障设备类型；(2)故障设备原因；(3)采取何种维修措施。

评分标准：答对(1)占30%；答对(2)(3)各占35%。

初级资质工作任务认证

初级资质工作任务认证要素细目表

模块	代码	工作任务	认证要点	认证形式
一、设备通用技术管理	S-SB(W-JX)-01-C01	设备巡检及定人定机管理	定人定机台账编制	技能操作
	S-SB-01-C02	设备油水管理	锅炉用软化水管理内容描述	步骤描述
二、输油气设备技术管理	S-SB(W-JX)-02- C01	输油泵技术管理	输油泵机组巡检	技能操作
	S-SB(W-JX)-02- C02	压缩机技术管理	(1) 压缩机日常巡护； (2) 燃气轮机的例行维检	技能操作
	S-SB(W-JX)-02- C03	储油罐技术管理	储油罐巡检	技能操作
	S-SB(W-JX)-02- C04	阀门技术管理	(1) 阀门本体的月度检查； (2) 手动执行机构入冬前的维护保养； (3) 气液执行机构气液罐排污； (4) 电动执行机构的检查和维护保养	技能操作 方案编制
三、特种设备技术管理	S-SB(W-JX)-03- C01	特种设备管理	特种设备定期校验	步骤描述
	S-SB(W-JX)-03- C02	直接炉技术管理	直接炉巡检	技能操作
	S-SB(W-JX)-03- C03	热媒炉技术管理	热媒炉巡检	技能操作
	S-SB(W-JX)-03- C04	锅炉技术管理	锅炉巡检	技能操作
四、辅助系统设备技术管理	S-SB(W-JX)-04- C01	含油污水处理装置技术管理	含油污水处理装置巡检	技能操作
	S-SB(W-JX)-04- C02	除尘装置技术管理	除尘装置巡检	技能操作
	S-SB(W-JX)-04- C03	清管器接收(发送)筒技术管理	清管器接收(发送)筒巡检	步骤描述
	S-SB(W-JX)-04- C04	混油处理装置技术管理	混油处理装置巡检	步骤描述
五、ERP 系统管理	S-SB(W-JX)-05-C01	站内自行维修	ERP 系统中填报、审核和关闭站内自行维修作业单	系统操作
	S-SB(W-JX)-05-C02	一般故障维修流程报修	ERP 系统中填报、审核、关闭一般故障通知单	系统操作

初级资质工作任务认证试题

一、S-SB(W-JX)-01-C01 设备巡检及定人定机管理——定人定机台账编制

1. 考核时间：15min。
2. 考核方式：技能操作。
3. 考核评分表。

考生姓名：________　　　　单位：________

序号	工作步骤	工作标准	配分	评分标准	扣分	得分	考核结果
1	从设备台账中识别本站A类设备	以下设备属于A类设备： (1)天然气压缩机组、给油泵机组、输油泵机组； (2)干线截断阀、与干线相连的第一道阀、泄压阀、调节阀、强制密封阀、DN400mm及以上的阀门； (3)4t及以上锅炉、1250kW及以上加热炉； (4)500m³及以上油罐； (5)DN400mm及以上过滤器、收发球筒等压力容器，原油换热器、特种车辆、75kW及以上发电机组	50	未能识别A类设备扣50分			
2	编制定人定机设备台账	按照体系文件标准表格进行编制	30	未按标准表格编制扣30分			
3	按照实际情况对台账实时更新	根据人员以及设备变动情况实时更新	20	未能及时更新台账扣20分			
	合计		100				

考评员　　　　　　　　　　年　　月　　日

二、S-SB-01-C02 设备油水管理——锅炉用软化水管理内容描述

1. 考核时间：15min。
2. 考核方式：步骤描述。
3. 考核评分表。

考生姓名：________　　　　单位：________

序号	工作步骤	工作标准	配分	评分标准	扣分	得分	考核结果
1	描述蒸汽锅炉用水化验周期	蒸汽锅炉用水应每4h化验一次	20	未能正确描述扣20分			
2	描述承压热水锅炉和承压水套炉用水化验周期	承压热水锅炉和承压水套炉用水应每24h化验一次	20	未能正确描述扣20分			

续表

序号	工作步骤	工作标准	配分	评分标准	扣分	得分	考核结果
3	描述蒸汽锅炉、承压热水锅炉和承压水套炉用水化验内容	化验内容应包含氯化物、总硬度、总碱度、pH值、含氧量等	30	未能正确描述扣30分			
4	描述化验结果处理流程	水质化验结束后应填写《水质化验记录》，对不符合要求的水质要进行原因分析，并采取纠正措施	30	未能正确描述扣30分			
	合计		100				

考评员　　　　　　　　　　　　　　　　　　　　年　　月　　日

三、S-SB(W-JX)-02-C01 输油泵技术管理——输油泵机组巡检

1. 考核时间：20min。
2. 考核方式：技能操作。
3. 考核评分表。

考生姓名：________　　　　　　　　　　　　单位：________

序号	工作步骤	工作标准	配分	评分标准	扣分	得分	考核结果
1	巡检	观察输油泵机组的运行参数，密封点无渗漏；听泵机组的运转声音及振动无异常；阀门开关状态与工艺流程相符	20	缺少一项扣5分			
2	对巡检后的参数进行比对	压力：符合运行参数要求； 温度：轴承温度、泵体电伴热温度符合运行参数要求； 声音：泵机组运行声音无异常；振动：泵机组振动值符合参数设置； 污油线：电热带温度正常、无堵塞； 机械密封：机械密封泄漏量符合参数要求； 润滑油：润滑油油位位于1/2~2/3	35	缺少一项扣5分			
3	问题分析及处理	(1)发现问题应分析原因，编制维修方案，填报ERP维修工单； (2)不能及时处理的，按隐患管理规定进行上报	45	无法分析原因此项不得分；缺少一项扣5分			
	合计		100				

考评员　　　　　　　　　　　　　　　　　　　　年　　月　　日

四、S-SB(W-JX)-02-C02-01 压缩机技术管理——压缩机日常巡护

1. 考核时间：30min。
2. 考核方式：技能操作。
3. 考核评分表。

考生姓名：＿＿＿＿＿＿＿＿ 单位：＿＿＿＿＿＿＿＿

序号	工作步骤	工作标准	配分	评分标准	扣分	得分	考核结果
1	巡检	观察压缩机机组的运行参数，密封点无渗漏；听运转声音及振动无异常；各部件工作正常；天然气的组分和露点符合要求	20	缺少一项扣5分			
2	对巡检后的参数进行比对	压缩机：压缩机工艺气进、出口压力及温度在规定范围内。 润滑油箱：检查油箱油位在正常范围之内，润滑油压力和温度正常。 润滑油及密封气过滤器：检查润滑油及密封气过滤器差压在规定范围内。 压缩机、增速齿轮箱：检查压缩机、增速齿轮箱的振动和温度。 冷却器：检查各冷却器的风扇、电动机、轴承、管路及传动皮带正常。 天然气的组分和露点：检查天然气的组分和露点，确认天然气应满足输送要求。 管线及设备：检查管线无油气泄漏，观察设备无较为明显的故障	35	缺少一项扣5分			
3	问题分析及处理	(1)记录并分析机组运行各项历史参数曲线；(2)发现问题应分析原因，编制维修方案，填报ERP维修工单；(3)不能及时处理的，按隐患管理规定进行上报	45	无法分析原因此项不得分；缺少一项扣5分			
	合计		100				

考评员 年 月 日

五、S-SB(W-JX)-02-C02-02 压缩机技术管理——燃气轮机的例行维护

1. 考核时间：30min。
2. 考核方式：技能操作。
3. 考核评分表。

考生姓名：＿＿＿＿＿＿＿＿ 单位：＿＿＿＿＿＿＿＿

序号	工作步骤	工作标准	配分	评分标准	扣分	得分	考核结果
1	各个仪表及显示器	观察各个仪表和显示器工作正常	10	未观察，扣10分			
2	润滑油	每24h检查油箱液位记录滑油的消耗量	10	未检查，扣5分，未记录，扣5分			

续表

序号	工作步骤	工作标准	配分	评分标准	扣分	得分	考核结果
3	燃料气系统	记录燃料气的供应压力，必要时在燃料处理橇调节调压阀的设定压力，以改变燃料气的供气压力和流量	10	未记录，扣10分			
4	所有线路和软管	检查所有线路和软管无泄漏、脱皮或磨损现象，有问题必须及时处理	10	未检查，缺一项扣10分			
5	所有管线连接处	检查所有的管线连接处无磨损、松动，有问题必须及时处理	10	未检查，扣10分			
6	燃气轮机	观察机组整体，无燃料、润滑油和空气泄漏现象	10	未观察，扣10分			
7	燃机空气入口过滤器	检查燃机空气入口过滤器上无杂物	10	未检查，扣10分			
8	机罩空气入口过滤器	检查机罩空气入口过滤器的差压表读数	10	未检查，扣10分			
9	燃气轮机的各个轴承	观察燃气轮机的各个轴承振动值	10	未观察，扣10分			
10	观察、记录与比较	观察、记录重要参数并与历史数据比较	10	未观察和记录扣5分，未比较扣5分			
	合计		100				

考评员　　　　　　　　　　　　　　　　　　　　年　　月　　日

六、S-SB(W-JX)-02-C03 储油罐技术管理——储油罐巡检

1. 考核时间：40min。
2. 考核方式：技能操作。
3. 考核评分表。

考生姓名：________　　　　　　　　单位：________

序号	工作步骤	工作标准	配分	评分标准	扣分	得分	考核结果
1	巡检内容	观察储油罐的运行参数，密封点无渗漏；阀门开关状态与工艺流程相符；各辅助装置无杂物，不堵塞；消防系统正常	25	缺少一项扣5分			
2	对巡检后的参数进行比对	压力：储油罐进出口压力符合运行参数要求；温度：在正常运行范围内；安全阀：在正常的压力设定值范围内；静电导出装置：完好	20	缺少一项扣5分			
3	问题分析及处理	(1)发现问题应分析原因，编制维修方案，填报ERP维修工单；(2)不能及时处理的，按隐患管理规定进行上报	55	无法分析原因此项不得分；缺少一项扣5分			
	合计		100				

考评员　　　　　　　　　　　　　　　　　　　　年　　月　　日

七、S-SB(W-JX)-02-C04-01 阀门技术管理——阀门本体的月度检查

1. 考核时间：45min。
2. 考核方式：技能操作。
3. 考核评分表。

考生姓名：______________　　　　单位：______________

序号	工作步骤	工作标准	配分	评分标准	扣分	得分	考核结果
1	编制月度检查计划及方案	按照本单位阀门台账编制计划及方案，应包含阀门数量、时间、人员、检查项目、保养项目等内容	5	缺一项扣1分			
2	组织开展阀门本体的月度检查	(1)外观检查： ①检查阀体表面、法兰、阀杆和露天螺纹有无锈蚀；②检查阀门各密封点(阀杆，阀盖)处无外漏；③检查阀门支座无沉降。 (2)月度保养： ①对锈蚀处进行除锈、防腐；②对阀杆和外露螺纹进行清洁；③对沉降的基础或支撑进行处理。 (3)阀门排污： ①对具备条件的阀门进行排污；②排污时，执行机构执行锁定管理；③排污时，站在上风向；排污后，拧紧排污嘴	90	缺一项扣10分			
3	问题分析及处理	(1)发现问题应分析原因，编制维修方案，填报ERP维修工单；(2)不能及时处理的，按隐患管理规定进行上报	5	缺一项扣2.5分			
合计			100				

考评员　　　　　　　　　　年　　月　　日

八、S-SB(W-JX)-02-C04-02 阀门技术管理——手动执行机构入冬前的维护保养

1. 考核时间：45min。
2. 考核方式：技能操作。
3. 考核评分表。

考生姓名：______________　　　　单位：______________

序号	工作步骤	工作标准	配分	评分标准	扣分	得分	考核结果
1	编制计划及方案	按照本单位阀门台账编制手动执行机构入冬前的维护保养计划及方案，应包含阀门数量、时间、人员、检查项目、保养项目等内容	5	缺一项扣1分			

续表

序号	工作步骤	工作标准	配分	评分标准	扣分	得分	考核结果
2	组织开展手动执行机构入冬前的维护保养	(1)外观检查： ①检查手轮的外观漆膜完好；②手动转动自由；③手轮启动轴无变形。 (2)齿轮箱的检查保养内容： ①打开齿轮箱，检查轴承、齿轮齿无磨损；②对齿轮箱内部进行充分的清理和润滑；③对无法打开齿轮箱的从注油嘴注入润滑油；④检查传动部位润滑良好；⑤去除齿轮箱内积水、结冰；⑥检查齿轮箱无松动，若松动，在阀门全关的状态下进行紧固	90	每缺一项扣10分			
3	问题分析及处理	(1)发现问题应分析原因，编制维修方案，填报ERP维修工单； (2)不能及时处理的，按隐患管理规定进行上报	5	缺一项扣2.5分			
合计			100				

考评员　　　　　　　　　　　　　　　　　　　　年　　月　　日

九、S-SB(W-JX)-02-C04-03 阀门技术管理——气液执行机构气液罐排污

1. 考核时间：30min。
2. 考核方式：技能操作。
3. 考核评分表。

考生姓名：________　　　　　　　　　　单位：________

序号	工作步骤	工作标准	配分	评分标准	扣分	得分	考核结果
1	前期准备	(1)关闭气源截断阀；(2)放空执行机构系统中的天然气	10	每项5分，缺一项扣5分			
2	排污操作	(1)缓慢松开两个气液罐底部的排污丝堵； (2)排尽液压油中的水分和杂质，拧紧丝堵； (3)松开气液罐顶部的注油丝堵，抽出测量标尺，检查油位是否正常； (4)如油位过低，添加同型号液压油	80	每项20分，缺一项扣20分			
3	现场恢复	恢复所有拆卸的部件，打开气源截断阀	10	未打开气源截断阀扣10分			
合计			100				

考评员　　　　　　　　　　　　　　　　　　　　年　　月　　日

十、S-SB(W-JX)-02-C04-04 阀门技术管理——电动执行机构的检查和维护保养

1. 考核时间：45min。
2. 考核方式：方案编制。
3. 考核评分表。

考生姓名：＿＿＿＿＿＿　　　　单位：＿＿＿＿＿＿

序号	工作步骤	工作标准	配分	评分标准	扣分	得分	考核结果
1	编制计划及方案	按照本单位阀门台账编制电动执行机构的检查和维护保养计划及方案，应包含阀门数量、时间、人员、检查项目、保养项目等内容	10	缺一项扣2分			
2	组织开展电动执行机构的检查和维护保养	(1)每年检查项目：①检查连接执行机构与阀门的螺栓是否松动；若松动，则按厂家推荐的力矩上紧；②对于经常使用的执行机构，要对阀杆和轴套进行润滑；③对于不经常动作的执行机构，则需在条件允许的情况下定期动作。(2)每3年检查项目：①检查接线盒及执行机构内部的所有元件；②更换“O”形圈；③更换机油；④采用相对位置编码器的执行机构应定期更换电池	70	缺一项扣10分			
3	问题分析及处理	(1)发现问题应分析原因，编制维修方案，填报ERP维修工单；(2)不能及时处理的，按隐患管理规定进行上报	20	缺一项扣10分			
	合计		100				

考评员　　　　年　　月　　日

十一、S-SB(W-JX)-03-C01 特种设备定期校验

1. 考核时间：20min。
2. 考核方式：步骤描述。
3. 考核评分表。

考生姓名：＿＿＿＿＿＿　　　　单位：＿＿＿＿＿＿

序号	工作步骤	工作标准	配分	评分标准	扣分	得分	考核结果
1	能够识别本单位特种设备	锅炉、压力容器、安全阀、特种车辆	40	检查标准填写不正确每项扣10分，根据实际情况给分，共40分			

续表

序号	工作步骤	工作标准	配分	评分标准	扣分	得分	考核结果
2	掌握本单位特种设备检定周期	根据实际要求检定，压力容器每三年一检，安全阀每年检定一次，锅炉每三年检定一次	40	缺一项扣10分，共40分			
3	联系有资质的单位对将过期的特种设备进行校验	能够和地方安检部门联系	20	不能做到定期检定特种设备扣20分			
	合计		100				

考评员　　　　　　　　　　　　　　　　　　　　年　　月　　日

十二、S-SB(W-JX)-03-C02 直接炉技术管理——直接炉巡检

1. 考核时间：20min。
2. 考核方式：技能操作。
3. 考核评分表。

考生姓名：＿＿＿＿＿＿　　　　　　　　　　　　单位：＿＿＿＿＿＿

序号	工作步骤	工作标准	配分	评分标准	扣分	得分	考核结果
1	直接炉巡检及参数检查	检查加热炉燃烧状况：火焰明亮不偏烧； 检查加热炉燃油温度、排烟温度、燃油压力、炉膛温度、烟气含氧量、甲乙管出炉温差、燃油罐、罐位、燃油罐温度、氮气罐符合本单位运行参数限值表	80	检查标准填写不正确每项扣10分			
2	问题分析及处理	(1)发现问题应分析原因，编制维修方案，填报ERP维修工单；(2)不能及时处理的，按隐患管理规定进行上报	20	缺一项扣10分			
	合计		100				

考评员　　　　　　　　　　　　　　　　　　　　年　　月　　日

十三、S-SB(W-JX)-03-C03 热媒炉技术管理——热媒炉巡检

1. 考核时间：30min。
2. 考核方式：技能操作。
3. 考核评分表。

考生姓名：________ 单位：________

序号	工作步骤	工作标准	配分	评分标准	扣分	得分	考核结果
1	燃料油系统检查	(1)检查各阀开度与当前燃料油系统流程相对应； (2)燃料油罐液位符合本单位运行参数限值表； (3)燃料油罐呼吸阀液压安全阀完好； (4)罐底排污阀无渗漏，阀门锁链完好； (5)电伴热带、三级加热器运行正常； (6)燃料油泵无异常响声，电动机表面温度符合本单位运行参数限值表； (7)燃料油泵密封泄漏量正常； (8)燃料油泵出口压力：符合本单位运行参数限值表；燃油干线压力：符合本单位运行参数限值表； (9)燃油温度：符合本单位运行参数限值表； (10)炉前燃油压力在规定范围内； (11)燃油流量计运行正常； (12)设备管网完好无渗漏	55	检查内容及检查标准描述不完整或不准确，缺少一项扣5分			
2	热媒循环系统检查	(1)膨胀罐液位指示在满刻度符合本单位运行参数限值表； (2)热媒泵机组无异常响声，电动机表面温度符合本单位运行参数限值表； (3)热媒泵机械密封渗漏量正常； (4)热媒流量：符合本单位运行参数限值表； (5)热媒出炉温度小于符合本单位运行参数限值表； (6)热媒出炉压力大于符合本单位运行参数限值表； (7)设备管网无渗漏； (8)各部位无热应力引起变形现象	40	检查内容及检查标准描述不完整或不准确，缺少一项扣5分			
3	问题分析及处理	(1)发现问题应分析原因，编制维修方案，填报ERP维修工单； (2)不能及时处理的，按隐患管理规定进行上报	5	缺一项扣2.5分			
	合计		100				

考评员 年 月 日

十四、S-SB(W-JX)-03-C04 锅炉技术管理——锅炉巡检

1. 考核时间：20min。
2. 考核方式：技能操作。
3. 考核评分表。

考生姓名：＿＿＿＿＿＿　　　　单位：＿＿＿＿＿＿

序号	工作步骤	工作标准	配分	评分标准	扣分	得分	考核结果
1	锅炉巡检	检查水位、蒸汽压力、燃料油温度、燃料油入炉压力、除氧器水位、除氧器除氧温度、除氧器除氧压力、燃料油来油压力、排烟温度、含氧量符合本单位运行参数限值表	90	缺一项扣10分			
2	问题分析及处理	(1)发现问题应分析原因，编制维修方案，填报ERP维修工单； (2)不能及时处理的，按隐患管理规定进行上报	10	缺一项扣5分			
合计			100				

考评员　　　　　　年　　月　　日

十五、S-SB(W-JX)-04-C01 含油污水处理装置技术管理——含油污水处理装置巡检

1. 考核时间：20min。
2. 考核方式：技能操作。
3. 考核评分表。

考生姓名：＿＿＿＿＿＿　　　　单位：＿＿＿＿＿＿

序号	工作步骤	工作标准	配分	评分标准	扣分	得分	考核结果
1	巡检	对以下各内容按要求进行巡检： (1)附属阀门。阀门无渗漏，开关位置正确，与当前运行的工艺流程相符合。 (2)环境卫生。清洁、无杂物、无油污。 (3)压力表。压力正常。 (4)设备外观。无锈蚀，无渗漏，设备完整。 (5)电气柜。带电，无报警	90	缺少一项扣18分			
2	问题分析及处理	(1)发现问题应分析原因，编制维修方案，填报ERP维修工单。 (2)不能及时处理的，按隐患管理规定进行上报	10	缺一项扣5分			
合计			100				

考评员　　　　　　年　　月　　日

十六、S-SB(W-JX)-04-C02 除尘装置技术管理——除尘装置巡检

1. 考核时间：20min。
2. 考核方式：技能操作。
3. 考核评分表。

考生姓名：________　　　　单位：________

序号	工作步骤	工作标准	配分	评分标准	扣分	得分	考核结果
1	巡检内容	对以下各内容按要求进行巡检： (1)设备外观。无锈蚀，无冷凝水，设备完整。 (2)环境卫生。清洁、无杂物、无油污。 (3)各阀门。开关状态正确、无漏气。 (4)脉冲阀。喷气正常、无漏气。 (5)电气柜。带电，无报警。 (6)储灰池或接灰袋。无大量积灰	90	缺少一项去15分			
2	问题分析及处理	(1)发现问题应分析原因，编制维修方案，填报ERP维修工单。 (2)不能及时处理的，按隐患管理规定进行上报	10	缺一项扣5分			
	合计		100				

考评员　　　　　　　　　　　　年　月　日

十七、S-SB(W-JX)-04-C03 清管器接收(发送)筒技术管理——清管器接收(发送)筒巡检

1. 考核时间：20min。
2. 考核方式：步骤描述。
3. 考核评分表。

考生姓名：________　　　　单位：________

序号	工作步骤	工作标准	配分	评分标准	扣分	得分	考核结果
1	巡检	对以下各内容按要求进行巡检：设备外观、环境卫生、各阀门、压力检测仪表、快开盲板	10	缺少一项扣2.5分			
2	准确描述设备完好标准	(1)设备外观：无锈蚀，无冷凝水，设备完整； (2)环境卫生：清洁、无杂物、无油污； (3)各阀门：开关状态正确、无渗漏； (4)压力检测仪表：显示正确； (5)快开盲板：无渗漏、无腐蚀，泄压螺栓、锁带等齐全完整，位置正确	80	缺少一项去16分			

续表

序号	工作步骤	工作标准	配分	评分标准	扣分	得分	考核结果
3	问题分析及处理	(1)发现问题应分析原因，编制维修方案，填报ERP维修工单； (2)不能及时处理的，按隐患管理规定进行上报	10	缺一项扣5分			
	合计		100				

考评员　　　　　　　　　　　　　　　　　　　　　　　　年　　月　　日

十八、S-SB(W-JX)-04-C04 混油处理装置技术管理——分馏塔巡检

1. 考核时间：30min。
2. 考核方式：步骤描述。
3. 考核评分表。

考生姓名：________　　　　　　　　　　　　单位：________

序号	工作步骤	工作标准	配分	评分标准	扣分	得分	考核结果
1	巡检	对以下各内容按要求进行巡检：分馏塔、加热系统(热媒炉或直接炉)、机泵系统、冷却水系统、油罐	10	缺少一项扣1分			
2	准确描述设备完好标准	(1)塔的零部件如塔顶分离装置、喷淋装置、溢流装置塔釜、塔节、塔板符合设计图样要求；(2)塔上各类仪表、温度计、液面计、压力表灵敏、准确，各种阀门(包括安全阀、逆止阀)启闭灵活，紧急放空设施齐全、畅通；(3)塔体基础无不均匀下沉，机座稳固可靠，各部连接螺栓紧固齐整，符合技术要求，塔体保温、防冻设施有效；(4)塔上梯子、平台栏杆等安全设施完整牢固	80	缺少一项扣20分			
3	问题分析及处理	(1)发现问题应分析原因，编制维修方案，填报ERP维修工单； (2)不能及时处理的，按隐患管理规定进行上报	10	缺一项扣5分			
	合计		100				

考评员　　　　　　　　　　　　　　　　　　　　　　　　年　　月　　日

十九、S-SB(W-JX)-05-C01 站内自行维修——ERP系统中填报、审核、关闭站内自行维修作业单

1. 考核时间：15min。
2. 考核方式：系统操作。
3. 考核评分表。

考生姓名：______ 单位：______

序号	工作步骤	工作标准	配分	评分标准	扣分	得分	考核结果
1	填报站内自行维修作业单	能够正确使用ERP系统功能，准确填报预防性维护计划作业单字段，字段包括设备、描述、PM作业类型、WBS元素、功能位置、物料、工序等	40	不能准确填写必要字段每项扣5分(设备、描述、PM作业类型、WBS元素、功能位置、物料、工序)			
2	审核站内自行维修作业单	能够正确使用ERP系统功能审核工单，并根据实际情况修改工单	30	不能下达工单的扣20分。不能根据实际情况修改工单的扣10分			
3	关闭站内自行维修作业单	能够正确使用ERP系统功能关闭工单，关闭工单时应填写工作完成时间	30	不会关闭工单的扣20分。关闭工单时未填写工作完成时间的扣10分			
合计			100				

考评员 年 月 日

注：如果存在否决项，则在其对应的配分后加“F”，表示该项做错则整道题目不得分。

二十、S-SB(W-JX)-05-C02 一般故障维修流程报修——ERP系统中填报、审核、关闭一般故障通知单

1. 考核时间：15min。
2. 考核方式：系统操作。
3. 考核评分表。

考生姓名：______ 单位：______

序号	工作步骤	工作标准	配分	评分标准	扣分	得分	考核结果
1	填报一般故障通知单	能够正确使用ERP系统功能，准确填报一般故障通知单的必要字段，包括故障设备、故障描述、要求故障修复的时间、优先级等	40	不能准确填写必要字段每项扣10分			
2	审核一般故障通知单	能够正确使用ERP系统功能审核通知单，并根据实际情况修改通知单	30	不能下达通知单的扣20分； 不能根据实际情况修改通知单的扣10分			
3	关闭一般故障通知单	能够正确使用ERP系统功能关闭通知单，关闭通知单时应填写故障词典(故障现象、故障原因、采取措施)	30	不会关闭通知单的扣20分； 关闭通知单时未填写故障词典扣10分			
合计			100				

考评员 年 月 日

中级资质理论认证

中级资质理论认证要素细目表

行为领域	代码	认证范围	编号	认证要点
基础知识A	A	设备管理基础知识	03	主要设备的技术性能
	B	站场设备完整性管理	02	设备设施风险识别与评价
			03	设备设施状态的监测、检测及评价
专业知识B	A	设备通用技术管理	01	设备巡检及定人定机管理
			02	设备缺陷和故障排查、处理、跟踪及验收
			03	设备油水管理
	B	输油气设备技术管理	01	输油泵技术管理
			02	压缩机技术管理
			03	储罐技术管理
			04	阀门技术管理
	C	特种设备技术管理	01	特种设备管理
			02	直接炉技术管理
			03	热媒炉技术管理
			04	锅炉技术管理
	D	辅助系统设备技术管理	01	含油污水处理装置技术管理
			02	除尘装置技术管理
			03	清管器接收(发送)筒技术管理
			04	混油处理装置技术管理
	E	ERP 系统管理	01	站内自行维修操作
			02	一般故障报修操作
			03	预防性维修操作
			04	生产处报表查看及填报操作

中级资质理论认证试题

一、单项选择题(每题4个选项，将正确的选项号填入括号内)

第一部分　基础知识

设备管理基础知识部分

1. AA03 一般泵产品样本上提供的转数是指泵的最高转数许可值，在实际工作中最高转数不超过许可值的(　　)，转数的变化将影响泵其他一系列的参数变化。

A. 1%　　B. 4%　　C. 10%　　D. 15%

站场设备完整性管理部分

2. AB02 以下不属于站场设备风险评价方法的是(　　)。

A. RBI 评价　　B. 声发射检测与评价

C. SCL 方法　　D. RCM 方法

3. AB03 对于压缩机，一般采用(　　)开展风险评价。

A. RBI 评价　　B. 声发射检测与评价

C. SCL 方法　　D. RCM 方法

第二部分　专业知识

设备通用技术管理部分

4. BA02 一般设备缺陷和故障应在(　　)时间内消除。

A. 24 小时　　B. 一周　　C. 一个月　　D. 一个季度

5. BA02 所有的设备缺陷和故障在发现后(无论是否发生维修费用或使用备品备件)都应由设备所在输油气站的管理人员在(　　)系统上填写故障报修单。

A. PPS　　B. PIS　　C. SCADA　　D. ERP

6. BA02 关于设备缺陷和故障的处理，说法不正确的是(　　)。

A. 检维修单位接到设备缺陷和故障的处理通知后，应及时了解现场情况，组织人员力量，在各类手续办理齐全、各项安全措施落实后方可进行处理

B. 设备缺陷和故障整改完成后，应由设备所在输油气站的管理人员在故障报修单上填写完整的处理过程和失效统计信息，之后才能进行关闭

C. 重大设备缺陷和故障应在一周内查明原因并采取处理措施，制订方案进行抢修

D. 在完成设备缺陷和故障处理后，设备所在输油气站的管理人员应会同检维修人员对设备进行必要的检查和试运，确认缺陷和故障消除后才能在检维修记录上签字验收，由作业单创建人员关闭相应作业单

7. BA02 各输油单位每月统计本公司输油泵机组的故障停机情况，每月(　　)前在

ERP 系统上完成上个月《泵机组可靠性、可用率指标报表》和《输油泵机组故障停机报告》的填报工作。

A. 1 日　　B. 5 日　　C. 10 日　　D. 15 日

8. BA03 对于设备的润滑管理，各单位(　　)应与供应站要紧密配合，互相协调，由(　　)编制用油计划，审定油品种类和牌号以及生产厂家，供应站按计划和指定的生产厂家及时采购油品。

A. 生产科；生产处　　B. 生产科；生产科

C. 输油气站；生产科　　D. 生产科；供应站

9. BA03 对于设备的润滑管理，以下说法不正确的是(　　)。

A. 添加润滑油时应严格过滤，防止杂物进入设备内部

B. 对润滑油实行五定管理，以保证油品对路(对号率 100%)、量足时准，加注清洁

C. 要做好油料换季和到期油料的检测、更换工作，严禁混加

D. 各输油气站应定期清洗油壶、油杯、油泵等存储和加油用具，尽量做到专具专用

10. BA03 导热油购置应坚持“货比三家、质优价廉”的原则，凡(　　)以上导热油购置应采用有限招标的形式，由各单位自行组织，按购置程序进行。

A. 5t　　B. 10t　　C. 15t　　D. 20t

11. BA03 导热油加装完后，应进行冷态调试，检查冷态条件下系统各单元设备运行是否正常。冷态运行(　　)以上，如无异常现象，可进行热态调试。

A. 1h　　B. 2h　　C. 4h　　D. 8h

12. BA03 锅炉用软化水应符合 GB 1576《工业锅炉水质》的要求，蒸汽锅炉用水应每(　　)化验一次，承压热水锅炉和承压水套炉用水应每(　　)化验一次，化验内容应包含氯化物、总硬度、总碱度、pH 值、含氧量等。

A. 4h，24h　　B. 4h，8h　　C. 8h，24h　　D. 12h，24h

输油气设备技术管理部分

13. BB01 设备缺陷等级分类和时间规定中，标记为“高”的故障处理时间为(　　)。

A. 24h 内　　B. 三天内　　C. 一周内　　D. 一个月内

14. BB01 在操作或维护离心泵机组中一般不会存在的风险为(　　)。

A. 机械伤害　　B. 灼烫　　C. 食物中毒　　D. 触电

15. BB01 日常巡检时不需要携带的工具有(　　)。

A. 可燃气体检测仪　　B. 防爆手电

C. 振动测试仪　　D. 激光对中仪

16. BB01 找正泵与电动机的同轴度，其偏差应不大于(　　)。

A. 0. 05mm　　B. 0. 06mm　　C. 0. 10mm　　D. 0. 12mm

17. BB01 大型输油泵联轴器的轴向间隙在(　　)范围内。

A. 1~3mm　　B. 3~5mm　　C. 0. 5~1mm　　D. 5~10mm

18. BB01 长期备用泵机组保养时每两周盘车(　　)。

A. 90°　　B. 180°　　C. 270°　　D. 360°

19. BB02 压气站应备有润滑油(　　)桶。

A. 10　　B. 15　　C. 20　　D. 30

20. BB02 压缩机故障处理方法不包括下面哪一项(　　)。

A. 记录　　B. 识别　　C. 发现　　D. 报告

21. BB02 如果压缩机油质稳定，以后每运行(　　)对滑油取样送检 1 次。

A. 1000h　　B. 2000h　　C. 4000h　　D. 8000h

22. BB02 润滑油要储存在阴凉、通风、无污染的地方，润滑油储存间适宜温度在(　　)左右。

A. 12℃　　B. 20℃　　C. 25℃　　D. 30℃

23. BB03 油罐外壁保温层脱落或损坏(　　)以下，应及时修复，达到完好无缺。

A. 1/2　　B. 1/4　　C. 1/3　　D. 1/5

24. BB03 储油罐的日常巡检周期为(　　)。

A. 12h　　B. 24h　　C. 至少 8h　　D. 6h

25. BB03 检查罐基础，如果其不均匀下沉超过油罐直径(　　)时，应立即腾空存油并采取措施，不得继续储油。

A. 1%　　B. 2%　　C. 3%　　D. 4%

26. BB04 阀门单体试压时，强度试压时阀门应处于(　　)状态。

A. 半开半关　　B. 全开

C. 全关　　D. 以上状态都可以

27. BB04 阀门单体试压，阀门强度试验的介质应为洁净水，严密性试验介质为空气。强度试验压力为管道设计压力的(　　)倍，严密性试验压力为管道设计压力的(　　)倍，要求无可见泄漏。

A. 1.5，1.1　　B. 2.1，1.5　　C. 2，1.5　　D. 2.5，1.5

28. BB04 月度维护保养中，具备条件的阀门应(　　)进行排污。排污前应对执行机构上锁挂牌，排污时(　　)，并保证工作区域内无作业人员。排完污之后一定要(　　)，防止阀门开关动作时发生事故。

A. 每月；注意风向；拧紧排污嘴　　B. 每年；下风向；拧紧排污嘴

C. 每季度；注意风向；拧紧排污嘴　　D. 每季度；上风向；拧紧排污嘴

29. BB04 手动执行机构的(　　)维护保养应打开齿轮箱，检查所有齿轮操作内部部件(轴承、齿轮齿等)，应无损坏或磨损，对齿轮箱内部部件进行充分的(　　)，无法打开维护的阀门齿轮箱应(　　)。

A. 季度；清理和润滑；保持原状态

B. 入冬前；清理和润滑；从注油嘴注入润滑脂

C. 入冬前；开关操作；保持原状态

D. 季度；清理和润滑；从注油嘴注入润滑脂

30. BB04 检查齿轮箱是否松动，如有松动，在阀门(　　)的状态下进行紧固。

A. 全关　　B. 半开半关

C. 全开　　D. 任何状态下都行

特种设备技术管理部分

31. BC01 施工单位应在特种设备开工前的(　　)个工作日内，填写特种设备安装和检修的告知书，并携带相关材料到所在地区的地、市级以上特种设备安全监察机构办理告知手续。

A. 10　　B. 15　　C. 20　　D. 30

32. BC01 特种设备在投入使用前，应由本单位特种设备归口管理部门收集相关资料到地方特种设备安全监察机构办理注册登记手续，办理(　　)。

A.《特种设备使用登记证》　　B.《特种设备登记证》

C.《特种设备安全许可证》　　D.《特种设备安全登记证》

33. BC02 直接炉辐射室清灰(　　)、对流室清灰一次/年，对炉管腐蚀情况重点检查并做好记录。

A. 一次/季　　B. 一次/年　　C. 一次/半年　　D. 一次/月

34. BC02 直接炉烟气含氧量为(　　)。

A. 3%~5%　　B. 3%~6%　　C. 5%~7%　　D. 3%~7%

35. BC02 直接炉甲乙管出炉温差不得大于(　　)。

A. 4℃　　B. 3℃　　C. 2℃　　D. 1℃

36. BC03 热媒泄压罐正常工作时应处于(　　)液位状态。

A. 低　　B. 高　　C. 满　　D. 空

37. BC03 以下(　　)项不属于热媒所具有的特性。

A. 高沸点　　B. 低凝点　　C. 抗老化　　D. 低黏度

38. BC03 热媒炉运行时，膨胀罐液位一般应为(　　)。

A. 1/2~2/3　　B. 1/3~1/2　　C. 1/3~2/3　　D. 1/2~1.0

39. BC03 热媒出炉温度不大于(　　)。

A. 200℃　　B. 180℃　　C. 240℃　　D. 220℃

40. BC04 蒸汽锅炉用水应每(　　)化验一次。

A. 3h　　B. 2h　　C. 4h　　D. 1h

41. BC04 承压热水锅炉和承压水套炉用水应每(　　)化验一次。

A. 24h　　B. 18h　　C. 12h　　D. 6h

42. BC04 锅炉除氧器每天排污一次，每台每次(　　)。

A. 1min　　B. 2min　　C. 3min　　D. 4min

辅助系统设备技术管理部分

43. BD01 以下不属于含油污水处理装置日常保养的是(　　)。

A. 设备外观油漆无脱落，阀门、管线、法兰、过滤器、中间水池等设备无渗漏

B. 设备完整，刮油板、链条等无脱落

C. 压力表显示正确

D. 开关各阀门，保证阀门的可靠性，有关闭不严或无法关闭的应更换

44. BD01 含油污水处理装置试运行设备，各水泵转动灵活属于(　　)保养。

A. 日　　B. 月　　C. 季　　D. 年

45. BDZ01 含油污水处理装置试运行设备，旋流除油器旋流良好、分离良好属于(　　)保养。

A. 日　　B. 月　　C. 季　　D. 年

46. BD01 含油污水处理装置试运行设备，加药装置设备完好、电动搅拌机搅拌均匀属于(　　)保养。

A. 日　　B. 月　　C. 季　　D. 年

47. BD01 含油污水处理装置试运行设备，过滤器滤料完好，过滤效果达标属于(　　)保养。

A. 日　　B. 月　　C. 季　　D. 年

48. BD01 含油污水处理装置试运行设备，开关各阀门，保证阀门的可靠性，有关闭不严或无法关闭的更换属于(　　)保养。

A. 日　　B. 月　　C. 季　　D. 年

49. BD01 含油污水处理装置检定压力表属于(　　)保养。

A. 日　　B. 月　　C. 季　　D. 年

50. BD02 除尘装置单机试用各部件，引风机、下灰器、螺旋输送机等运行正常，无异响。阀门单独手动操作开关灵活属于(　　)保养。

A. 日　　B. 月　　C. 季　　D. 年

51. BD02 除尘装置检查配套使用的空压机、空气罐等，保证可靠好用属于(　　)保养。

A. 日　　B. 月　　C. 季　　D. 年

52. BD02 除尘装置每台热媒炉吹灰除尘运行，保证配套吹灰器的可靠好用属于(　　)保养。

A. 日　　B. 月　　C. 季　　D. 年

ERP 系统管理部分

53. BE03 预防性维护计划不需填写(　　)。

A. 计划开始时间　　B. 设备

C. 维护工序　　D. 作业具体执行人

54. BE03 预防性维护计划所涉及专业不包括(　　)。

A. 机械　　B. 电气　　C. 仪表自动化　　D. 管道完整性

55. BE03 预防性维护计划由是(　　)填写。

A. 运行工　　B. 工程师　　C. 站长　　D. 维修工

56. BE03 设备预防性维护计划不包括(　　)。

A. 输油泵　　B. 阀门　　C. 罐　　D. 车辆

57. BE03 在失效信息里，选择相应的代码组进行(　　)、故障现象、故障原因和采取措施的填写。

A. 设备信息　　B. 设备分类　　C. 故障分类　　D. 故障对象

58. BE03 填写完失效信息后点击(　　)按钮进入工单界面。

A. 保存　　B. 返回　　C. 向上　　D. 关闭

59. BE03 工单任务完成后在设置用户状态处，选择(　　)。

A. 编辑　　B. 待审　　C. 下达　　D. 完工确认

60. BE03 下列内容不属于预防性维护计划的是(　　)。

A. 设备清单　　B. 计划内容　　C. 消耗物资　　D. 应急指挥

61. BE04 技术员进入待办工作平台，点击待关闭通知单最左侧按钮选中本行，点击(　　)。

A. 通知单技术关闭　　B. 通知单完成

C. 通知单保存　　D. 通知单完工确认

62. BE04 站长登录后进入待办工作平台，输入事务代码(　　)审批故障保修单。

A. ZC11　　B. ZC12　　C. ZC13　　D. ZR8PMDG005

二、判断题(对的画"√"，错的画"×")

第二部分　专业知识

设备通用技术管理部分

(　　)1. BA01 在巡检中，要按照"看、摸、听、闻、查、记"的六字法进行检查。

(　　)2. BA01 应及时将定人定机管理人员记入设备台账，报生产科备案。

(　　)3. BA02 站内应每月开展安全生产检查，查找发现存在的设备缺陷和故障。

(　　)4. BA02 设备缺陷和故障在发现后，如果发生维修费用或使用备品备件，应由设备所在输油气站的管理人员在 ERP 系统上填写故障报修单，否则不用填报。

(　　)5. BA02 各输油气站发现设备缺陷和故障后，应及时上报分公司生产科，并登记在岗位值班记录和《设备缺陷和故障统计表》上，由生产科向生产处汇报。

(　　)6. BA02 因各种原因，无法在规定时间内处理的设备缺陷和故障，应在《设备缺陷和故障统计表》上说明未能及时处理的原因，并制订详细的控制措施，防止事故发生。

(　　)7. BA03 各单位生产科应结合每季度进行的安全生产检查，对各站润滑油的管理情况进行检查，做好润滑油品的储存、保管、发放和使用工作。

(　　)8. BA03 按照程序文件要求，设备调试及试运行由生产科组织使用单位和有关部门共同参加，审查相应的施工方案、投产试运方案，并组织监督实施。

输油气设备技术管理部分

(　　)9. BB01 当离心泵使用的规定型号油品不足时，可加入其他型号的油品。

(　　)10. BB01 应定期清洗油壶、油杯、油泵等存储和加油用具，做到专具专用，不得混用。

(　　)11. BB02 压缩机油压急剧下降有可能油箱油位过低。

(　　)12. BB02 压缩机出口流量降低可能为吸入管路过滤器堵塞。

(　　)13. BB02 压缩机进行维保时不安全的状态有：在热环境下有燃料气泄漏、润滑油泄漏现象；电气接线或保护绝缘层被磨损；紧固螺栓或被紧固体破裂。

(　　)14. BB02 压缩机组运行前两个月内，每周需对滑油取样送检，检测数据需与上次检测及新油检测数据比对。

(　　)15. BB03 储油罐接地线连接牢固，接地电阻不大于4Ω。

(　　)16. BB03 机械呼吸阀每月检查两次，气温低于0℃时，每周至少一次。

(　　)17. BB03 阻火器的检查周期为每季度一次，冰冻季节每季度两次。

(　　)18. BB04 阀门发生内漏的主要原因是缺少在线维护保养。

(　　)19. BB04 如阀杆处有外漏，应先均匀压紧填料压盖，若仍泄漏，通过阀杆注脂嘴注入少量密封脂。

(　　)20. BB04 阀门注脂时，注脂嘴注不进脂时，可以拆卸更换一个注脂嘴，继续注脂。

(　　)21. BB04 安装调试后的阀门应补注润滑脂，注入量为推荐注脂量的1/4，并确认阀门放空阀、排污嘴处于关闭状态。

(　　)22. BB04 阀门注脂通道堵塞时，应先使用清洗液清洗注脂通道，之后继续注入润滑脂。

特种设备技术管理部分

(　　)23. BC01 特种设备的型号、技术参数、安全性能、能效指标及设计文件，应当符合国家和地方有关强制性规定。

(　　)24. BC01 特种设备使用单位对在用特种设备应至少每月进行一次自行检查，并记录在设备安全技术档案中。

(　　)25. BC02 备用直接炉停炉一个月以上时应启动一次，运行时间不大于2h，停炉时仪表电源不停。

(　　)26. BC03 常压热水锅炉、常压水套炉的加热水和电驱压缩机组、泵机组等设备用的冷却水等应至少每月化验一次。

辅助系统设备技术管理部分

(　　)27. BD01 含油污水装置的维护保养分为日常维护保养、季维护保养和年维护保养。

(　　)28. BD03 清管器接收(发送)筒有伴热的检查伴热，伴热温度合适属于日保养。

(　　)29. BD03 清管器接收(发送)筒条件允许下，检查阀门，阀门单独手动操作开关灵活属于季保养。

(　　)30. BD03 清管器接收(发送)筒设备基础观察，无明显下沉属于年保养。

(　　)31. BD03 清管器接收(发送)筒对易锈蚀设备防腐刷漆属于年保养。

(　　)32. BD04 塔设备是生产中实现气相和液相或液相和液相间传质的最重要设备之一。

ERP 系统管理部分

(　　)33. BE03 预防性维护计划中 ZR4PMRP017——管道公司—作业计划—创建。

(　　)34. BE03 预防性维护计划中 ZR4PMRP018——管道公司—作业计划—查询、修改。

(　　)35. BE03 预防性维护计划中 ZR4PMRP019——管道公司—作业计划—计划执行。

(　　)36. BE03 预防性维护计划能够满足管道公司日常维护需要，通过一次作业计划的模板创建，就能让系统记录下这个作业模板的每一次执行情况，执行内容。

(　　)37. BE03 系统实现了模板审批后生效，通过后台的处理，系统会根据作业计划填写的“周期”来自动生成下一次的计划，并实时记录一个作业每一次执行的内容、成本以及执行状态。

(　　)38. BE03 预防性维护计划内容标签页添加标准作业工序，系统维护科默认带出标准工序，也可自行在文本处添加修改。

(　　)39. BE03 预防性维护计划物资消耗标签页，需要查找实际系统消耗和用到的物料，需要选取编码。

(　　)40. BE03 成本标签页用来填写作业计划涉及的委外和自行维修产生的合同及成本。

(　　)41. BE03 作业计划开始时间系统默认是作业创建的日期，作业创建日期默认是系统当前日期不可编辑，作业计划开始日期影响计划下一次执行的时间，默认创建时间，会根据周期反复生成计划，修改可推迟执行，也可补录。

(　　)42. BE03 预防性维护计划功能查询根据前台输入的条件进行查找时，场站、阀室必须输入，条件越多，查询结果越精确。

三、简答题

第一部分　基础知识

设备管理基础知识部分

1. AA03 如下图所示，请读出泵的类型、额定转速，流量在 12.6m^3/h 的工况下，泵的扬程、效率、功率？

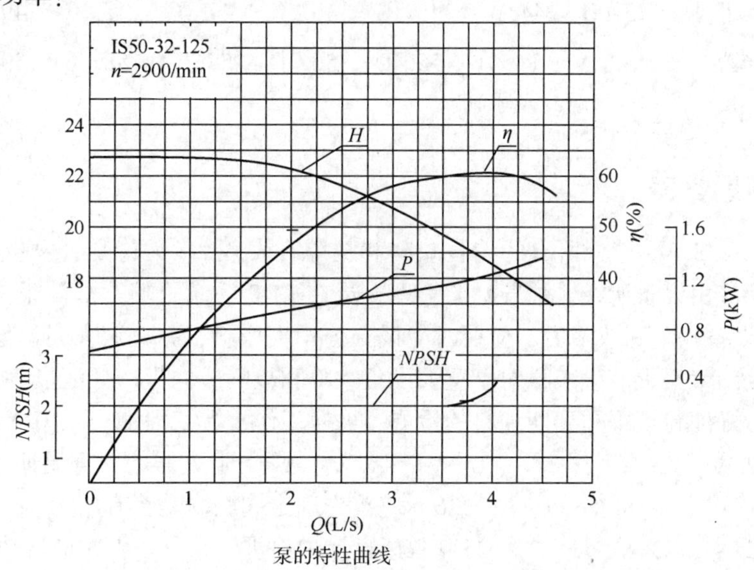

泵的特性曲线

第二部分　专业知识

输油气设备技术管理部分

2. BB02 压缩机轴承温度高的可能故障原因有哪些?

特种设备技术管理部分

3. BC01 简述特种设备的事故管理。
4. BC03 什么是饱和蒸汽压?
5. BC04 热媒膨胀罐其主要作用是什么?
6. BC04 热媒膨胀罐氮封系统的作用是什么?

ERP 系统管理部分

7. BE02 简述维修工单需要填写的字段。

中级资质理论认证试题答案

一、单项选择题答案

1. B　2. B　3. D　4. B　5. D　6. C　7. B　8. B　9. D　10. B
11. C　12. A　13. C　14. C　15. D　16. A　17. B　18. B　19. D　20. D
21. C　22. B　23. C　24. C　25. A　26. A　27. A　28. C　29. B　30. A
31. B　32. A　33. C　34. D　35. B　36. A　37. C　38. C　39. D　40. C
41. A　42. B　43. D　44. C　45. C　46. C　47. C　48. C　49. D　50. C
51. C　52. C　53. D　54. D　55. D　56. D　57. C　58. B　59. D　60. D
61. A　62. D

二、判断题答案

1. √　2. √　3. √　4. ×所有的设备缺陷和故障在发现后(无论是否发生维修费用或使用备品备件)都应由设备所在输油气站的管理人员在 ERP 系统上填写故障报修单。　5. ×各输油气站发现设备缺陷和故障后，应及时上报分公司生产科，并登记在岗位值班记录和《设备缺陷和故障统计表》上，生产科对于重大设备缺陷和故障应向生产处汇报。　6. √　7. √　8. √　9. ×应做好油料换季和到期油料的检测、更换工作，严禁混加。　10. √

11. √　12. √　13. √　14. √　15. √　16. √　17. ×阻火器的检查周期为每季度一次，冰冻季节每月一次。　18. √　19. √　20. ×应首先确定阀腔内是否有压力。

21. √　22. √　23. √　24. √　25. ×备用直接炉停炉一个月以上时应启动一次，运行时间不小于 2h，停炉时仪表电源不停。　26. ×常压热水锅炉、常压水套炉的加热水和电驱压缩机组、泵机组等设备用的冷却水等应至少每周化验一次。　27. √　28. √　29. √　30. √　31. √　32. √　33. √　34. √　35. √　36. √　37. √　38. √　39. √　40. √　41. √　42. √

三、简答题答案

1. AA03 如下图所示，请读出泵的类型、额定转速，流量在 12.6m^3/h 的工况下，泵的扬程、效率、功率？

答：(1)国际标准型单级单吸离心水泵；(2) n = 2900r/min；(3) H = 18.8m；(4) P = 1.1kW；(5) η = 60%。

评分标准：答对(1)～(5)各占 20%。

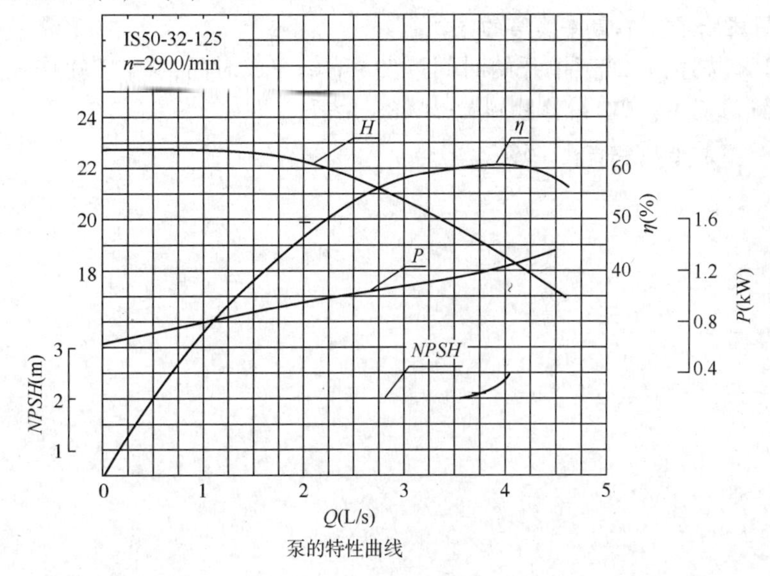

泵的特性曲线

2. BB02 压缩机轴承温度高的可能故障原因有哪些？

答：(1)润滑油供给不足或中断；(2)润滑油含水；(3)轴承与轴颈间隙小；(4)进油温度高。

评分标准：答对(1)～(4)各占 25%。

3. BC01 简述特种设备的事故管理。

答：(1)特种设备事故属于生产安全事故，是指因特种设备的不安全状态或者相关人员的不安全行为，在特种设备制造、安装、改造、维修、使用、检验检测活动中造成的人员伤亡、财产损失、特种设备严重损坏或者中断运行、人员滞留、人员转移等突发事件；(2)特种设备事故发生后，现场人员应当采取应急措施，事故发生单位立即启动应急预案，并报告公司生产处和质量安全环保处；(3)特种设备事故的调查处理按国家相关法规和《事故、未遂事故管理程序》《生产安全事故与环境事件责任人员行政处分管理规定》及相关规定执行。

评分标准：答对(1)占 40%；答对(2)(3)各占 30%。

4. BC03 什么是饱和蒸汽压？

答：锅炉中的水在某一压力下被燃料燃烧所放出的热量加热而发生沸腾，汽化变为蒸汽，这种处于沸腾状态下的炉水温度是饱和蒸汽；锅内压力高，饱和蒸汽温度就高。

评分标准：答对得100%。

5. BC04 热媒膨胀罐其主要作用是什么？

答：(1)为循环泵提供背压，防止循环泵抽空；(2)吸收热媒膨胀量，保持热媒系统平衡；(3)向系统内补充导热油；(4)系统启动时排气脱水；(5)监控导热油系统液位，维护系统正常运行。

评分标准：答对每项各占20%。

6. BC04 热媒膨胀罐氮封系统的作用是什么？

答：用氮气对膨胀罐中的导热油进行覆盖，使罐内的自由空间充满氮气，并使罐内导热油与空气隔离，避免导热油与氧气接触而产生氧化，变质老化，也避免水蒸气的进入。

评分标准：答对得100%。

7. BE02 简述维修工单需要填写的字段。

答：(1)工单描述；(2)工单开始时间；(3)工单完成时间；(4)PM作业类型；(5)待维修设备；(6)维修工序；(7)维修物料；(8)WBS元素。

评分标准：答对每项各占12.5%。

中级资质工作任务认证

中级资质工作任务认证要素细目表

模块	代码	工作任务	认证要点	认证形式
一、设备通用技术管理	S-SB(W-JX)-01-Z01	设备缺陷和故障排查处理、跟踪及验收	设备故障处理流程	步骤描述
二、输油气设备技术管理	S-SB-02-Z01	输油泵技术管理	(1)输油泵日常维护保养	技能操作
	W-JX-02-Z01		(2)输油泵2000h维护保养	技能操作
	W-JX-02-Z02	输油泵技术管理	输油泵技术管理—用激光对中仪找正	技能操作
	S-SB-02-Z03	压缩机技术管理	压缩机润滑五定管理	技能操作
	S-SB-02-Z04	储油罐技术管理	监护储油罐维护保养	步骤描述
	S-SB(W-JX)-02-Z05	阀门技术管理	(1)阀门的全面保养； (2)编制电液联动执行机构的检查和维护保养内容； (3)编制气液联动执行机构的检查和维护保养内容	(1)技能操作； (2)技能操作； (3)方案编制
三、特种设备技术管理	S-SB-03-Z01	直接炉技术管理	编制日常维护保养方案	方案编制
	W-JX-03-Z02	直接炉技术管理	编制季度维护保养方案	方案编制
	S-SB-03-Z03	热媒炉技术管理	编制日常维护保养方案	方案编制
	W-JX-03-Z04	热媒炉技术管理	编制季度维护保养方案	方案编制
	S-SB(W-JX)-03-Z05	锅炉技术管理	编制年度维护保养方案	方案编制
四、辅助系统设备技术管理	S-SB(W-JX)-04-Z01	含油污水处理装置技术管理	编制维护保养方案	方案编制
	S-SB(W-JX)-04-Z02	除尘装置技术管理	编制维护保养方案	方案编制
	S-SB(W-JX)-04-Z03	清管器接收(发送)筒技术管理	编制维护保养方案	方案编制
	S-SB(W-JX)-04-Z04	混油处置装置系统技术管理	编制维护保养方案	方案编制
五、ERP系统管理	S-SB(W-JX)-05-Z01	预防性维护作业计划操作	ERP系统中填报、审核、关闭预防性维护计划作业单	系统操作5

中级资质工作任务认证试题

一、S-SB(W-JX)-01-Z01 设备缺陷和故障排查、处理、跟踪及验收——设备故障处理流程

1. 考核时间：15min。
2. 考核方式：步骤描述。
3. 考核评分表。

考生姓名：______________ 单位：______________

序号	工作步骤	工作标准	配分	评分标准	扣分	得分	考核结果
1	发现设备缺陷或者故障后需要上报	发现设备缺陷和故障后，应及时上报分公司生产科	20	不知道上报扣20分			
2	设备缺陷和故障的填报	应由设备所在输油气站的管理人员在ERP系统上填写故障报修单	20	不知道要在ERP上填写故障报修单扣20分，不能准确填写扣10分			
3	设备缺陷和故障修理	输油气站有能力处理的一般设备缺陷和故障，应由本站站长创建自行处理作业单，并及时组织站内人员处理。其余设备缺陷和故障，由生产科创建故障作业单，安排本单位维抢修队或外委单位进行处理	30	不知道如何组织缺陷和故障修理扣30分			
4	故障和缺陷修理完成后续工作	在完成设备缺陷和故障处理后，设备所在输油气站的管理人员应会同检维修人员对设备进行必要的检查和试运，确认缺陷和故障消除后才能在检维修记录上签字验收，并在故障报修单上填写完整的处理过程和失效统计信息，由作业单创建人员关闭相应作业单	30	不做必要检查和试运扣10分；不填报处理过程和失效统计扣10分；不知道关闭作业单扣10分			
合计			100				

考评员 年 月 日

二、S-SB-02-Z01-01 输油泵技术管理——输油泵机组日常维护保养

1. 考核时间：40min。
2. 考核方式：技能操作。
3. 考核评分表。

考生姓名：＿＿＿＿＿＿＿＿　　　　　　　　　　　　　　　　　单位：＿＿＿＿＿＿＿＿

序号	工作步骤	工作标准	配分	评分标准	扣分	得分	考核结果
1	编制维护保养计划	(1)查阅设备台账，确认运行时数； (2)按照运行时间编制维护保养计划； (3)将计划上报生产科； (4. 打印工单	20	缺少一项扣5分			
2	输油泵机组保养	日常维护保养： (1)检查泵机组各连接部位、密封件，应无松动、渗漏现象； (2)检查泵机组所有阀门和仪表，均应正常可靠运行； (3)检查泵机组润滑油箱和恒位油杯，液位应在正常范围内； (4)清除泵机组的灰尘和油污； (5)检查泵机组伴热温控系统，应正常运行； (6)泵机组每次维护时间、内容及存在问题应做好记录。 长期备用泵机组保养内容： (1)每两周盘车180°，联轴器外表面应有标识； (2)每半年打开轴承箱端盖，检查轴承	40	缺少一项扣5分			
3	2000h及8000h维护保养监督	(1)确认现场具备作业条件；(2)确认维抢修队作业内容符合标准要求；(3)工作完成后应进行验收；(4)通知岗位恢复流程	40	缺少一项去10分			
	合计		100				

考评员　　　　　　　　　　　　　　　　　　　　　　　　　　　　年　　月　　日

三、W-JX-02-Z01-02 输油泵技术管理——输油泵机组2000h维护保养

1. 考核时间：90min。
2. 考核方式：实际操作。
3. 考核评分表。

考生姓名：＿＿＿＿＿＿＿＿　　　　　　　　　　　　　　　　　单位：＿＿＿＿＿＿＿＿

序号	工作步骤	工作标准	配分	评分标准	扣分	得分	考核结果
1	编制维护保养计划	(1)查阅设备台账，确认运行时数； (2)按照运行时间编制维护保养计划； (3)将计划上报生产科； (4)打印工单	20	缺少一项扣5分			

续表

序号	工作步骤	工作标准	配分	评分标准	扣分	得分	考核结果
2	组织完成维护保养全部内容	(1)检查泵机组和附件，应齐全、完整、清洁，各连接处无渗漏； (2)检查泵机组排污系统，确认泄漏开关检测罐流量孔板不缺损、伴热保温正常、排污阀开关灵活，排污系统完好； (3)清洗泵轴承箱，更换润滑油； (4)检查调整泵机械密封的定位，紧固定位螺栓； (5)在机械密封泄漏量超标时，应予以维修或更换； (6)找正泵与电动机的同轴度，其偏差不大于0.05mm，并保证联轴器的轴向间隙在3~5mm范围内	60	缺少一项扣10分			
3	记录	按照体系文件要求做好维护保养记录	20	未记录扣20分			
合计			100				

考评员　　　　　　　　　　　　　　　　　　　　年　　月　　日

四、W-JX-02-Z02 输油泵技术管理——用激光对中仪找正

1. 考核时间：90min。

2. 考核方式：技能操作；两名工人辅助(辅助人员只负责配合松紧螺栓及拆装垫片，不得参与其他过程)。

3. 考核评分表。

考生姓名：________　　　　　　　　　　　　单位：________

序号	工作步骤	工作标准	配分	评分标准	扣分	得分	考核结果
1	检查与准备	填写维检修工作票	5	未填写工作票此项不得分，工作票填写错误每错一处扣1分			
		确认场站工艺流程已经切换到检修流程	5	未进行确认扣5分			
		按照锁定管理要求进行关键部位锁定	5	未锁定扣5分			
		检修场地做好防止地面损坏及污染措施	5	未做措施扣5分			

续表

序号	工作步骤	工作标准	配分	评分标准	扣分	得分	考核结果
2	对中前检验	按以下方法完成设备的外观检验： (1)对插有橡胶垫的联轴器，检查是否存在橡胶粉末，对于润滑式联轴器，检查是否泄漏润滑脂，对于膜片式，检查膜片盒密封是否出现破损或预应力； (2)检查轴与轴毂配合，是否出现任何松动零件； (3)检验基础、灌浆和底板是否出现裂纹、拱起或可能阻碍对中的任何缺陷； (4)检查被驱动设备的定位螺栓是否锁紧	10	每少检查一项扣2.5分			
		进行软基脚检验及校正	10	未进行软脚检查扣10分，校正不正确扣5分			
3	泵机组对中	(1)依据厂家操作手册要求，完成对中检验； (2)按照在激光测试工具上的显示，完成驱动机器的移动； (3)保证驱动机器固定螺栓已经按厂家推荐的技术要求进行锁紧； (4)完成维护管理体系中所有记录的填写	60	数据输入错误扣15分，螺栓未按技术要求锁紧扣15分，找正偏差未在规定范围内扣30分，未填写记录扣15分，记录填写错误扣5分			
		合计	100				

考评员　　　　　　　　　　　　　　　　　　　　年　　月　　日

五、S-SB-02-Z03 压缩机技术管理——压缩机润滑五定管理

1. 考核时间：30min。
2. 考核方式：技能操作。
3. 考核评分表。

考生姓名：________________　　　　单位：________________

序号	工作步骤	工作标准	配分	评分标准	扣分	得分	考核结果
1	定点	设备管理人员必须按压缩机组规定的部位和润滑点加、换润滑剂	20	未定点加、换润滑剂扣20分			
2	定质	设备管理人员必须按压缩机组规定的润滑剂种类进行加注，并确保润滑剂质量，设专门的润滑品库，对润滑剂实行入库过滤、发放过滤、加油过滤的“三滤”管理	20	未按规定种类加注扣5分；未“三滤”管理，一项扣5分			

续表

序号	工作步骤	工作标准	配分	评分标准	扣分	得分	考核结果
3	定时	设备管理人员必须按压缩机组规定时间对润滑点进行添、换润滑剂，应按规定的时间检查和补充，燃机压缩机油品按规定运转时间进行取样分析，按质换油	20	未定时添、换润滑剂扣10分；未定时取样扣10分			
4	定量	设备管理人员必须按规定加油量进行补充和更换，并做好用油消耗分析、漏油及时治理，既要保证良好的润滑，又要避免不必要的浪费	20	未定量补充和更换扣10分；未做油耗分析扣10分			
5	定人	设备管理人员必须定时检查设备油位，不足时应及时补充；定期对设备各润滑系统进行检查，并负责治理漏油。设备管理人员应对加油设备，如滤油机负责专业管理，确保清洁，不同加油机避免混用，避免因加油设备不洁和混用造成对油品的污染	20	未定人管理扣20分			
	合计		100				

考评员　　　　　　　　　　　　　　　　　　　　年　　月　　日

六、S-SB-02-Z04 油罐技术管理——监护储油罐维护保养

1. 考核时间：30min。
2. 考核方式：步骤描述。
3. 考核评分表。

考生姓名：＿＿＿＿＿＿　　　　　　　　单位：＿＿＿＿＿＿

序号	工作步骤	工作标准	配分	评分标准	扣分	得分	考核结果
1	编制维护保养计划	(1)按照《技术手册》编制月度、季度、年度维护保养计划； (2)将计划上报生产科； (3)打印工单	40	缺少一项扣8分			
2	监督维护保养	(1)确认现场具备作业条件； (2)确认维抢修队作业内容符合标准要求，并按维护保养计划进行作业； (3)工作完成后进行验收； (4)通知值班人员对已维护设备密切监视	60	缺少一项去15分			
	合计		100				

考评员　　　　　　　　　　　　　　　　　　　　年　　月　　日

七、S-SB(W-JX)-02-Z05-01 阀门技术管理——阀门的全面保养

1. 考核时间：60min。
2. 考核方式：技能操作。
3. 考核评分表。

考生姓名：＿＿＿＿＿＿＿＿　　　　单位：＿＿＿＿＿＿＿＿

序号	工作步骤	工作标准	配分	评分标准	扣分	得分	考核结果
1	编制保养计划及方案	按照规程编制保养计划及方案，需包含以下内容：实施时间、人员及分工、作业内容、风险识别及消减	20	缺少一项扣5分			
2	组织按计划和方案开展阀门保养	(1)完成月度检查内容； (2)组织开展阀门开关； (3)阀门排污操作； (4)密封座保养； (5)限位检查	60	缺一项扣12分			
3	问题分析及处理	(1)发现问题分析原因，编制维修方案，填报ERP维修工单； (2)不能及时处理的，按隐患管理规定进行上报	20	缺一项扣10分			
	合计		100				

考评员　　　　　　　　　　　　　　　年　　月　　日

八、S-SB(W-JX)-02-Z05-02 阀门技术管理——电液联动执行机构的检查和维护保养

1. 考核时间：60min。
2. 考核方式：技能操作。
3. 考核评分表。

考生姓名：＿＿＿＿＿＿＿＿　　　　单位：＿＿＿＿＿＿＿＿

序号	工作步骤	工作标准	配分	评分标准	扣分	得分	考核结果
1	编制保养计划及方案	按照规程编制保养计划及方案，需包含以下内容：实施时间、人员及分工、作业内容、风险识别及消减	20	缺少一项扣5分			
2	组织按照计划及方案开展检查和维护保养	(1)性能测试： ①每半年进行一次全性能测试； ②测试过程中要留下原始记录。 (2)外观检查： ①检查执行机构紧固件是否松动；	60	缺少一项扣12分			

续表

序号	工作步骤	工作标准	配分	评分标准	扣分	得分	考核结果
2	组织按照计划及方案开展检查和维护保养	②油位是否正确; ③有无外漏现象; ④接线盒和控制箱是否有潮气进入或污染物入侵、接线是否可靠; ⑤阀位反馈信号是否正常、电缆保护软管有无脱落、松动、变形和腐蚀 (3)液压系统检查: ①检查液压系统的工作压力是否符合本单位运行参数限值表范围内; ②当不超过设定压力的5%时,可以继续正常使用,如存在问题,必须及时调整; ③在液压管路渗漏时,需要及时处理; ④油位不足,在新注液压油前,需要清理液压油箱时,不应用棉纱擦洗,应用绸布面粘干净,在注油时,应采用经过10μm过滤器过滤的清洁油品; ⑤在处理过程中需要切断控制箱电源。 (4)液压泵充压检查: ①执行机构上电时如果蓄能器油压低于低设定值时,等待10~15s后液压泵自动开始充压,待油压升至高设定值时,液压泵停止充压; ②在液压泵充压过程中,不应有异常的振动和声音。 (5)电源检查: ①检查市电供电正常; ②用太阳能电池供电的场合,应了解太阳能电池供电系统的技术状态,有问题应及时通知相关专业人员解决	60	缺少一项扣12分			
3	问题分析及处理	(1)发现问题分析原因,编制维修方案,填报ERP维修工单; (2)不能及时处理的,按隐患管理规定进行上报	20	缺一项扣10分			
		合计	100				

考评员　　　　　　　　　　　　　　　　　　　　年　月　日

九、S-SB(W-JX)-02-Z05-03 阀门技术管理——编制气液联动执行机构的检查和维护保养内容

1. 考核时间：60min。
2. 考核方式：方案编制。
3. 考核评分表。

考生姓名：________________　　　　　　　　单位：________________

序号	工作步骤	工作标准	配分	评分标准	扣分	得分	考核结果
1	日常检查	(1)执行机构各连接点有无漏气或漏液压油； (2)各引压管和所有相关阀门应无泄漏、无振动和无腐蚀； (3)储能罐压力应不低于管道压力； (4)各指示仪表应工作正常	40	每项10分，缺一项扣10分			
2	定期检查	(1)确认执行机构旋转叶片腔体无积液和杂质，若有积液应进行排污； (2)对执行机构储能罐进行排污，确认无积液或杂质；确认所有连接无松动； (3)确认气液罐液位应处于正常位置，罐底部无积液或杂质； (4)确认过滤器滤芯无堵塞或损坏； (5)确认执行机构液压油的色泽、黏度应正常； (6)进行就地和远控开、关阀操作测试，确定开、关灵活	60	每项10分，缺一项扣10分			
	合计		100				

考评员　　　　　　　　　　　　　　　　年　　月　　日

十、S-SB-03-Z01 直接炉技术管理——编制日常维护保养方案

1. 考核时间：30min。
2. 考核方式：方案编制。
3. 考核评分表。

考生姓名：________________　　　　　　　　单位：________________

序号	工作步骤	工作标准	配分	评分标准	扣分	得分	考核结果
1	确定维护保养内容	方案中应包括以下内容： (1)加热炉的清洁卫生； (2)炉区设备、管线及附件； (3)吹灰； (4)燃烧器检查； (5)氮气系统检查； (6)燃油或燃气系统检查	30	缺一项扣5分			

续表

序号	工作步骤	工作标准	配分	评分标准	扣分	得分	考核结果
2	日常维护保养要求	(1)保持加热炉的清洁卫生，做到炉外壁、炉顶、走台、梯子、栏杆、基础槽等无油污、无杂物、设备见本色； (2)看火孔玻璃清洁透明，无破损。检查炉膛是否结焦；清洗火焰探测器探头及护罩，保证清洁； (3)对炉区的所有设备、管线、阀门、仪表以及附件进行检查维护，保持完好状态，使其正常运行；保持无渗漏、无油污、无烟尘、无黑烟； (4)启动吹灰器、除尘器，对流室每日进行机械吹灰，注意保护环境； (5)燃烧器喷嘴不结焦、火焰不偏斜、雾化状态良好； (6)空气压缩机的储气罐，吹灰结束后进行排污，空气滤清器每周清理一次； (7)燃料油泵和空气压缩机清洁卫生，无渗漏、无油污； (8)天然气橇装每周排污一次； (9)燃料油橇清洁、卫生、无渗漏、保温良好，每月清理一次过滤器； (10)检查氮气瓶(储气罐)压力值是否正常，如压力降低应及时更换氮气瓶或补充氮气，若管线或阀门泄漏，应查明泄漏点及时维修	70	检查内容及要求描述不完整或不准确，缺少一项扣7分			
		合计	100				

考评员　　　　　　　　　　　　　　　　　　　　　　　　　　年　　月　　日

十一、W-JX-03-Z02 直接炉技术管理——编制季度维护保养方案

1. 考核时间：30min。
2. 考核方式：方案编制。
3. 考核评分表。

考生姓名：＿＿＿＿＿＿　　　　　　　　　　　　单位：＿＿＿＿＿＿

序号	工作步骤	工作标准	配分	评分标准	扣分	得分	考核结果
1	编制保养计划及方案	按照规程编制保养计划及方案，需包含以下内容：实施时间、人员及分工、作业内容、风险识别及消减	20	缺少一项扣5分			

续表

序号	工作步骤	工作标准	配分	评分标准	扣分	得分	考核结果
2	组织完成季度维护保养	能够组织完成以下作业内容： (1)拆卸并清洗喷嘴、点火器、旋风器、喷嘴燃烧腔的焦垢碳化物、杂质等，达到燃油、燃气、风畅通无阻，若有损坏进行更换； (2)检查吹灰器各部件是否完好； (3)检查炉体内壁耐火保温层，查看辐射室管束完好情况； (4)检查烟道挡板转动是否灵活； (5)调压橇燃气过滤器，过滤器放空，除掉滤网与器中杂质和胶质，清洗过滤网； (6)检查紧急放空阀和甲乙管高位排气阀的严密性，检查紧急放空池保证完好； (7)测试燃气状态下的检漏装置，保证完好； (8)对炉体各孔、门的漏风处进行修补； (9)对控制、极限报警、自控联锁系统等的完好及其准确度、灵敏度进行测试，使其达到完好要求	60	第(1)~(8)项，每缺一项扣6分，第(9)项错误扣12分			
3	问题分析及处理	(1)发现问题分析原因，编制维修方案，填报ERP维修工单； (2)不能及时处理的，按隐患管理规定进行上报	20	缺一项扣10分			
	合计		100				

考评员　　　　　　　　　　　　　　　　　　　　年　　月　　日

十二、S-SB-03-Z03 热媒炉技术管理——编制日常维护保养方案

1. 考核时间：30min。
2. 考核方式：方案编制。
3. 考核评分表。

考生姓名：＿＿＿＿＿＿＿　　　　　　　　　　单位：＿＿＿＿＿＿＿

序号	工作步骤	工作标准	配分	评分标准	扣分	得分	考核结果
1	确定维护保养内容	方案中应包括以下内容： (1)加热炉的清洁卫生； (2)炉区设备、管线及附件； (3)热媒系统检查； (4)燃烧器检查； (5)氮气系统检查； (6)燃油或燃气系统检查； (7)换热和预热系统检查	35	缺一项扣5分			

续表

序号	工作步骤	工作标准	配分	评分标准	扣分	得分	考核结果
2	日常维护保养要求	(1)保持热媒炉的清洁卫生，做到无油污、无杂物、设备见本色，看火孔玻璃清洁透明； (2)对炉区的所有设备、管道、阀门、附件、仪表、场地进行检查维护，保持完好状态，使其正常运行。保持无渗漏、无油污、无黑烟； (3)检查热媒泵、燃料油泵、助燃风机、引风机、空气压缩机等机泵设备，保持设备运行正常，无杂音及异常振动，紧固件无松动，润滑良好不缺油(脂)，传动三角带松紧适宜，轴承温度不大于75℃，机械密封渗漏量应小于10mL/h； (4)原油换热器、热媒预热器、空气预热器、烟囱等应保温良好、涂漆完整无变色、无渗漏、无串漏、无腐蚀、无黑烟； (5)热媒膨胀罐、泄放罐涂漆完整，液位指示清晰准确； (6)燃烧器喷嘴不结焦、火焰不偏斜、雾化状态良好； (7)空气压缩机的稳压罐，每班上班后排污一次； (8)空气压缩机空气滤清器每周清洗一次	65	检查内容及要求描述不完整或不准确，缺少一项扣8分			
		合计	100				

考评员　　　　　　　　　　　　　　　　　　　　　　　　　　年　　月　　日

十三、W-JX-03-Z04 热媒炉技术管理——编制季度维护保养方案

1. 考核时间：30min。
2. 考核方式：方案编制。
3. 考核评分表。

考生姓名：________　　　　　　　　　　　　　　　　单位：________

序号	工作步骤	工作标准	配分	评分标准	扣分	得分	考核结果
1	编制保养计划及方案	按照规程编制保养计划及方案，需包含以下内容：实施时间、人员及分工、作业内容、风险识别及消减	20	缺少一项扣5分			

续表

序号	工作步骤	工作标准	配分	评分标准	扣分	得分	考核结果
2	组织完成季度维护保养	能够组织完成以下作业内容： (1)拆开热风道口，检查燃烧器各元件，确保完好； (2)拆卸并清洗喷嘴、点火器、旋风器、喷嘴燃烧腔的焦垢碳化物、杂质等，达到燃油、燃气、风畅通无阻； (3)扫除炉膛的积灰、焦垢，检查修复炉内的陶瓷纤维毡； (4)保温应良好，涂漆应完整，各个密封点应无渗漏； (5)对燃料油过滤器、导热油过滤器、空气过滤器滤网进行清洗，清除杂质，并更换空气过滤器泡沫纤维棉； (6)燃油电加热器应处于完好状态，应进行漏电和温控灵敏度检测； (7)空压机和离心泵按说明书进行维护	70	每缺一项扣 10 分			
3	问题分析及处理	(1)发现问题分析原因，编制维修方案，填报 ERP 维修工单； (2)不能及时处理的，按隐患管理规定进行上报	10	缺一项扣 5 分			
	合计		100				

考评员　　　　　　　　　　　　　　　　　　　　　　年　　月　　日

十四、S-SB(W-JX)-03-Z05 锅炉技术管理——编制年度维护保养方案

1. 考核时间：30min。
2. 考核方式：方案编制。
3. 考核评分表。

考生姓名：____________　　　　　　　　　　　　单位：____________

序号	工作步骤	工作标准	配分	评分标准	扣分	得分	考核结果
1	确定维护保养内容	方案中应包括以下内容： (1)日常维护保养内容； (2)炉管检查； (3)炉墙及保温检查； (4)炉体检查； (5)燃烧器检查； (6)省煤器检查； (7)设备基础检查； (8)仪表自动化设备年检； (9)辅助系统检查	36	缺一项扣 4 分			

续表

序号	工作步骤	工作标准	配分	评分标准	扣分	得分	考核结果
2	年度维护保养内容及要求	(1)完成锅炉日维护保养的内容与要求；锅炉内部人工清灰； (2)检查炉管有无腐蚀、变形、鼓包及焊缝缺陷，并做好记录； (3)检查锅炉炉墙及保温，对存在问题进行处理； (4)检查炉体及各孔门、风道是否漏风，并对漏风处进行处理； (5)检查炉顶、炉体及烟囱等金属附件的腐蚀情况，必要时进行修补、除锈和防腐； (6)检查燃烧器，清理积灰和结焦，燃烧器保养按说明书进行，对不合格易损件进行更换；锅炉累计运行8000h，更换旋风器； (7)检查省煤器保温是否良好，有无堵塞或穿孔，并根据实际情况进行维修； (8)检查设备基础有无下陷、倾斜、开裂现象；检查管线阀门，保温完好，不渗不漏； (9)完成仪表自动化设备年检，检查设备接地装置完好； (10)对锅炉辅助系统机泵进行维护检修，保证完好使用	64	检查内容及要求描述不完整或不准确，缺少一项扣7分，扣完为止			
合计			100				

考评员　　　　　　　　　　　　　　　　　　　　年　　月　　日

十五、S-SB(W-JX)-04-Z01 含油污水处理装置技术管理——编制维护保养方案

1. 考核时间：40min。
2. 考核方式：方案编制。
3. 考核评分表。

考生姓名：________　　　　　　　　　　单位：________

序号	工作步骤	工作标准	配分	评分标准	扣分	得分	考核结果
1	日常保养内容及要求	(1)设备外观油漆无脱落，阀门、管线、法兰、过滤器、中间水池等设备无渗漏； (2)电气柜完好，电源备用，无报警； (3)设备完整，刮油板、链条等无脱落； (4)压力表显示正确； (5)运行时电动机、水泵等运行正常，无异响、无渗漏	20	缺少一项扣4分			

续表

序号	工作步骤	工作标准	配分	评分标准	扣分	得分	考核结果
2	季维护保养内容及要求	(1)包括日常维护保养的全部内容； (2)试运行设备，各水泵转动灵活； (3)旋流除油器旋流良好、分离良好； (4)加药装置设备完好、电动搅拌机搅拌均匀； (5)过滤器滤料完好，过滤效果达标； (6)开关各阀门，保证阀门的可靠性，有关闭不严或无法关闭的更换	40	缺少一项扣7分			
3	年维护保养内容及要求	(1)包括季维护保养的全部内容； (2)检定压力表； (3)各泵润滑，保证泵的可靠性； (4)电气设备的接地检查； (5)设备基础观察，无明显下沉； (6)对中间水池等易锈蚀设备防腐刷漆	40	缺少一项扣7分			
	合计		100				

考评员　　　　　　　　　　　　　　　　　　　　　　　年　　月　　日

十六、S-SB(W-JX)-04-Z02 除尘装置技术管理——编制维护保养方案

1. 考核时间：40min。
2. 考核方式：方案编制。
3. 考核评分表。

考生姓名：__________　　　　　　　　　　　　　　单位：__________

序号	工作步骤	工作标准	配分	评分标准	扣分	得分	考核结果
1	日常保养内容及要求	(1)设备外观油漆无脱落，直梯完好； (2)电气控制柜完好，电源备用，无报警； (3)除尘器主体无冷凝水； (4)各阀门开关状态正确、无漏气； (5)运行时引风机、下灰器、螺旋输送机等运行正常，无异响； (6)运行时脉冲阀喷气正常、无漏气； (7)运行时各阀门开关正常，主体过滤袋过滤干净； (8)储灰池或接灰袋无大量积灰，如有，则清理	40	缺少一项扣5分			

续表

序号	工作步骤	工作标准	配分	评分标准	扣分	得分	考核结果
2	季维护保养内容及要求	(1)包括日常维护保养的全部内容；(2)单机试用各部件，引风机、下灰器、螺旋输送机等运行正常，无异响；阀门单独手动操作开关灵活；(3)检查配套使用的空压机、空气罐等，保证可靠好用；(4)每台热媒炉吹灰除尘运行，保证配套吹灰器的可靠好用	30	缺少一项去8分			
3	年维护保养内容及要求	(1)包括季维护保养的全部内容；(2)各部件，引风机、下灰器、螺旋输送机等润滑保养；(3)检查各电气设备的接地；(4)除尘器主体上部打开，观察过滤袋情况，有腐蚀或脱离的更换或维修；(5)设备基础观察，无明显下沉；(6)对易锈蚀设备防腐刷漆	30	缺少一项去5分			
	合计		100				

考评员　　　　　　　　　　　　　　　　　　　　年　　月　　日

十七、S-SB(W-JX)-04-Z03清管器接收(发送)筒技术管理——编制维护保养方案

1. 考核时间：40min。
2. 考核方式：方案编制。
3. 考核评分表。

考生姓名：＿＿＿＿＿＿　　　　　　　　　　　　单位：＿＿＿＿＿＿

序号	工作步骤	工作标准	配分	评分标准	扣分	得分	考核结果
1	日常保养内容及要求	(1)设备外观保温完好，附件齐全；(2)各阀门开关状态正确、无渗漏；(3)各连接管线，法兰处等无渗漏；(4)压力检测仪表显示正确；(5)有伴热的检查伴热，伴热温度合适；(6)快开盲板的日常维护：每次开启盲板，均要对盲板进行检查、维护和保养	40	缺少一项扣7分			
2	季维护保养内容及要求	(1)包括日常维护保养的全部内容；(2)在条件允许的情况下，检查阀门，阀门单独手动操作开关灵活；(3)检查配套使用的污油泵、污油罐等，保证可靠好用	20	缺少一项去8分			

续表

序号	工作步骤	工作标准	配分	评分标准	扣分	得分	考核结果
3	年维护保养内容及要求	(1)包括季维护保养的全部内容； (2)检定压力表、安全阀； (3)检查各电气设备的接地； (4)设备基础观察，无明显下沉； (5)对易锈蚀设备进行防腐刷漆	40	缺少一项去5分			
	合计		100				

考评员　　　　　　　　　　　　　　　　　　　　　　　　年　　月　　日

十八、S-SB(W-JX)-04-Z04　混油处理装置技术管理——定期检查内容

1. 考核时间：40min。
2. 考核方式：方案编制。
3. 考核评分表。

考生姓名：＿＿＿＿＿＿＿＿　　　　　　　　　　　　　　单位：＿＿＿＿＿＿＿＿

序号	工作步骤	工作标准	配分	评分标准	扣分	得分	考核结果
1	预防性维护内容及要求	(1)焊缝有无裂纹、渗漏，特别应注意转角，人孔及接管焊缝； (2)各紧固件是否齐全有无松动，安全栏杆、平台是否牢固； (3)基础有无下沉倾斜、开裂，基础螺栓腐蚀情况； (4)防腐层、保温层是否完好	100	缺少一项扣25分			
	合计		100				

考评员　　　　　　　　　　　　　　　　　　　　　　　　年　　月　　日

十九、S-SB(W-JX)-05-Z01：预防性维护作业计划操作——ERP系统中填报、审核、关闭预防性维护计划作业单

1. 考核时间：15min。
2. 考核方式：系统操作。
3. 考核评分表。

考生姓名：＿＿＿＿＿＿＿＿　　　　　　　　　　　　　　单位：＿＿＿＿＿＿＿＿

序号	工作步骤	工作标准	配分	评分标准	扣分	得分	考核结果
1	填报预防性维护计划作业单	能够正确使用ERP系统功能，准确填报预防性维护计划作业单字段，字段包括设备、描述、PM作业类型、WBS元素、功能位置、物料、工序等	40	不能准确填写必要字段每项扣5分			

续表

序号	工作步骤	工作标准	配分	评分标准	扣分	得分	考核结果
2	审核预防性维护计划作业单	能够正确使用ERP系统功能进行作业单审核，并根据实际情况修改通知单	30	不能下达作业单的扣20分；不能根据实际情况修改通知单的扣10分			
3	关闭预防性维护计划作业单	能够正确使用ERP系统功能关闭作业单，关闭作业单时应填写工作完成时间	30	不会关闭作业单的扣20分；关闭作业单时未填写工作完成时间的扣10分			
合计			100				

考评员　　　　　　　　　　　　　　　　　　　　　　　　年　　月　　日

高级资质理论认证

高级资质理论认证要素细目表

行为领域	代码	认证范围	编号	认证要点
业知识B	A	设备通用技术管理	01	设备巡检及定人定机管理
			02	设备缺陷和故障排查、处理、跟踪及验收
			03	设备油水管理
	B	输油气设备技术管理	01	输油泵技术管理
			02	压缩机技术管理
			03	储罐技术管理
			04	阀门技术管理
	C	特种设备技术管理	01	特种设备管理
			02	直接炉技术管理
			03	热媒炉技术管理
			04	锅炉技术管理
	D	辅助系统设备技术管理	01	含油污水处理装置技术管理
			02	除尘装置技术管理
			03	清管器接收(发送)筒技术管理
			04	混油处理装置技术管理
	E	ERP 系统管理	01	站内自行维修操作
			02	一般故障报修操作
			04	生产处报表查看及填报操作
			05	特种作业许可操作

高级资质理论认证试题

一、单项选择题(每题4个选项，将正确的选项号填入括号内)

第二部分　专业知识

设备通用技术管理部分

1. BA01 以下(　　)项不属于岗位人员巡检时所遵循的“六字法”。

A. 看　　B. 摸　　C. 闻　　D. 问

2. BA02 设备缺陷等级定为“低”时，维修人员应在(　　)处理完毕。

A. 一周　　B. 一个月　　C. 三个月　　D. 一天

3. BA02 重大设备缺陷和故障应在(　　)内查明原因并采取处理措施，制订方案抢修。

A. 24h　　B. 一周　　C. 一个月　　D. 一个季度

4. BA03 导热油性能试验中热稳定性的最低技术指标要求，黏度变化率和高低沸物总量分别为(　　)。

A. <20%，<8%　　B. <30%，<8%　　C. <20%，<10%　　D. <15%，<8%

5. BA03 导热油购置程序要求各单位生产科将导热油技术规格书及招标邀请函一同发至经筛选后的导热油生产厂家，并要求其在规定的日期内将(　　)导热油样品送至公司主管部门。

A. 1L　　B. 1.25L　　C. 1.5L　　D. 1.75L

6. BA03 导热油热态调试过程包括点火升温、脱水等流程，对于热态调试，以下说法不对的是(　　)。

A. 首次升温应按供货商提供的升温曲线进行，一般升温速度应不大于1℃/min

B. 低温脱水要求在100℃左右进行，严格控制不冒喷导热油。在此状态下要连续运行，并对含水量进行分析，含水量<0.1%为合格，否则应继续进行低温脱水

C. 高温脱水要求在130~140℃进行，应连续运行8h

D. 脱低沸点物要求在160~180℃进行，应连续运行12h

7. BA03 热媒炉长时间运行后，每年约有(　　)的正常损耗。当系统内缺油时，应及时添加导热油，并进行必要的脱水以防突沸。不同型号的油品不能混用。

A. 5%　　B. 10%　　C. 5%~10%　　D. 15%

8. BA03 导热油报废指标要求：与新油对比，40℃运动黏度(mm^2/s)变化≥15%；开口闪点(℃)变化≥20%；酸值达到0.5mg(KOH)/g；残炭达到1.5%。其中有(　　)项指标超标时即可按程序申请报废。

A. 1　　B. 2　　C. 3　　D. 4

9. BA03 以下(　　)项不属于润滑油“五定”管理要求。

A. 定点　　B. 定质　　C. 定人　　D. 定机

10. BA03 正常停炉时，导热油温度应降至(　　)以下，热媒泵方可停运。

A. 70℃ B. 80℃ C. 60℃ D. 90℃

11. BA03 导热油化验内容主要包括( )、酸值、黏度、闪点、水分等。

A. 残炭 B. 凝点 C. 沸点 D. 燃点

12. BA03 设备安装调试后，应进行( )试运，以检测其各项技术状况。

A. 24h B. 36h C. 48h D. 72h

输油气设备技术管理部分

13. BB01 下列哪项不属于泵机组 2000h 保养内容( )。

A. 清洗泵轴承箱，更换润滑油

B. 检查泵机组和附件，应齐全、完整、清洁，各连接处无渗漏

C. 检查调整泵机械密封的定位，紧固定位螺栓

D. 打开轴承箱端盖，检查轴承

14. BB01 维修或更换离心泵滑动轴承，要求下瓦瓦背与瓦座接触均匀，接触面积在( )以上。

A. 50% B. 60% C. 70% D. 80%

15. BB01 泵轴颈表面与联轴器内孔腐蚀、斑点和划痕不应超过周长的( )。

A. 1/2 B. 1/3 C. 1/4 D. 1/5

16. BB02 燃驱压缩机在维保时要检查电池充电器是否处于正常工作状态，并用充电器对电池组高速充电( )。

A. 3~5h B. 3~6h C. 4~5h D. 4~6h

17. BB03 脱水阀的检查周期是( )。

A. 每周两次 B. 每月两次

C. 每季度一次和清洗油罐时 D. 每月一次

18. BB03 罐顶腐蚀固定测量四个点，每点方位相隔 90°，径向距离距罐顶距离均为( )半径。

A. 1/2 B. 1/4 C. 1/3 D. 1/5

19. BB03 储油罐投运进油速度控制在 215m^3/h 以下。当液位超过进油管后，进油速度应控制在( )以下。

A. 200m^3/h B. 250m^3/h C. 300m^3/h D. 400m^3/h

20. BB04 对于经常使用的阀门电动执行机构，要对( )进行润滑；对于不经常动作的执行机构，则需( )。

A. 阀杆和轴套；在条件允许的情况下定期动作

B. 手轮；进行开关

C. 阀杆和轴套；进行开关

D. 手轮；在条件允许的情况下定期动作

21. BB04 阀门气液联动执行机构储能罐压力应( )管道压力。

A. 低于 B. 不低于 C. 高于 D. 不高于

22. BB04 对阀门气液联动执行机构气液罐排污时，应( )气源截断阀，( )执行机构系统中的天然气。排污后应抽出测量标尺，检查油位是否正常。如油位过低，则从气液

罐顶部添加同型号液压油，直到油位符合要求为止。恢复所有拆卸的部件，打开气源截断阀。

A. 打开；保持　　B. 关闭；放空　　C. 关闭；保持　　D. 保持；放空

23. BB04 阀门电液联动执行机构的液压系统的工作压力应在(　　)范围内，如有偏移，当不超过设定压力的(　　)时，可以继续正常使用。如存在问题，必须及时调整。

A. 12.5~16MPa；5%　　B. 12.5~16MPa；10%

C. 10.5~12MPa；5%　　D. 10.5~12MPa；5%

24. BB04 如图所示，如果浮动闸板阀门有内漏，需要注密封脂时，应该注入(　　)密封座。

A. 上游　　B. 下游　　C. 上游或下游　　D. 不需要注脂

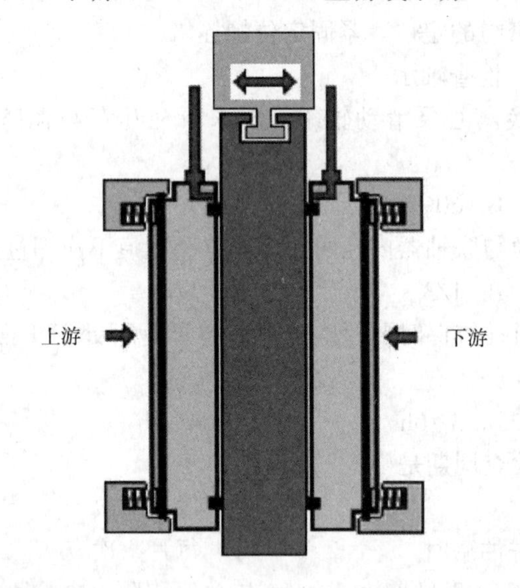

特种设备技术管理部分

25. BC01 在安全检验合格有效期届满前(　　)个月，特种设备使用单位应准备相关资料报给地方质量技术监督局检验中心，提出检验要求。

A. 1　　B. 2　　C. 3　　D. 6

26. BC01 特种设备事故发生后，现场人员应当采取应急措施，事故发生单位立即启动应急预案，并报告公司(　　)和质量安全环保处。

A. 总经办　　B. 生产处　　C. 管道处　　D. 工程处

27. BC01 安全监督人员发现特种设备施工单位、使用单位违反有关规定的，应当及时通知被监督单位采取措施予以改正。发现存在事故隐患无法保证安全的，或者发现危及员工生命安全的紧急情况时，有权(　　)，并立即告知所属单位特种设备归口主管部门。

A. 责令停止作业或者停工　　B. 罚款

C. 解除合同　　D. 替代施工单位作业

28. BC01 所属各单位安全科有权审查特种设备(　　)、人员资格、安全合同、安全生产规章制度建立和安全组织机构设立、安全监管人员配备等情况。

A. 施工单位注册资本　　B. 施工单位资质

C. 施工单位营业执照　　D. 施工单位 ISO 9000 质量管理体系

29. BC02 流体在炉管内的流速越低，则边界层越(　　)，传热系数越小，管壁温度越高，介质在炉内停留的时间也越长。

A. 薄　　B. 厚　　C. 大　　D. 小

辅助系统设备技术管理部分

30. BD01 含油污水处理装置检定压力表属于(　　)保养。

A. 日　　B. 月　　C. 季　　D. 年

31. BD01 含油污水处理装置各泵润滑，保证泵的可靠性。属于(　　)保养。

A. 日　　B. 月　　C. 季　　D. 年

32. BD01 含油污水处理装置电气设备的接地检查属于(　　)保养。

A. 日　　B. 月　　C. 季　　D. 年

33. BD01 含油污水处理装置设备基础观察属于(　　)保养。

A. 日　　B. 月　　C. 季　　D. 年

34. BD01 含油污水处理装置对中间水池等易锈蚀设备防腐刷漆属于(　　)保养。

A. 日　　B. 月　　C. 季　　D. 年

35. BD02 除尘装置各部件，引风机、下灰器、螺旋输送机等润滑保养属于(　　)保养。

A. 日　　B. 月　　C. 季　　D. 年

36. BD02 除尘装置检查各电气设备的接地属于(　　)保养。

A. 日　　B. 月　　C. 季　　D. 年

37. BD02 除尘装置主体上部打开，观察过滤袋情况，有腐蚀或脱离的应更换或维修属于(　　)保养。

A. 日　　B. 月　　C. 季　　D. 年

38. BD02 除尘装置设备基础观察，无明显下沉属于(　　)保养。

A. 日　　B. 月　　C. 季　　D. 年

39. BD02 除尘装置对易锈蚀设备防腐刷漆属于(　　)保养。

A. 日　　B. 月　　C. 季　　D. 年

40. BD02 除尘装置主要用于(　　)的烟气处理。

A. 锅炉　　B. 加热炉　　C. 火灾　　D. 厨房

41. BD04 分馏塔的大修周期一般为(　　)。

A. 5~10 年　　B. 3~6 年　　C. 1~2 年　　D. 10 年以上

ERP 系统管理部分

42. BE04 下列报表不属于 ERP 表单范围的是(　　)。

A. 设备总台账　　B. 阀门台账　　C. 输油泵台账　　D. 值班记录

43. BE04 ERP 表单填报功能不包括(　　)的填报。

A. 设备锁定记录　　B. 设备经济技术指标

C. 车辆里程油耗台账　　D. 低效高耗能设备统计表

44. BE04 生产处设备专业表单查看的事务代码是(　　)。

A. Z1　　B. X1　　C. Z2　　D. ZR8PMDG021

45. BE05 二级动火在 ERP 内流程不需要(　　)岗位人员审批。

A. 站内工程师　　B. 站长　　C. 业务科长　　D. 业务科员

46. BE05 一级动火审批需要(　　)在系统内创建许可。

A. 站内工程师　　B. 站长　　C. 安全科工程师　　D. 生产科工程师

47. BE05 一级动火审批需要(　　)最终签发。

A. 公司领导　　B. 安全科长　　C. 安全处长　　D. 生产处长

48. BE05 二级动火需要(　　)最终签发。

A. 生产科长　　B. 安全科长　　C. 站长　　D. 分公司领导

49. BE05 三级动火需要(　　)最终签发。

A. 站长　　B. 技术员　　C. 分公司领导　　D. 安全科长

50. BE05ERP 内特种作业许可不包括(　　)。

A. 动火作业　　B. 高处作业　　C. 一般作业　　D. 临时用电作业

51. BE05ERP 内特种作业许可不包括(　　)。

A. 挖掘作业　　B. 抢修作业　　C. 高处作业　　D. 临时用电作业

二、判断题(对的画“√”，错的画“×”)

第二部分　专业知识

设备通用技术管理部分

(　　)1. BA01 设备定人定机管理人员应切实做好设备的重点检查和维护保养工作。

(　　)2. BA02 各输油气站有能力处理的一般设备缺陷和故障，应由本站站长创建自行处理作业单，并及时组织站内人员处理。

(　　)3. BA02 在完成设备缺陷和故障处理后，设备所在输油气站的管理人员应会同检维修人员对设备进行必要的检查和试运，确认缺陷和故障消除后才能在检维修记录上签字验收，由作业单创建人员关闭相应作业单。

(　　)4. BA02 设备缺陷和故障整改完成后，应由设备所在输油气站的管理人员在故障报修单上填写完整的失效统计信息，之后才能进行关闭。

(　　)5. BA02 生产处应组织建立设备缺陷和故障数据库，每年组织对公司 B 类及以上设备的缺陷和故障进行统计分析，评价现行设备相关的标准是否需要进行修订，备品备件储备是否充足。

(　　)6. BA03 导热油性能试验中，热氧化安定性的最低技术指标要求是黏度增长率<20%，酸指变化<0.6mg(KOH)/g，正戊烷不溶物<5%。

(　　)7. BA03 因突然停电或因故障使热媒炉循环油泵不能运转时，由于炉膛内余热作用，炉管内油温会在很短时间内超过允许值，应迅速打开冷油置换阀门，把膨胀罐的冷油导入炉内自流循环。

(　　)8. BA03 对于生产难度大、批量小、制造不经济的进口设备备件，应纳入储备类备品备件管理，要及时制订配件计划，组织进货，以确保满足生产需要。

(　　)9. BA03 导热油应每两年送检一次，根据化验结果，确定是否继续使用或更新。

输油气设备技术管理部分

(　　)10. BB01 输油泵每次进行 8000h 维护保养时，应更换联轴器。

(　　)11. BB01 输油泵用手转动轴承，应运转灵活平稳。在转动过程中不应有振动、跳动或突然停止转动现象。

(　　)12. BB01 泵产生汽蚀后对泵的性能无影响。

(　　)13. BB02 对压缩机进行维护保养时需对机橇壳体进行排污，检查积液和污物的成分并分析原因。

(　　)14. BB02 压缩机进行大修、检修、维护保养等项工作时，可带压进行操作。

(　　)15. BB03 为防止明火通过呼吸阀进入油罐内，通常在呼吸阀下面装有安全阀。

(　　)16. BB03 呼吸阀冻凝可造成油罐抽瘪事故。

(　　)17. BB03 液压呼吸(安全)阀液封油高度符合要求，不足时应加油。加油时应开启量油孔盖，使罐内压力平衡。发现油变质时应重新更换新油。

(　　)18. BB04 对于不经常动作的执行机构，则需在条件允许的情况下定期动作。

(　　)19. BB04 阀门气液联动执行机构储气罐的压力应低于管道压力。

(　　)20. BB04 阀门排完污之后一定要拧紧排污嘴，防止阀门开关动作时发生事故。

特种设备技术管理部分

(　　)21. BC01 存在严重事故隐患，无改造、维修价值，或者超过安全技术规范、有关强制性标准规定的使用年限，本单位特种设备归口管理部门应当及时予以报废，并向原登记的地方政府特种设备安全监督管理部门办理注销。

(　　)22. BC01 安全阀应每年送检测单位进行年检，年检合格方可继续使用。

(　　)23. BC02 加热炉热效率可用公式表示为 η=被加热介质吸收的有效能量÷供给炉子的能量。

(　　)24. BC02 按照《设备分类管理规定》，加热炉、热媒炉应按照 A 类设备实行定人定机管理。

(　　)25. BC02 微正压燃烧是指炉膛中烟气压力略低于大气压的燃烧方式。

(　　)26. BC02 加热炉热负荷指单位时间内向炉管内被加热介质传递热量的能力。一般用 MW 表示。它表示加热炉生产能力的大小。

(　　)27. BC03 省煤器的作用是提高给水温度，降低排烟温度，减少排烟热损失，提高锅炉的热效率。

(　　)28. BC03 锅炉输出的有效利用热量与同一时间内所输入的燃料热量的百分比即为锅炉热效率。

辅助系统设备技术管理部分

(　　)29. BD03 清管器接收(发送)筒检查配套使用的污油泵、污油罐等，保证可靠好用属于季保养。

(　　)30. BD03 清管器接收(发送)筒检定压力表、安全阀属于年保养。

(　　)31. BD03 清管器接收(发送)筒检查各电气设备的接地属于年保养。

(　　)32. BD04 填料式分馏塔内颗粒填料包括环形、鞍形、鞍环形及其他类型。

(　　)33. BD04 分馏塔大修后需要进行气密性试验或水压试验。

(　　)34. BD04 分馏塔颗粒填料在规则排列部分应靠塔壁逐圈整齐正确排列，排列位置允许偏差为其外径的 1/4。

ERP 系统管理部分

(　　)35. BE04 生产处设备专业表单查看事物代码 ZR8PMDG021。

(　　)36. BE05 目前管道公司存在的安全许可流程包括动火作业、挖掘作业、高处作业、受限空间作业、临时用电作业等几种，一直按照纸质传真签字的形式进行签发，目前通过管道 ERP 系统进行安全许可作业流程的审批及签发。

(　　)37. BE05 一级动火流程(站外)：二级单位安全科工程师在系统内创建一级许可作业证—安全科科长审批—分管经理审批—经理审批—公司安全处主管审批—生产、管道、安全处领导审批—公司领导审批签发。

(　　)38. BE05 一级动火流程(站内)：二级单位安全科工程师在系统内创建一级许可作业证—安全科科长审批—分管经理审批—经理审批—公司安全处主管审批—生产、安全处领导审批—公司领导审批签发。

(　　)39. BE05 一级动火流程(沈阳调度中心)：二级单位安全科工程师在系统内创建一级许可作业证—安全科科长审批—分管经理审批—经理审批—沈阳调度中心生产调度处、管道安全处处长审批—沈阳调度中心领导签发。

(　　)40. BE05 二级动火流程(站内)：站内工程师创建许可作业证—站长审批—生产科、管道科、安全科科长审批—分管经理审批签发。

(　　)41. BE05 二级动火流程(站外)：站内工程师创建许可作业证—站长审批—生产科、管道科、安全科科长审批—分管经理审批签发。

(　　)42. BE05 三级动火：站内工程师创建许可作业证—站内技术员审批—站长审批签发。

(　　)43. BE05 二级动火作业许可需要管道公司领导审批签发。

(　　)44. BE05 一级动火许可在系统内需要管道公司领导审批签发。

三、简答题

第二部分　专业知识

输油气设备技术管理部分

1. BB01 简述输油泵着火爆炸现场应急处置预案。
2. BB01 简述离心泵机组日常维护保养内容。
3. BB01 简述泵与电动机同轴度的计算方法。
4. BB02 燃气轮机进行维护时，点火系统做哪些维护？
5. BB02 燃气轮机进行维护时，燃料气系统做哪些维护？

6. BB04 简述阀门维护保养的工作程序。

特种设备技术管理部分

7. BC02 简述管式加热炉工作原理。
8. BC04 简述热媒炉工作原理。

辅助系统设备技术管理部分

9. BD03 简述清管器接收(发送)筒快开盲板的日常维护保养步骤。
10. BD04 混油处理装置包括哪几部分。

ERP 系统管理部分

11. BE05 简述一级动火审批流程(站内)。
12. BE05 简述三级动火审批流程。
13. BE05 简述二级动火审批流程(站外)。

高级资质理论认证试题答案

一、单项选择题答案

1. D　2. C　3. A　4. A　5. B　6. D　7. C　8. B　9. D　10. B
11. A　12. D　13. D　14. B　15. D　16. A　17. C　18. B　19. C　20. A
21. B　22. B　23. A　24. B　25. A　26. B　27. A　28. B　29. B　30. D
31. D　32. D　33. D　34. D　35. D　36. D　37. D　38. D　39. D　40. B
41. B　42. D　43. A　44. D　45. D　46. C　47. A　48. D　49. A　50. C
51. B

二、判断题答案

1. √　2. √　3. √　4. ×设备缺陷和故障整改完成后应由设备所在输油气站的管理人员在故障报修单上填写完整的处理过程和失效统计信息，之后才能进行关闭。　5. ×公司生产处应组织建立设备缺陷和故障数据库，每年组织对公司 A 类设备的缺陷和故障进行统计分析，评价现行设备相关的标准是否需要进行修订，备品备件储备是否充足。　6. ×导热油性能试验中热氧化安定性的最低技术指标要求是黏度增长率<20%，酸指变化<0.6mgKOH/g，正戊烷不溶物<2%。　7. √　8. √　9. ×导热油应每年送检一次，根据化验结果，确定继续使用或更新。

10. ×检查联轴器状况，检查弹性元件，如损坏严重予以更换。　11. √　12. ×泵产生汽蚀后除对过流部件产生破坏作用外还会产生噪声和振动，导致性能下降，严重时会使泵中液体中断，不能正常工作。　13. √　14. ×压缩机进行大修、检修、维护保养等项工作时，设备必须泄压，不得带压操作。 15. ×为防止明火通过呼吸阀进入油罐内，通常在呼吸阀下面装有阻火器。 16. √ 17. √ 18. √ 19. ×应不低于。

20. √ 21. √ 22. √ 23. √ 24. √ 25. ×微正压燃烧是指炉膛中烟气压力略高于大气压的燃烧方式。 26. √ 27. √ 28. √ 29. √

30. √ 31. √ 32. √ 33. √ 34. √ 35. √ 36. √ 37. √ 38. √

39. √ 40. ×二级动火流程(站内)：站内工程师创建许可作业证——站长审批——生产科、安全科科长审批——分管经理审批签发。

41. √ 42. √ 43. ×二级动火作业许可需要分公司领导审批签发。 44. √

三、简答题答案

1. BB01 简述输油泵着火爆炸现场应急处置预案。

答：(1) 站控人员立即进行 ESD 操作，全线紧急停输，通知上游降量或停输。(2)向站领导(值班干部)、上级调度汇报。启动站应急预案，拨打消防岗和地方火警电话“119”报警，说明着火、爆炸时间、地点位置、燃烧介质及火情大小。(3)关闭事故泵进出口阀门。(4)切断泵区所有供电电源，封闭泵区附近污水排放口。(5)所有操作人员注意监视火情，若火势较大威胁人身安全，迅速撤离到安全区域。

评分标准：答对(1)~(5)各占20%。

2. BB01 简述离心泵机组日常维护保养内容。

答：(1)检查泵机组各连接部位、密封件，应无松动、渗漏现象；(2)检查泵机组所有阀门和仪表，均应正常可靠运行；(3)检查泵机组润滑油箱和恒位油杯，液位应在正常范围内；(4)清除泵机组的灰尘和油污；(5)检查泵机组伴热温控系统，应正常运行。

评分标准：答对(1)~(5)各占20%。

3. BB01 简述泵与电动机同轴度的计算方法。

答：(1)泵与电动机找同轴度时，以泵转子中心为基础来调整电动机转子中心，使电动机中心成为泵中心的延续。找正前，先将电动机座及其垫片清洁，垫片规格要符合规定。(2)旋松联轴器螺栓，泵和电动机联轴器各保留一组对角分布的螺栓；将百分表装在专用支架上，在电动机联轴器端面靠近边缘处装两块百分表，表头垂直指向联轴器的端面，互相错开 180°以补偿轴向窜量造成的误差；在电动机联轴器最大外径处装一块百分表，表头垂直指向联轴器的外径。(3)百分表指针调到零位，按泵转向转动转子，泵轴和电动机轴同时旋转，在 0°，90°，180°和 270°时，记录百分表的读数，再转回到 360°位置时，百分表指示应恢复零位(见图)。

(4) 综合记录并计算。

$B_1=(B_1'+B_3'')/2$；$B_2=(B_2'+B_4'')/2$；$B_3=(B_3'+B_1'')/2$；$B_4=(B_4'+B_2'')/2$。

计算完后，通过 $A_1+A_3=A_2+A_4$ 和 $B_1+B_3=B_2+B_4$ 检查其正确性。

(5) 计算泵轴与电机轴的同轴度误差。

端面圆：

上下张口

$$b=B_2-B_4$$

左右张口

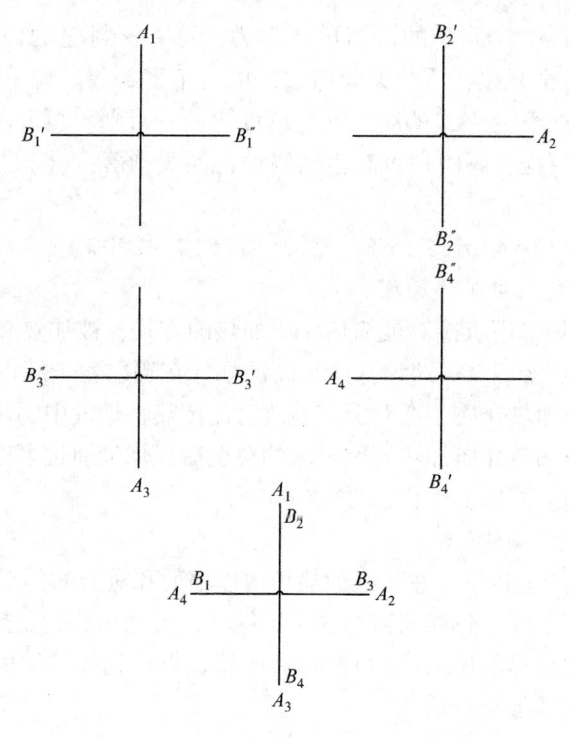

百分表读数示意图

$$b_1 = B_1 - B_3$$

径向圆：

高低位移

$$a = (A_1 - A_3)/2$$

左右位移

$$a_1 = (A_2 - A_4)/2$$

将计算出的误差值与规定的泵机组同轴度比较，不合格时进行调整。

评分标准：答对(1)～(5)各占20%。

4. BB02 燃气轮机进行维护时，点火系统做哪些维护？

答：(1) 拆卸并检查点火火炬，查看是否有裂纹或严重腐蚀，检查火炬出口管的磨损程度；(2)检查火花塞；(3)检查点火系统连接线是否正常触点无氧化、腐蚀现象。

评分标准：答对(1)(3)各35%，答对(2)占30%。

5. BB02 燃气轮机进行维护时，燃料气系统做哪些维护？

答：(1)检查燃气控制系统有无泄漏，管路及连接处有无异常；(2)检查燃料气阀，如有必要则清洗；(3)记录燃气压力，如有必要，调节供气压力和流量；(4)检查燃料气喷嘴有无积炭，若有时进行清洗；(5)检查、清洗燃料气过滤器滤芯；(6)对燃料气管线低点进行排污。

评分标准：答对(1)～(4)各占20%，答对(5)(6)各占10%。

6. BB04 简述阀门维护保养的工作程序。

答：(1) 确定所保养阀门内的润滑脂、密封脂种类；(2)润滑脂、密封脂的添加：根据阀门的说明书确定注脂量[注脂量的最简单计算为：每一密封座的注脂量(oz)= 阀座口径(in)×1oz]；(3)如许可全开关，可开关阀门数次以均布密封脂。如不许可“全”开关，尽可能部分开关30°亦可。处于全“关”的阀门须与调度协调，否则不可开关；(4)阀腔排污：适度的排水分与杂物；(5)检查阀门是否有生锈腐蚀，油漆剥落；(6)进行月度检查和全面维护保养。

评分标准：答对(1)~(4)各占15%，答对(5)(6)各占20%。

7. BC02 简述管式加热炉工作原理。

答：(1)管式加热炉采用直接对被加热介质加热的方式，被加热介质在炉管内流动，燃料在加热炉炉膛内燃烧，产生高温烟气；(2)高温烟气在辐射室炉膛内通过辐射传热将热量传给辐射段炉管内的被加热介质，在对流室通过对流传热将烟气中的热量传递给对流段炉管内的被加热介质，将被加热介质加热到所要求的温度后，烟气通过烟囱排入大气中。

评分标准：答对(1)占40%，答对(2)占60%。

8. BC04 简述热媒炉工作原理。

答：(1)燃料燃烧产生热量，在热媒加热炉内以辐射和对流的传热形式将热量传递给中间热载体，由热媒循环泵建立热媒间接加热系统循环，被加热的高温热媒在换热设备中与用热工质进行换热，实现加热的目的；(2)换热后的热媒再回到加热炉内进行二次加热，如此循环往复工作，实现连续加热介质。

评分标准：答对(1)占60%，答对(2)占40%。

9. BD03 简述清管器接收(发送)筒快开盲板的日常维护保养步骤。

答：(1) 打开盲板从门上取下密封，取密封时，可用扁平的但圆滑的有硬度的工具轻轻翘起然后用手拿下。(2)检查密封有无机械损坏，如有，请务必更换，如没有，请用一块干净的布沾上脱脂剂清洗或用水加洗涤灵清洗，上边的油污及其他脏物必须彻底清洁掉然后用干净的布擦干暂放在干净的地方保管。(3)检查密封凹槽内有无锈蚀和污物，如有，用优质砂纸或金刚砂布彻底清理干净，用一块干净棉布擦干。(4)检查盲板门在关闭后和法兰接触的部分，包括锁带凹槽，通常有脏物或锈蚀(特别是底部)，同样需要用砂纸清理干净，用干净棉布擦干。(5)上述几个地方都清洁干净后，就开始涂硅油脂、黄油或其他类似的油脂，需要涂油脂的地方包括：密封凹槽(涂完后，安装密封，密封向外的一面也要涂油脂)；锁带凹槽，门关闭后和颈内部的接触面；锁带和门的接触面，锁环本身不需要涂油脂。(6)盲板下方有一个小孔，要保持通畅，冷凝水等可以顺着从小孔流到地面。(7)安装回密封时，要注意不要放反，即密封的唇应该向外。(8)活动部件如门轴的螺栓，用于锁环回缩的马蹄形装置等，如需要，用润滑油润滑。

评分标准：答对(1)~(8)各占12.5%。

10. BD04 混油处理装置包括哪几部分？

答：混油处理装置是成品油管道输送特有的系统，它主要由以下设备构成：(1)分馏塔；(2)加热系统(热媒炉或直接炉)；(3)机泵系统；(4)冷却水系统；(5)油罐。

评分标准：答对(1)~(5)各占20%。

11. BE05 简述一级动火审批流程(站内)。

答：(1)二级单位安全科工程师在系统内创建一级许可作业证；(2)安全科科长审批；(3)分管经理审批；(4)经理审批；(5)公司安全处主管审批；(6)生产、安全处领导审批；

(7)公司领导审批签发。

评分标准：答对(1)占10%；答对(2)~(7)各占15%。

12. BE05 简述三级动火审批流程。

答：(1)站内工程师创建许可作业证；(2)站内技术员审批；(3)站长审批签发。

评分标准：答对(1)占40%；答对(2)(3)各占30%。

13. BE05 简述二级动火审批流程(站外)。

答：(1)站内工程师创建许可作业证；(2)站长审批；(3)生产科、管道科、安全科科长审批；(4)分管经理审批签发。

评分标准：答对(1)~(4)各占25%。

高级资质工作任务认证

高级资质工作任务认证要素细目表

模块	代码	工作任务	认证要点	认证形式
二、输油气设备技术管理	S-SB(W-JX)-02-G01	输油泵技术管理	(1)泵振动过大原因分析及采取的措施; (2)启机后压力过低原因分析及采取的措施	案例分析
	S-SB-02-G02	压缩机技术管理	压缩机组燃气轮机 4000h 维护检修方案	方案编制
三、特种设备技术管理	S-SB(W-JX)-03-G01	特种设备管理	特种设备报废方案(申请)的编制	方案编制
	S-SB(W-JX)-03-G02	直接炉技术管理	直接炉故障原因分析和判断	故障分析
	S-SB(W-JX)-03-G03	热媒炉技术管理	热媒炉故障原因分析和判断	故障分析
	S-SB(W-JX)-03-G04	锅炉技术管理	锅炉故障原因分析和判断	故障分析
五、ERP 系统管理	S-SB-05-G04	报表查看及填报操作	ERP 系统中填报、审核各类报表	系统操作
	S-SB-05-G05	特种作业安全许可操作	ERP 系统中填报、审核特种作业许可单	系统操作

高级资质工作任务认证试题

一、S-SB(W-JX)-02-G01-01 输油泵技术管理——泵振动过大原因分析及采取的措施

1. 考核时间：20min。
2. 考核方式：案例分析。
3. 考核评分表。

考生姓名：______________　　　　单位：______________

序号	工作步骤	工作标准	配分	评分标准	扣分	得分	考核结果
1	工艺影响分析	能够分析工艺影响造成的泵振动：(1)泵或管线未被完全排空；(2)泵入口管线或叶轮堵塞	10	每少分析一种原因扣5分			

续表

序号	工作步骤	工作标准	配分	评分标准	扣分	得分	考核结果
2	消除或排除工艺影响	能够针对故障原因采取相应的措施：(1)充分排空；(2)清理堵塞管线和叶轮	10	措施每错误一种扣5分			
3	设备本体故障分析	能够分析出设备本体故障：(1)泵机组轴承损坏；(2)机泵同心度超标；(3)泵进出口管线固定不牢；(4)设备基础螺栓松动；(5)转子动平衡超标	40	每少分析一种原因扣8分			
4	消除设备本体故障	能够针对故障原因采取相应的措施：(1)更换泵机组轴承；(2)机泵重新找正；(3)加固泵进出口管线；(4)紧固设备基础螺栓；(5)重新做动平衡	40	措施每错误一种扣8分			
	合计		100				

考评员　　　　　　　　　　　　　　　　　　　　　　　　　年　　月　　日

二、S-SB(W-JX)-02-G01-02 输油泵技术管理——启机后压力过低原因分析及采取的措施

1. 考核时间：20min。
2. 考核方式：案例分析。
3. 考核评分表。

考生姓名：＿＿＿＿＿＿　　　　　　　　　　　　　　单位：＿＿＿＿＿＿

序号	工作步骤	工作标准	配分	评分标准	扣分	得分	考核结果
1	工艺影响分析	能够分析工艺影响造成的泵振动：(1)吸入高度过大；(2)进口压力过低	25	每少分析一种原因扣12.5分			
2	消除或排除工艺影响	能够针对故障原因采取相应的措施：(1)减小吸入高度；(2)提高进口压力	25	措施每错误一种扣12.5分			
3	设备本体故障分析	能够分析出设备本体故障：(1)旋转方向错误；(2)转数太低	25	每少分析一种原因扣12.5分			
4	消除设备本体故障	能够针对故障原因采取相应的措施：(1)调整旋转方向；(2)提高转速	25	措施每错误一种扣12.5分			
	合计		100				

考评员　　　　　　　　　　　　　　　　　　　　　　　　　年　　月　　日

三、S-SB-02-G02 压缩机技术管理——压缩机组燃气轮机 4000h 维护检修方案编制

1. 考核时间：45min。
2. 考核方式：方案编制。
3. 考核评分表。

考生姓名：________________　　　　单位：________________

序号	工作步骤	工作标准	配分	评分标准	扣分	得分	考核结果
1	编制保养计划	按照规程编制保养计划，需包含以下内容：实施时间、人员及分工、作业内容、风险识别及消减	20	缺少一项扣 5 分			
2	编制检修方案	按照检修计划编制检修方案，需包含以下部件的检修维护：燃气轮机、空气系统、燃料气系统、点火系统、启动系统、润滑油系统、控制系统、现场仪表和传感器、火灾系统、电源、保护系统	80	缺少一项扣 10 分			
合计			100				

考评员　　　　　　　　　　　　　　年　　月　　日

四、S-SB(W-JX)-03-G01 特种设备管理——特种设备报废方案(申请)的编制

1. 考核时间：15min。
2. 考核方式：方案编制。
3. 考核评分表。

考生姓名：________________　　　　单位：________________

序号	工作步骤	工作标准	配分	评分标准	扣分	得分	考核结果
1	判断特种设备是否应当报废	依据国家法律、法规、行业企业标准对设备是否报废给予认定	30	未给出报废依据该题不得分			
2	按照体系文件《固定资产报废与处置管理规定》对特种设备基础资料进行收集	设备基础资料及《固定资产报废与处置管理规定》中的《固定资产报废鉴定表》	20	设备基础资料未收集扣 10 分； 《固定资产报废鉴定表》未填写扣 10 分			
3	向原特种设备登记的政府部门办理注销	需向当地有关政府部门办理注销	20	未办理注销扣 20 分			

续表

序号	工作步骤	工作标准	配分	评分标准	扣分	得分	考核结果
4	对已经报废的特种设备进行管理	(1)明确报废特种设备责任人； (2)定期对已报废的特种设备进行清查； (3)不得以任何理由重新使用该资产	30	未明确报废特种设备责任人扣10分 未定期对已报废的特种设备进行清查扣10分 以任何理由重新使用该资产的扣10分			
	合计		100				

考评员　　　　　　　　　　　　　　　　　　　　　　　　　　　　年　　月　　日

五、S-SB(W-JX)-03-G02 直接炉技术管理——直接炉故障原因分析和判断

1. 考核时间：30min。
2. 考核方式：故障分析。
3. 考核评分表。

考生姓名：________　　　　　　　　　　　　　　　　　　　单位：________

序号	工作步骤	工作标准	配分	评分标准	扣分	得分	考核结果
1	列举直接炉常见故障类型	能够列举直接炉常见6种故障类型：火焰故障、排烟温度高、燃料油回油压力高、燃料油温度低、加热炉“打呛”、助燃风压力低	30	少列举一种扣5分			
2	针对故障原因，提出解决方法	能够针对故障原因提出相应的解决方法(具体按下列各项给分) 火焰故障原因： (1)多次点炉未成功；(2)火嘴雾化不良；(3)杂物堵塞；(4)油量过小火易被风吹灭	10	缺少一项扣2.5分			
		排烟温度高故障原因： (1)炉管破裂； (2)对流室积灰严重或有堵塞物； (3)温度传感器失灵	15	缺少一项扣5分			
		燃料油回油压力高故障原因： (1)回油电磁阀故障； (2)回油流量计故障； (3)回油管线不畅	15	缺少一项扣5分			
		燃料油温度低故障原因： (1)回油量过大； (2)加热器温控设置太低； (3)加热器、电热带未投用	12	缺少一项扣4分			

续表

序号	工作步骤	工作标准	配分	评分标准	扣分	得分	考核结果
2	针对故障原因，提出解决方法	加热炉“打呛”故障原因： (1)雾化不好； (2)停炉后继续向炉内喷油； (3)烟道挡板开度过小； (4)加热炉超负荷运行，烟气排不出去； (5)炉膛内存在可燃物，未吹扫干净发生二次燃烧	10	缺少一项扣2分			
		助燃风压力低故障原因： (1)助燃风机系统故障； (2)压力传感器故障	8	缺少一项扣4分			
		合计	100				

考评员　　　　　　　　　　　　　　　　　　　　　　　年　　月　　日

六、S-SB(W-JX)-03-G03 热媒炉技术管理——热媒炉故障原因分析和判断

1. 考核时间：30min。
2. 考核方式：故障分析。
3. 考核评分表。

考生姓名：________　　　　　　　　　　　　单位：________

序号	工作步骤	工作标准	配分	评分标准	扣分	得分	考核结果
1	列举热媒炉常见故障原因	能够列举5种热媒炉常见故障原因：火焰故障、排烟温度高、燃料油供油压低、热媒出炉温度高、热媒入炉压力高	20	少列举一项扣4分			
2	针对故障原因，提出解决方法	能够针对故障原因提出相应的解决方法(具体按下列各项给分)					
		火焰故障原因： (1)火焰监视器故障； (2)火嘴雾化不良； (3)杂物堵塞； (4)油量过小火宜被风吹灭	10	缺少一项扣2.5分			
		排烟温度高故障原因： (1)炉管破裂； (2)热媒预热器积灰严重或有堵塞物； (3)温度传感器失灵	15	缺少一项扣5分			

续表

序号	工作步骤	工作标准	配分	评分标准	扣分	得分	考核结果
2	针对故障原因，提出解决方法	燃料油供油压低故障原因： (1)燃油泵磨损； (2)喷嘴雾化片磨损； (3)减压阀定值不对； (4)燃油过滤器堵塞，其压差大于0.05MPa； (5)压力传感器故障	15	缺少一项扣3分			
		热媒出炉温度高故障原因： (1)原油换热器中原油流量过小； (2)换热器管程堵塞； (3)温度传感器失灵； (4)参数设定不正确	20	缺少一项扣5分			
		热媒入炉压力高故障原因： (1)炉管堵塞； (2)阀门开度不够，热媒系统相应流程不畅通； (3)压力传感器失灵； (4)膨胀罐内氮气压力过高	20	缺少一项扣5分			
		合计	100				

考评员　　　　　　　　　　　　　　　　　　　　年　　月　　日

七、S-SB(W-JX)-03-G04 锅炉技术管理——锅炉故障原因分析和判断

1. 考核时间：30min。
2. 考核方式：故障分析。
3. 考核评分表。

考生姓名：＿＿＿＿＿＿　　　　　　　　　　单位：＿＿＿＿＿＿

序号	工作步骤	工作标准	配分	评分标准	扣分	得分	考核结果
1	列举锅炉常见故障	能够列举出5种锅炉常见故障：锅炉缺水、锅炉满水、汽水共腾、火嘴熄灭、二次燃烧	20	少列举一项扣4分			
2	针对故障原因，提出解决方法	能够针对故障原因提出相应的解决方法(具体按下列各项给分)					
		锅炉缺水： (1)锅筒水位计出现假水位； (2)给水自动调节器失灵； (3)给水压力下降或因其他锅炉点火时进水量增大，造成运行锅炉给水量减少； (4)排污量过大或排污系统大量泄漏； (5)炉管或省煤器破裂	15	缺少一项扣3分			

续表

序号	工作步骤	工作标准	配分	评分标准	扣分	得分	考核结果
2	针对故障原因，提出解决方法	锅炉满水： (1)锅筒水位计出现假水位； (2)自动给水失灵； (3)给水压力突然升高	15	缺少一项扣5分			
		汽水共腾： (1)炉水悬浮物或含盐量增多； (2)水位过高，炉水在极限浓度时负荷突然增加； (3)加药不符合规定或水中含油	15	缺少一项扣5分			
		火嘴熄灭： (1)燃料油含水或杂质过多； (2)燃油泵停止运行； (3)燃油加热器或过滤器损坏； (4)炉管泄漏或爆管	20	缺少一项扣5分			
		二次燃烧： (1)火嘴雾化不良，未完全燃烧的油粒进入烟道； (2)炉膛负压过大，未完全燃烧的油粒被带入烟道； (3)燃烧调整不当，风量不足或配风不合理； (4)低负荷运行时间过长烟速过低，烟道内积存较多的燃料油； (5)烟道或空气预热器漏风	15	缺少一项扣3分			
		合计	100				

考评员　　　　　　　　　　　　　　　　　　　　　　　　　　　　年　　月　　日

八、S-SB-05-G04 报表查看及填报操作——ERP系统中填报、审各类报表

1. 考核时间：15min。
2. 考核方式：系统操作。
3. 考核评分表。

考生姓名：________　　　　　　　　　　　　　　单位：________

序号	工作步骤	工作标准	配分	评分标准	扣分	得分	考核结果
1	填报《设备经济技术指标》《低效高耗能设备统计表》《管道公司设备管理总体指标统计表》	能根据表格内容准确录入ERP系统	30	不能准确填写必要字段每项扣10分			

续表

序号	工作步骤	工作标准	配分	评分标准	扣分	得分	考核结果
2	填报《安全行车里程、油耗统计表》《设备缺陷隐患台账》《设备事故报表》	能根据表格内容准确录入 ERP 系统	30	不能准确填写必要字段每项扣 10 分			
3	填报《自动化系统信息汇总表》《PLC、RTU 控制系统配置信息表》	能根据表格内容准确录入 ERP 系统	30	不能准确填写必要字段每项扣 15 分			
4	根据实际情况修改主数据	能根据表格内容准确录入 ERP 系统	10	不会修改主数据扣 10 分			
	合计		100				

考评员　　　　　　　　　　　　　　　　　　　　　　年　　月　　日

九、S-SB(W-JX)-05-G05 特种作业安全许可操作——ERP 系统中填报、审核特种作业许可单

1. 考核时间：15min。
2. 考核方式：系统操作。
3. 考核评分表。

考生姓名：＿＿＿＿＿＿　　　　　　　　　　　　　　单位：＿＿＿＿＿＿

序号	工作步骤	工作标准	配分	评分标准	扣分	得分	考核结果
1	创建许可作业证	能够准确使用 ERP 系统功能创建许可作业证	20	不能创建作业许可证该题不得分			
2	选择正确的作业许可证，并准确填写	能够根据作业类别选择正确的作业许可证，并准确填写	30	许可证选择错误扣 20 分，不能准确填写许可扣 10 分			
3	推送审批	能够准确使用 ERP 系统功能，创建作业许可证后能够完成推送审批	20	不会推送审批的扣 20 分			
4	审批作业许可	能够准确使用 ERP 系统功能，对作业许可进行审批	30	不会审核作业许可的扣 30 分			
	合计		100				

考评员　　　　　　　　　　　　　　　　　　　　　　年　　月　　日

参 考 文 献

[1] QSYGD1014. 1—2014　压缩机组操作维护修理手册　第1部分：燃驱[S].
[2] QSYGD1014. 2—2014　压缩机组操作维护修理手册　第2部分：电驱[S].
[3] QSYGD1015—2014　离心式输油泵机组操作维护修理手册[S].
[4] QSYGD1016—2014　炉类设备操作维护修理手册[S].
[5] QSYGD1017—2014　阀门安装操作维护修理手册[S].
[6] QSYGD1018—2014　立式圆筒形钢制焊接储罐操作维护修理手册[S].
[7] QSYGD1011—2014　油气管道站场设备风险评价手册[S].
[8] QSYGD1012—2014　旋转设备在线监测及故障诊断手册[S].
[9] QSYGD1013-2014　立式圆筒形钢制焊接储罐底板声发射在线检测及评价手册[S].
[10] QSYGD1011—2014　油气管道站场设备风险评价手册[S].
[11] QSYGD1012—2014　旋转设备在线监测及故障诊断手册[S].
[12] QSYGD1013—2014　立式圆筒形钢制焊接储罐底板声发射在线检测及评价手册[S].
[13] 全国人大常委会法制工作委员会．中华人民共和国特种设备安全法[Z]. 北京：中国法制出版社，2013.
[14] 姬忠礼，邓志安，赵会军，等．泵和压缩机[M]. 北京：石油工业出版社，2008.